AS DEZ EQUAÇÕES QUE REGEM O MUNDO

(E COMO USÁ-LAS A SEU FAVOR)

Do autor:

Dominados pelos números

DAVID SUMPTER

AS DEZ EQUAÇÕES QUE REGEM O MUNDO

(E COMO USÁ-LAS A SEU FAVOR)

TRADUÇÃO
RONALDO SERGIO DE BIASI

REVISÃO TÉCNICA
ANNA MARIA SOTERO

RIO DE JANEIRO | 2021

EDITORA-EXECUTIVA
Renata Pettengill

SUBGERENTE EDITORIAL
Marcelo Vieira

AUXILIARES EDITORIAIS
Beatriz Araújo
Georgia Kallenbach

REVISÃO
Wilson Silva

DIAGRAMAÇÃO
Futura

CAPA
Leonardo Iaccarino

IMAGEM DE CAPA
Inga Nielsen / Shutterstock

Título original: *The ten equations that rule the world*

Texto revisado segundo o novo
Acordo Ortográfico da Língua Portuguesa.

2021
Impresso no Brasil
Printed in Brazil

CIP-BRASIL. CATALOGAÇÃO NA PUBLICAÇÃO
SINDICATO NACIONAL DOS EDITORES DE LIVROS, RJ

S953de Sumpter, David, 1973-
As dez equações que regem o mundo: e como usá-las a seu favor / David Sumpter; tradução Ronaldo Sergio de Biasi. – 1. ed. – Rio de Janeiro: Bertrand Brasil, 2021.

23 cm.
Tradução de: The ten equations that rule the world
ISBN 978-85-286-2467-0

1. Matemática - Obras populares. 2. Sucesso. 3. Técnicas de autoajuda. I. Biasi, Ronaldo Sergio de. II. Título.

21-70788 CDD: 510
CDU: 51

Camila Donis Hartmann - Bibliotecária - CRB-7/6472

Direitos exclusivos de publicação em língua
portuguesa somente para o Brasil adquiridos pela:
EDITORA BERTRAND BRASIL LTDA.
Rua Argentina, 171 — 3º andar — São Cristóvão
20921-380 — Rio de Janeiro — RJ
Tel.: (21) 2585-2000 — Fax: (21) 2585-2084,
que se reserva a propriedade desta tradução.

Seja um leitor preferencial. Cadastre-se no site **www.record.com.br**
e receba informações sobre nossos lançamentos e nossas promoções.

sac@record.com.br

Sumário

Lista de Figuras

Introdução: DEZ

Existe uma fórmula secreta para ficar rico? Ou para ser feliz? Ou para viralizar? Ou para ter autoconfiança e tomar as decisões corretas?

Se você está folheando este livro em uma livraria ou acabou de clicar no botão "Dê uma olhada" de uma livraria virtual, deve estar ciente de que esta é apenas uma das muitas obras que propõem uma fórmula para vencer na vida.

Marie Kondo ensinando a mágica da arrumação. Sheryl Sandberg dizendo que é preciso fazer acontecer. Jordan Peterson afirmando que o segredo é manter as costas eretas. Brené Brown pregando a arte da imperfeição. Você é aconselhado a ligar o f*da-se, a parar com essa merda, a ser f*da. Você deve acordar cedo, arrumar a cama, abrir caminho, relaxar, desenvolver a memória, limpar a mente, ser proativo, maximizar a força de vontade, usar a fórmula da felicidade, comportar-se como uma dama e pensar como um homem. Existem receitas para o amor, esquemas para o sucesso financeiro, roteiros para vencer na vida e cinco (ou oito, ou doze) regras para adquirir autoconfiança. Existe até mesmo um método que, supostamente, "torna inevitáveis as metas impossíveis".

Todos esses conselhos envolvem um paradoxo. Se tudo é tão simples, se existem meios relativamente fáceis de conseguir tudo que queremos da vida, por que esses livros e manuais de autoajuda estão repletos de conselhos muitas vezes contraditórios? Por que todos os programas de TV e TED talks que tratam do assunto apresentam monólogos motivacionais? Não seria melhor simplesmente fornecer as equações, dar alguns exemplos de como funcionam e acabar com a indústria da autoajuda e do pensamento positivo? Se é tudo tão matemático, tão axiomático, que tal irmos direto para a solução?

Enquanto o número de soluções propostas para os dilemas da vida não deixa de aumentar, torna-se cada vez mais difícil acreditar na existência de apenas uma fórmula ou mesmo de umas poucas fórmulas para o sucesso. Será que, na verdade, não há um remédio simples para todos os problemas que a vida nos apresenta?

Quero que você considere outra possibilidade, aquela que este livro descreve. Vou contar a história de um grupo seleto de indivíduos que desvendaram o mistério. Eles descobriram um pequeno número — na verdade são dez — de equações — que lhes trazem sucesso, popularidade, riqueza, autoconfiança e poder de decisão. Enquanto o resto da humanidade continua a procurar respostas, eles detêm o segredo.

Esta sociedade secreta existe há séculos. Seus membros vêm transmitindo a mensagem de geração em geração. Eles assumiram posições de destaque na política, no setor financeiro, nas instituições de ensino e, mais recentemente, nas empresas de tecnologia. Eles vivem entre nós, aconselhando-nos de forma discreta, mas eficaz, e às vezes nos controlando. Eles são ricos, felizes e confiantes. Eles descobriram os segredos que o resto de nós vem procurando há muito tempo.

No livro *O Código Da Vinci*, de Dan Brown, a criptologista Sophie Neveu descobre um código matemático ao investigar o assassinato do avô. Ela procura o Professor Robert Langdon, que revela que seu avô era o líder de uma sociedade secreta, o Priorado de Sião, que interpreta o mundo à luz de um único número, o Número de Ouro, $\varnothing \approx 1{,}618$.

O Código Da Vinci é uma obra de ficção, mas a sociedade secreta que eu investiguei para escrever este livro tem muitas semelhanças com a descrita por Brown. Seus segredos estão escritos em um código que poucos compreendem totalmente e seus membros se comunicam usando uma escrita arcaica. A sociedade tem raízes no cristianismo e vem sendo abalada por conflitos morais internos. Mas também, como veremos daqui a pouco, apresenta diferenças importantes em relação ao Priorado de Sião. Ao contrário dele, ela não possui rituais, o que a torna muito mais difícil de reconhecer e muito mais abrangente em suas atividades. Ela é praticamente invisível para os não iniciados.

Desse modo, como é possível saber de sua existência? A resposta é simples. Sou um membro. Pertenço a essa sociedade há vinte anos e aproximei-me cada vez mais do seu núcleo. Estudei-a a fundo e coloquei suas equações em prática. Experimentei em primeira mão o sucesso que o acesso ao seu código pode trazer. Trabalhei nas universidades mais importantes do mundo e recebi o título de professor catedrático de Matemática Aplicada na véspera de completar 33 anos. Resolvi problemas científicos de campos que vão da ecologia e biologia até a ciência política e sociologia. Prestei consultoria para o governo, para instituições financeiras e nas áreas de inteligência artificial, esportes e jogos de azar. E me considero uma pessoa feliz — em parte como resultado do meu sucesso, mas sobretudo, acredito, graças à forma como os segredos que aprendi moldaram meu pensamento. As equações fizeram de mim uma pessoa melhor: mais equilibrada em minhas opiniões e mais capaz de compreender as outras pessoas.

Pertencer a essa sociedade me pôs em contato com pessoas como eu. Pessoas como Marius e Jan, jovens que encontraram uma brecha nos mercados de apostas asiáticos; pessoas como Mark, cujos cálculos em escala de microssegundos tiram proveito de pequenas anomalias no preço das ações. Trabalhei no clube de futebol Barcelona com cientistas que estudam a forma como Lionel Messi e seus companheiros controlam o campo de jogo. Mantive contato com especialistas contratados por empresas como Google, Facebook, Snapchat e Cambridge Analytica, que estudam as redes sociais e estão explorando os recursos da inteligência artificial. Observei pessoalmente o modo como pesquisadores como Moa Bursell, Nicole Nisbett e Viktoria Spaiser usam equações para detectar preconceitos, compreender debates políticos e construir um mundo melhor. Aprendi muita coisa com gente da velha guarda, como Sir David Cox, o professor de Oxford de 96 anos que descobriu o código em que se baseia a sociedade secreta.

Agora estou pronto para revelar o nome da sociedade secreta a que eu e essas pessoas pertencemos. Ela é chamada de DEZ por causa do número de equações que um membro totalmente qualificado precisa conhecer. Estou pronto para revelar os segredos da sociedade — contar ao leitor quais são essas Dez Equações.

Entre os problemas abordados pela sociedade estão vários dilemas. Você deve desistir do seu atual emprego (ou relacionamento) e procurar algo diferente? Por que você tem a impressão de que é menos popular que as pessoas que o cercam? Será que deve se esforçar para tornar-se mais popular? Como lidar com a torrente de informações provenientes das redes sociais? É saudável que seus filhos passem seis horas por dia usando telefones celulares? A quantos episódios de uma série da Netflix você precisa assistir antes de desistir e partir para a próxima?

Esses são problemas que talvez você não considere suficientemente importantes para que mereçam a atenção de uma sociedade secreta. Mas é aí que está o ponto. O mesmo pequeno conjunto de fórmulas pode fornecer as respostas para questões que vão do trivial ao profundo e que se aplicam a você como indivíduo e à sociedade como um todo. A equação da confiança, apresentada no Capítulo 3, que o ajuda a decidir se deve mudar de emprego, também informa aos jogadores profissionais se eles podem ter lucro em um mercado de apostas e revela a existência de sutis preconceitos raciais e de gênero. A equação da recompensa, discutida no Capítulo 8, mostra como as redes sociais mudaram a sociedade e como isso pode não ser necessariamente ruim. Compreendendo como esta e outras equações são usadas por gigantes da Internet para nos recompensar, influenciar e classificar, podemos otimizar o uso, por nós e por nossos filhos, de redes sociais, jogos e anúncios.

Sabemos que essas equações são importantes por causa do sucesso que trouxeram às pessoas que recorreram a elas. No Capítulo 9 é contada a história de três engenheiros da Califórnia que usaram a equação do aprendizado para aumentar em 2.000% o tempo que as pessoas levavam acessando o YouTube. A equação do jogador, a equação do influenciador, a equação do mercado e a equação da propaganda ajudaram um pequeno número de membros da DEZ a ganhar bilhões de dólares nos campos dos jogos de azar, da tecnologia, das finanças e da publicidade.

À medida que você for apresentado às equações deste livro, mais e mais aspectos do mundo começarão a fazer sentido. Quando vistos através dos olhos da DEZ, grandes problemas se tornam pequenos e pequenos problemas se tornam triviais.

Se você está apenas em busca de soluções rápidas, existe, naturalmente, um senão. Para se tornar um membro da DEZ, você precisa aprender uma nova forma de pensar. Ela exige que você divida o mundo em três categorias: *dados*, *modelos* e *absurdos*.

Uma das razões pelas quais a DEZ é tão poderosa hoje em dia é que temos mais *dados* que no passado: flutuações da bolsa de valores e do mercado de apostas, dados a respeito do que apreciamos, compramos e fazemos colhidos pelo Facebook e pelo Instagram. Órgãos do governo sabem onde vivemos e trabalhamos, em que colégio nossos filhos estudam e quanto ganhamos. Pesquisas de opinião coletam e analisam nossas tendências políticas. Notícias verdadeiras e falsas são divulgadas no Twitter, em blogs e em sites de notícias. Cada passo dos atletas num jogo de futebol é registrado e armazenado.

Esta explosão de dados é de conhecimento geral, mas os membros da DEZ reconheceram a importância dos *modelos* matemáticos usados para analisá-los. Como eles, você pode aprender a formular modelos e usar equações para interpretar e usar os dados de modo a obter uma pequena vantagem em relação às outras pessoas.

A terceira categoria, a dos *absurdos*, é uma que precisamos reconhecer. Você vai entender que, por mais divertido e gratificante que seja usar argumentos ilógicos — e embora todo mundo faça isso o tempo todo —, você terá de abrir mão deste recurso quando se tornar um membro da DEZ. Devemos denunciar os absurdos em qualquer circunstância, seja quem for que os defenda. Vou mostrar a você como ignorar os absurdos na coleta de dados e na formulação de modelos.

Este não é um simples livro de autoajuda. Não é como os Dez Mandamentos. Não é uma lista do que você deve e não deve fazer. O livro apresenta *equações* e não *receitas*. Você não pode simplesmente saltar para a página 170 para saber o número exato de episódios de uma série a que deve assistir na Netflix.

Regras e receitas são formas de explorar o medo das pessoas. Em vez de se concentrar nesses medos, o livro explica de que forma o código da DEZ foi desenvolvido nos últimos 250 anos. Vamos aprender com os matemáticos que formularam o código e compreender a filosofia em que se baseia seu pensamento, que rejeita muitas ideias em voga, como a do que é "politicamente correto", e nos obriga a rever nossa opinião a respeito dos outros e a abandonar muitos estereótipos que criamos.

O livro também trata de conceitos morais, porque não seria justo revelar tantos segredos sem investigar os efeitos que a sociedade de DEZ tem exercido sobre o mundo. Se um pequeno grupo de pessoas pode ter uma influência tão grande sobre a humanidade, precisamos saber o que motivou as escolhas que essas pessoas fizeram. A história que vou contar neste livro me forçou a reavaliar minha personalidade e minhas ações. Ela me fez perguntar a mim mesmo se a DEZ é uma força do bem ou do mal e quais são as regras morais que devemos passar a estabelecer.

Ao passar seu poder para uma nova geração, o tio do Homem-Aranha diz a ele que "com grandes poderes vêm grandes responsabilidades". Com tanta coisa em jogo, os poderes ocultos da DEZ envolvem uma responsabilidade ainda maior que aquela associada ao traje do super-herói. Você está prestes a aprender segredos que podem transformar sua vida. E também será forçado a pensar a respeito do efeito que esses segredos tiveram sobre o mundo em que vivemos.

Durante muito tempo, apenas uns poucos escolhidos tiveram acesso ao código. Agora vamos falar a respeito dele, de forma franca e aberta.

1

A Equação do Jogador

$$P(\text{vitória do favorito}) = \frac{1}{1 + \alpha x^{\beta}}$$

O que mais chamou minha atenção a respeito de Jan e Marius quando nos cumprimentamos no saguão do hotel foi que eles não eram muito mais velhos que os estudantes que assistem às minhas aulas na universidade. E ali estava eu, esperando aprender tanto com eles em relação ao mundo das apostas quanto eles presumivelmente esperavam aprender comigo a respeito do mundo da matemática.

Tínhamos trocado algumas mensagens pela Internet, mas era a primeira vez que nos encontrávamos pessoalmente. Eles estavam ali depois de um giro pela Europa, visitando especialistas em apostas de futebol como uma forma de se preparem para as competições do ano seguinte. Minha cidade natal de Uppsala, na Suécia, era a última parada antes de voltarem para casa.

— Acha que devemos levar nossos laptops conosco para o pub? — perguntou Marius quando nos preparamos para deixar o hotel.

— É lógico — respondi.

Aquele podia ser apenas um encontro de reconhecimento antes de começarmos a trabalhar no dia seguinte, mas nós três sabíamos que até a mais informal das discussões poderia exigir alguns cálculos matemáticos. Os laptops precisavam estar a postos.

Você pode ter a impressão de que é preciso ter um conhecimento profundo dos jogadores, das estratégias usadas pelos times, dos desfalques causados por suspensões e contusões e, às vezes, recorrer a algumas informações confidenciais para ganhar dinheiro apostando em partidas de futebol. Na década passada talvez fosse assim. Naquela época, o fato de assistir ao maior número de partidas possível, observar a linguagem corporal dos jogadores e o modo como se comportavam em situações críticas poderia oferecer alguma margem em relação aos apostadores que confiavam cegamente no time da casa. Hoje, porém, a situação é outra.

Jan tinha apenas um interesse moderado pelo futebol e não pretendia assistir à maioria das partidas da Copa do Mundo de 2018 nas quais pretendíamos apostar.

— Vou me limitar aos jogos da Alemanha — afirmou com um sorriso confiante.

Aquela era a noite da cerimônia de abertura, o início de um evento que poucos habitantes do planeta, com ou sem interesse pelo futebol, podiam se dar ao luxo de ignorar. Mas a não ser pelo interesse de Jan pelo time de seu país, para ele era tudo igual: Campeonato Alemão, Campeonato Norueguês ou a Copa do Mundo; tênis ou corridas de cavalos. Cada torneio ou cada esporte era apenas mais uma oportunidade para ele e Marius ganharem dinheiro. E fora a busca dessas oportunidades que os levara a me procurar.

Alguns meses antes, eu tinha publicado um artigo a respeito do meu modelo de apostas em jogos de futebol.[1] Não era um modelo matemático trivial. No início da temporada da Premier League de 2015-16, escrevi uma única equação e garanti que ela poderia calcular as probabilidades de vitória dos times melhor que os bookmakers. Eu estava certo.

Em maio de 2018, a equação havia colhido um lucro de 1.900%. Se você tivesse investido 100 dólares no meu modelo em agosto de 2015, menos de três anos depois estaria com 2.000 dólares. Bastaria apostar cegamente nos resultados indicados pelo meu modelo.

Minha equação não tinha nada a ver com o que acontecia em campo. Certamente não exigia assistir aos jogos nem se propunha a prever quem venceria a Copa do Mundo. Era uma função matemática que partia das cotações dos bookmakers, fazia pequenos ajustes com base em tendências históricas e sugeria novas cotações para as apostas. Não era preciso mais que isso para ganhar dinheiro.

Eu tinha divulgado amplamente minha equação e ela despertou muito interesse. Depois de publicar os detalhes na revista *1843* do Grupo Economist, falara a respeito dela em entrevistas para BBC, CNBC, jornais e redes sociais. Não havia segredo algum. Era neste modelo que Jan e Marius estavam interessados.

— Por que o senhor acha que ainda é possível ganhar dinheiro com este modelo? — perguntou Marius.

A informação vale muito para quem vive de apostas. Se você sabe de alguma coisa que outras pessoas desconhecem e essa informação confere alguma vantagem, a última coisa que você deseja é divulgá-la. O termo "margem" é usado para designar a diferença entre a sua cotação e a dos bookmakers. Se a sua cotação for divulgada, outros passarão a usá-la e os bookmakers se apressarão a corrigir suas próprias cotações, o que fará sua margem desaparecer. Esta, pelo menos, é a teoria. Mas eu tinha feito o oposto. Revelara a todos qual era minha equação. Marius queria saber por que, apesar de toda a publicidade, meu modelo ainda funcionava.

Grande parte da resposta à indagação de Marius pode ser encontrada examinando os e-mails e DMs que recebo diariamente solicitando palpites: "Quem você acha que vai ganhar amanhã? Li muita coisa a seu respeito e comecei a confiar em você"; "Preciso levantar fundos para abrir uma empresa. Suas dicas a respeito dos jogos de futebol me ajudariam a conseguir isso"; "Quem vai levar a melhor: Croácia ou Dinamarca? Estou com vontade de apostar na Dinamarca, mas sem muita convicção"; "Qual você acha que vai ser o resultado do jogo da Inglaterra? Empate?" Quase todas as mensagens têm este teor.

Não me sinto particularmente feliz ao dizer isso, mas o motivo pelo qual as pessoas continuam a me enviar este tipo de mensagem também responde à pergunta de Marius: meu modelo continua sendo lucrativo. A despeito de meus esforços para ressaltar as limitações de minha abordagem e minha ênfase em uma estratégia de longo prazo baseada na estatística, a resposta do público continua a se concentrar em mensagens perguntando coisas como "O Arsenal vai vencer neste fim de semana?" ou "O Egito irá se classificar para as oitavas de final se Salah não jogar?"

Pode ser ainda pior. Os que me enviam mensagens de e-mail pelo menos procuraram conselhos de especialistas na Internet. Muitos outros, porém, fazem apostas sem nenhuma base. Eles apostam no seu time de coração, apostam apenas por hobby, apostam porque beberam demais, apostam porque precisam de dinheiro e (em alguns casos extremos) apostam de forma compulsiva. Esse conjunto de apostadores é muito mais numeroso que o pequeno grupo de jogadores bem informados que estão usando meu método ou algo semelhante.

— O motivo pelo qual o modelo continua a ser lucrativo é que ele sugere apostas que as pessoas não querem fazer — expliquei a Marius. — Não tem nenhuma graça apostar em empate quando o Liverpool vai jogar fora de casa contra o Chelsea ou apostar no Manchester City contra o Huddersfield quando a cotação é quase de um para um. Ganhar dinheiro requer tempo e paciência.

O primeiro e-mail de Marius se enquadrava no 1% de mensagens que fugiam à norma. Ele falava a respeito de um sistema automático que ele e Jan haviam criado para obter vantagens em sistemas de apostas. Sua ideia era explorar o fato de que a maioria dos bookmakers é "inocente", ou seja, oferece cotações que nem sempre refletem a probabilidade real de que um time vença uma partida.

A grande maioria dos apostadores (entre eles, provavelmente, todos os que me enviam mensagens pedindo minha opinião a respeito de jogos específicos) trabalha com bookmakers "inocentes". Nomes famosos como Paddy Power, Ladbrokes e William Hill são inocentes, o que também acontece com sites de apostas menos conhecidos, como RedBet e 888sport. Esses bookmakers anunciam promoções para atrair novos apostadores, mas não se preocupam em estabelecer cotações que reflitam corretamente o resultado provável de eventos esportivos. Esta última atividade, a de calcular com precisão as cotações de acordo com as probabilidades, é praticada por bookmakers "espertos", como Pinnacle e Matchbook, que normalmente atendem a apenas 1% dos apostadores.

A ideia de Marius e Jan era usar os bookmakers "espertos" para tirar dinheiro dos bookmakers "inocentes". O sistema que eles propunham consistia em monitorar as cotações de todos os bookmakers, inocentes e espertos, em busca de discrepâncias. Se um dos bookmakers inocentes estivesse oferecendo cotações mais generosas que os bookmakers espertos, o sistema aconselharia os jogadores a concentrar as apostas naquele bookmaker inocente. Esta estratégia nem sempre seria vitoriosa, mas como as cotações dos bookmakers espertos eram bem mais precisas, o que proporcionava a Jan e Marius uma imagem significativa. Em longo prazo, depois de centenas de apostas, eles ganhariam dinheiro dos bookmakers inocentes.

Havia um problema para pôr em prática o sistema de Jan e Marius: os bookmakers "inocentes" detestam os clientes que ganham dinheiro. São os bookmakers que decidem se vão aceitar ou não uma aposta, e logo que percebessem que os saldos das contas de Jan e Marius estavam crescendo tomariam uma providência, enviando uma mensagem como "A partir de hoje, o valor máximo de suas apostas passa a ser $2,50."

A dupla, porém, havia encontrado um meio de superar este obstáculo. Depois de criar o sistema, passou a oferecer um serviço de consultoria. Os apostadores pagariam uma taxa mensal para serem alertados por e-mail para as cotações mais favoráveis dos bookmakers "inocentes". Isso queria dizer que Jan e Marius continuariam a ganhar dinheiro mesmo que os bookmakers os proibissem de apostar. Era uma solução satisfatória para todos os envolvidos com exceção dos bookmakers. Os apostadores receberiam informações que assegurariam um saldo positivo em longo prazo, e Jan e Marius ficariam com uma parte do lucro.

Era por isso que eu estava sentado com eles ali no pub. Os dois tinham descoberto um método promissor para colher dados e fazer apostas. Eu tinha proposto uma equação que podia aumentar sua margem de lucro: meu modelo da Premier League garantia uma margem não só em relação às cotações dos bookmakers inocentes, mas também em relação às cotações dos espertos.

Àquela altura, eu achava que tinha encontrado uma margem para apostar na Copa do Mundo que estava para começar, mas precisava de mais dados para testar minha hipótese. Antes que eu terminasse de explicar minha ideia, Jan já havia aberto o laptop e se conectado ao Wi-Fi do pub.

— Posso levantar as cotações para todos os jogos das eliminatórias e para os últimos oito torneios internacionais — afirmou. — Tenho um programa que vai *raspar* (termo usado para o processo de examinar automaticamente páginas da Internet e extrair informações) esses dados para o senhor.

Quando terminamos nossas bebidas, já tínhamos formulado um plano e identificado os dados necessários para executá-lo. Jan voltou ao hotel e programou o computador para *raspar* as cotações durante a noite.

*

Jan e Marius pertencem a uma nova geração de apostadores profissionais. Eles são programadores, sabem colher dados e conhecem muita matemática. Em geral, estão menos interessados em um tipo particular de esporte e mais interessados em estatísticas que os apostadores de antigamente. Por outro lado, estão muito interessados em ganhar dinheiro e são muito mais competentes nesta área.

As vantagens nas apostas que eu havia descoberto tinham atraído a atenção da dupla e me colocaram na periferia da sua rede de apostas. Entretanto, as respostas cautelosas que me deram no pub quando perguntei em que outras atividades estavam envolvidos mostraram que não estavam dispostos a me oferecer participação em todos os seus negócios. Isso estava fora de questão até que me conhecessem melhor. Para eles, eu não passava de um amador — começaram a rir quando eu disse que estava disposto a fazer apostas de 50 dólares no sistema que estávamos planejando —, e as informações a respeito dos outros projetos ficaram para outra ocasião.

Tive outro contato, porém, que foi mais aberto comigo. Ele tinha deixado recentemente uma empresa de trading esportivo e embora tenha me pedido para não revelar sua identidade — vou chamá-lo de James — e o nome da empresa em que havia trabalhado — mostrou-se disposto a compartilhar comigo todas as suas experiências.

— Se você tem uma margem genuína, o único limite para seus ganhos está no número de apostas que você pode fazer por dia — afirmou ele.

Para entender o argumento de James, imagine primeiro um investimento tradicional com juros de 3% ao ano. Se você aplicar $1.000,00, depois de um ano terá $1.030,00, o que representa um lucro de $30,00.

Imagine agora que você dispõe de um capital de $1.000,00 para apostar e conta com uma margem de 3% em relação aos bookmakers. Você certamente não está disposto a arriscar todo o capital em uma única aposta. Suponhamos que você faça uma aposta de $10,00, um risco relativamente modesto. Você não vai ganhar todas as vezes, mas uma margem de 3% significa que, em média, você vai ganhar $0,30 em cada aposta de $10,00. A taxa de retorno do seu investimento de $1.000,00 é, portanto, 0,03% por aposta.

Para conseguir um lucro de $30,00, você terá de fazer cem apostas de $10,00. Cem apostas por ano ou aproximadamente duas por semana é mais do que a maioria das pessoas dá conta de fazer. Para nós amadores, é imprescindível reconhecer que, mesmo contando com uma margem, um apostador comum não pode obter grandes lucros com um investimento de $1.000,00.

Os caras para quem James havia trabalhado não eram apostadores comuns. No mundo inteiro, todo dia acontecem mais de 100 partidas de futebol profissional. Recentemente, Jan baixou dados a respeito de 1.085 campeonatos de futebol em diferentes países. Somando a isso as disputas de tênis, rúgbi, corridas de cavalos e outros esportes, chega-se à conclusão de que as oportunidades de apostas são extremamente numerosas.

Vamos supor que a empresa de James tivesse uma margem apenas no futebol e que fizesse 100 apostas por dia. Vamos supor também que a empresa fizesse uma aposta inicial de $1.000,00 e apostasse o montante da conta a partir da segunda aposta.

Qual seria o montante após um ano para uma margem de 3%? $1.300,00, $3.000,00, $13.000,00 ou $310.000,00?

Após um ano, o montante da conta teria atingido o valor de $56.860.593,80. Quase 57 milhões de dólares! Cada aposta multiplica o montante por apenas 1,0003, mas, depois de 36.500 apostas, o aumento exponencial do montante faz o lucro se tornar gigantesco.[2]

Na prática, porém, este lucro gigantesco não pode ocorrer. Embora os bookmakers espertos usados por James e seus ex-colegas aceitem apostas maiores que os bookmakers "inocentes", eles também estabelecem limites.

— As empresas de apostas de Londres cresceram tão depressa e se tornaram tão grandes que foram forçadas a fazer as apostas por meio de corretoras. Se não fizessem isso, quando apostassem pesadamente em uma partida, todo mundo faria o mesmo e a sua margem tenderia a desaparecer — afirmou James.

Apesar dessas limitações, as empresas de apostas que se baseiam em cálculos matemáticos continuam a ganhar dinheiro. Basta observar a elegância das instalações dessas empresas em Londres para ter uma ideia do seu sucesso. Os empregados de uma das maiores empresas do setor, a Football Radar, começam o dia com um café da manhã gratuito, dispõem de uma sala de ginástica com equipamentos de primeira, podem tirar algum tempo de folga para jogar tênis de mesa ou PlayStation e têm direito de requisitar todos os programas e equipamentos de informática que julgam necessários para o seu trabalho. Os programadores podem escolher à vontade as horas de trabalho e a empresa se empenha em lhes proporcionar o tipo de ambiente criativo normalmente associado ao Google e ao Facebook.

Os dois maiores competidores da Football Radar, Smartodds e Starlizard, também estão sediados em Londres. Os donos dessas empresas são Matthew Benham e Tony Bloom, respectivamente, cujas carreiras se basearam no uso da matemática. Benham estudou em Oxford, onde iniciou sua atividade de apostas baseadas em métodos estatísticos, enquanto Bloom trabalhou durante algum tempo como jogador profissional de pôquer. Em 2009, ambos compraram times de futebol de suas cidades natais: Bloom comprou o Brighton Hove Albion, e Benham comprou o Brentford F.C. Quando Benham se convenceu de que era capaz de ganhar dinheiro com apostas, decidiu que era melhor comprar um bookmaker esperto, o Matchbook.

Benham e Bloom descobriram pequenas vantagens usando grandes quantidades de dados e ganharam muito dinheiro com isso.

*

A margem que propus a Jan e Marius consistia em calcular a probabilidade de vitória do favorito em uma partida da Copa do Mundo usando a seguinte equação:

$$P(\text{vitória do favorito}) = \frac{1}{1+\alpha x^{\beta}} \qquad \text{(Equação 1)}$$

em que x é a cotação do bookmaker para a vitória do favorito.[3] A cotação deve estar no formato usado na Inglaterra, de acordo com o qual uma cotação de 3 para 2 ou $x = 3/2$ significa que para cada $2,00 apostados, o apostador receberá $3,00 se o time vencer.

Vejamos o que significam os diferentes símbolos da Equação 1, começando pelo lado esquerdo, que escrevi na forma *P*(vitória do favorito). Os modelos matemáticos raramente indicam que um time vai "ganhar" ou "perder" com certeza absoluta. *P*(vitória do favorito), a probabilidade de que o favorito vença é um número entre 0 e 1 que expressa o grau de confiança atribuído ao resultado.

Essa probabilidade depende do valor do lado direito da equação, que contém três símbolos, x do alfabeto latino e α e β do alfabeto grego. Uma estudante me disse uma vez que não tinha dificuldade com a matemática quando estava lidando com letras como x e y, mas que as coisas ficavam complicadas quando apareciam letras gregas como α e β. Para um matemático, essa afirmação é ridícula, porque x, α e β não passam de símbolos que mais cedo ou mais tarde vão ser substituídos por números, e acho que a estudante estava brincando. Ao mesmo tempo, porém, ela tocou em um ponto interessante: por alguma razão, os matemáticos costumam usar letras gregas em equações que envolvem operações complicadas, como *exponenciação*, e letras romanas em equações que envolvem apenas operações simples, como *soma* e *subtração*. Sendo assim, vamos começar sem as letras gregas.

A equação

$$P(\text{vitória do favorito}) = \frac{1}{1+x}$$

é muito mais fácil de entender. Se a cotação é 3/2 (2,5 na notação inglesa, +150 na notação americana), a probabilidade de que o favorito vença é

$$P(\text{vitória do favorito}) = \frac{1}{1+\frac{3}{2}} = \frac{2}{2+3} = \frac{2}{5}$$

Esta equação, sem o α e o β, revela qual é a probabilidade de vitória do favorito estimada pelo bookmaker. Ele acredita que o favorito tem uma probabilidade de 2/5 ou 40% de vencer a partida. Nos demais 60% dos casos, a partida terminará empatada ou com vitória do azar.

Sem o α e o β (ou, mais corretamente, com $\alpha = 1$ e $\beta = 1$), minha equação do jogador é relativamente fácil de entender. Entretanto, sem o α e o β não é possível ganhar dinheiro com a equação. Para entender por quê, pense no que vai acontecer se você apostar \$1,00 no time favorito. Se a estimativa do bookmaker estiver correta, você vai ganhar \$1,50 duas vezes em cinco e vai perder \$1,00 três vezes em cinco. Na média, você vai ganhar

$$\frac{2}{5} \times \frac{3}{2} + \frac{3}{5} \times (-1) = \frac{3}{5} - \frac{3}{5} = 0$$

Ao colocar este resultado em palavras, a equação prevê que na média, depois de apostar muitas vezes, você não vai ganhar nada. Zero. Néris.

Só que, na verdade, a situação é ainda pior. No começo, supusemos que a cotação do bookmaker refletia o seu prognóstico. Não é o que acontece na prática. Os bookmakers sempre ajustam as cotações a seu favor. Neste caso, em vez de cotarem o favorito a 3/2, cotariam, por exemplo, a 7/5. Tal ajuste garante que, a menos que você saiba como se precaver, eles sempre ganhem e você sempre perca. Com uma cotação de 7/5, você vai perder, em média, 4 centavos por aposta.[4]

Só é possível vencer os bookmakers usando dados estatísticos. Foi por isso que, depois que saímos do pub, Jan programou seu laptop para passar a noite raspando dados na Internet. Ele colheu as cotações e resultados de todas as partidas das Copas do Mundo e das Eurocopas, incluindo as eliminatórias, desde o Mundial de 2006, na Alemanha. Na manhã seguinte, reunidos em meu escritório na universidade, começamos a procurar uma margem.

Para começar, usamos os dados para criar planilhas como esta:

Favorito	**Azar**	**Cotação do favorito (x)**	**Probabilidade de vitória do favorito estimada pelos bookmakers** $\frac{1}{1+x}$	**O favorito venceu? ('sim'=1, 'não'=0)**
Espanha	Austrália	11/30	73%	1 (venceu)
Inglaterra	Uruguai	19/20	51%	0 (perdeu)
Suíça	Honduras	13/25	66%	1 (venceu)
Itália	Costa Rica	3/5	63%	0 (perdeu)
...				

Ao compararmos as duas últimas colunas da planilha, podemos ter uma ideia do grau de confiança que merecem as cotações dos bookmakers. Assim, no jogo entre Espanha e Austrália da Copa do Mundo de 2014, por exemplo, a cotação significa que os bookmakers acharam que havia uma probabilidade de 73% de que a Espanha vencesse o jogo, o que realmente aconteceu. Esta pode ser considerada uma "boa" estimativa. Por outro lado, no jogo da Itália com Costa Rica, os bookmakers acharam que havia uma probabilidade de 63% de que a Itália vencesse o jogo, mas ela perdeu para a Costa Rica. Esta pode ser considerada uma estimativa "ruim".

Coloquei as palavras "boa" e "ruim" *entre aspas* porque não podemos avaliar o grau de confiança de uma estimativa em caso de não pudermos compará-la com outras estimativas. É aí que entram em cena o α e o β. Eles são chamados de parâmetros da Equação 1. Parâmetros são valores que podem ser ajustados para aumentar a precisão da Equação 1. É lógico que não podemos mudar a cotação dos bookmakers nem o resultado do jogo, mas podemos escolher valores de α e β tais que a Equação 1 forneça estimativas melhores que as dos bookmakers.

O método usado para escolher os melhores parâmetros é chamado de regressão logística. Para ter uma ideia de como funciona a regressão logística, suponha que ajustamos primeiro o valor de β para melhorar a estimativa do jogo Espanha × Austrália. Fazendo $\beta = 1{,}2$ e mantendo $\alpha = 1$, obtemos:

$$\frac{1}{1+\alpha x^{\beta}} = \frac{1}{1+\left(\frac{11}{30}\right)^{1,2}} = 0{,}77 = 77\%$$

Como a Espanha venceu o jogo, esta estimativa de 77% pode ser considerada melhor que a estimativa de 73% dos bookmakers.

Mas isso nos causa um problema. Quando aumentamos o valor de β, aumentamos a probabilidade de vitória da Inglaterra sobre o Uruguai de 51% para 52%. Acontece que a Inglaterra perdeu para o Uruguai em 2014. Para corrigir esse problema, aumentamos o outro parâmetro, fazendo $\alpha = 1{,}1$ enquanto mantemos $\beta = 1{,}2$. Isso faz com que a probabilidade de vitória da Espanha sobre a Austrália diminua para 75%, mas este valor ainda é maior que a estimativa dos bookmakers, e ao mesmo tempo diminui a probabilidade de vitória da Inglaterra para 49%. Ao usarmos estes valores de α e β, obtemos estimativas para os dois jogos melhores que as estimativas dos bookmakers, que podem ser calculadas fazendo $\alpha = 1$ e $\beta = 1$.

Limitei-me a discutir o ajuste de α e β para melhorar as estimativas de dois jogos. A base de dados de Jan era formada pelos 284 jogos de todas as Copas do Mundo e Eurocopas desde 2006. Para um ser humano, seria muito cansativo ajustar repetidamente os valores dos parâmetros de modo a obter as melhores estimativas possíveis para os 284 jogos. Porém é relativamente fácil escrever um programa de computador que execute essa tarefa. O processo é chamado de regressão logística (veja a Figura 1, na página 24).

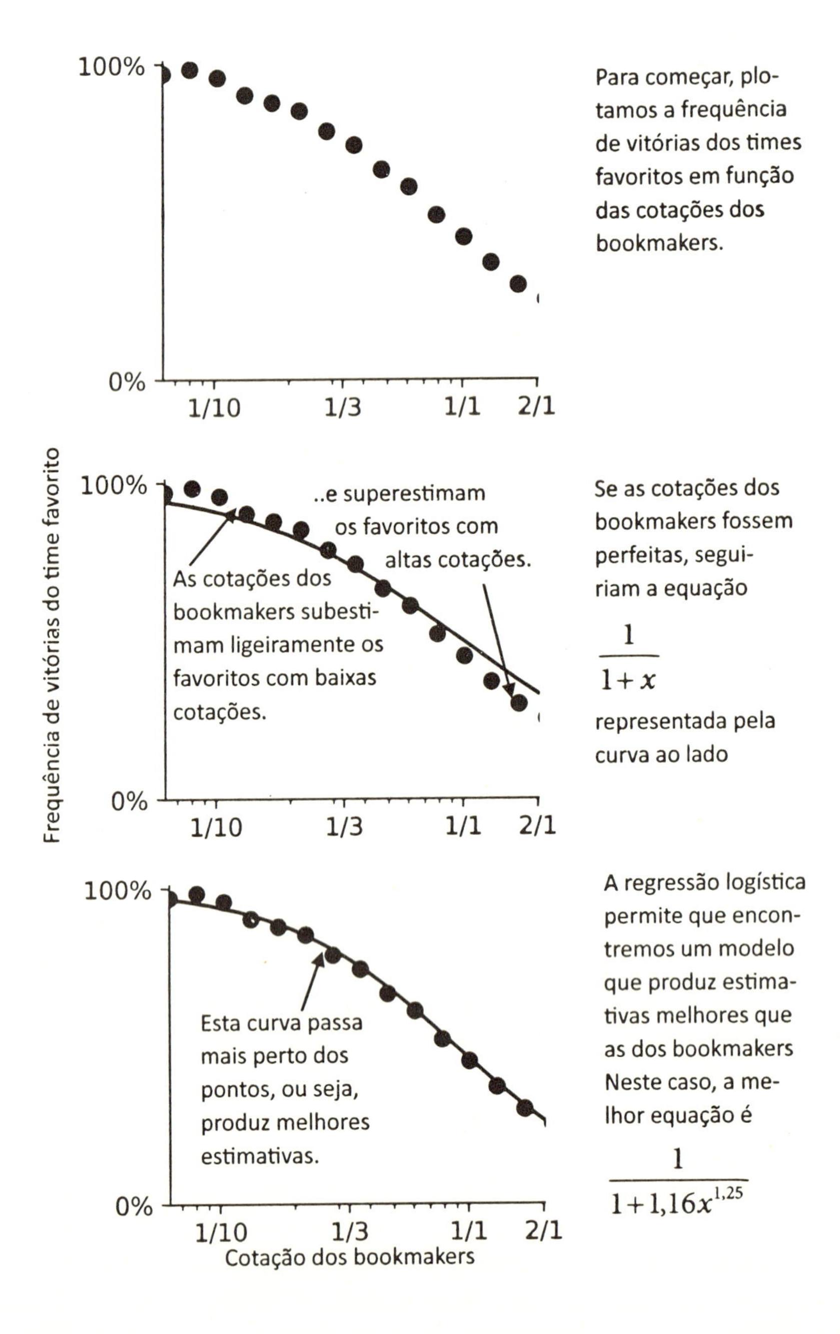

Figura 1: Ilustração da forma como a regressão logística chega aos melhores valores possíveis dos parâmetros, que, neste caso, são $\alpha = 1{,}16$ e $\beta = 1{,}25$

Escrevi uma rotina na linguagem de programação Python para fazer os cálculos. Executei a rotina e segundos depois obtive o resultado: os valores dos parâmetros para os quais a equação fornecia as melhores estimativas eram $\alpha = 1{,}16$ e $\beta = 1{,}25$.

Esses valores chamaram imediatamente minha atenção. O fato de que os dois parâmetros eram maiores que um mostrava que existia uma relação complexa entre as cotações e os resultados. A melhor forma de compreender esta relação é acrescentar mais uma coluna à nossa planilha para poder comparar os resultados da regressão logística com as estimativas dos bookmakers.

Favorito	**Azar**	**Cotação do Favorito (x)**	**Probabilidade de vitória do favorito estimada pelos bookmakers** $\frac{1}{1+x}$	**Probabilidade de vitória do favorito estimada por regressão logística** $\frac{1}{1+1{,}16x^{1{,}25}}$	**O favorito venceu? ('sim'=1, 'não'=0)**
Espanha	Austrália	11/30	73%	75%	1 (venceu)
Inglaterra	Uruguai	19/20	51%	48%	0 (perdeu)
Suíça	Honduras	13/25	66%	66%	1 (venceu)
Itália	Costa Rica	3/5	63%	62%	0 (perdeu)
...					

A comparação revela o que os apostadores experientes chamam de preconceito contra os grandes favoritos; no caso, a Espanha. A probabilidade de vitória desses times em geral é subestimada pelos bookmakers, o que significa que vale a pena apostar neles. Por outro lado, favoritos por uma pequena margem, como a Inglaterra, foram superestimados em 2014. A probabilidade de vitória da Inglaterra era menor que a indicada pela cotação. Embora as diferenças entre as estimativas dos bookmakers e a do modelo fossem pequenas, Jan, Marius e eu sabíamos que eram suficientes para nos proporcionar um lucro considerável.

Tínhamos encontrado uma pequena margem na Copa do Mundo. O que não sabíamos era se a margem que existia nas disputas anteriores continuaria a existir nesta presente, mas estávamos dispostos a arriscar uma certa quantia de dinheiro para descobrir. Levamos a manhã inteira para programar um sistema de apostas baseado na minha equação. Ele faria as apostas automaticamente durante toda a competição.

Depois do almoço, voltamos para minha casa. Marius e eu ligamos a televisão para assistir ao jogo Uruguai e Egito, enquanto Jan usava seu laptop para baixar as cotações do tênis.

*

A equação do jogador não diz respeito apenas a uma Copa do Mundo, nem a um método para ganhar dinheiro com apostas. Seu verdadeiro poder está no modo como nos força a ver o futuro em termos de probabilidades e resultados. Usar a equação do jogador significa deixar de lado palpites e simpatias e abandonar a ideia de que o resultado de uma partida de futebol, de uma corrida de cavalos, de um investimento financeiro, de uma entrevista de emprego ou mesmo de um encontro romântico pode ser previsto com 100% de certeza.

A maioria das pessoas tem uma ideia vaga de que os eventos futuros dependem, em grande parte, do acaso. Se a previsão do tempo anuncia que a probabilidade de chuva é de 75%, você não se surpreende se chegar molhado do trabalho, mas para encontrar pequenas margens escondidas nas probabilidades é preciso um raciocínio mais elaborado.

Se um resultado é importante para você, considere a possibilidade de que ele seja atingido e também a de que não seja. Conversei recentemente com o diretor executivo de uma startup muito bem sucedida que havia passado por quatro ciclos de investimentos multimilionários e tinha cem empregados. Ele admitiu prontamente que a probabilidade de lucro em longo prazo para ele e seus investidores ainda estava apenas por volta de 10%. Estava se esforçando ao máximo para que tudo desse certo, mas, ao mesmo tempo, tinha plena consciência de que as coisas poderiam piorar de uma hora para outra.

Se você está procurando o emprego dos sonhos ou o amor de sua vida, a probabilidade de que tenha sucesso logo de cara é muito pequena. Existem muitos fatores que escapam ao nosso controle. Fico surpreso com a maneira de como as pessoas que não são chamadas depois de uma entrevista de emprego ficam se questionando sobre o que fizeram de *errado*, em vez de pensarem na possibilidade de que um dos outros quatro candidatos naquele dia podiam ter melhores qualificações. Procure se lembrar de que você tinha 20% de probabilidade de sucesso quando entrou naquela sala de entrevistas. Não há razões para se culpar, a menos que tenha fracassado em cinco ou mais entrevistas desse tipo.[5]

Encontros amorosos são mais difíceis de quantificar, mas os mesmos princípios probabilísticos se aplicam. Não espere encontrar a sua alma--gêmea no primeiro encontro pelo Tinder, embora talvez seja preciso rever seu comportamento se você ainda estiver sozinho ou sozinha depois do encontro número trinta e quatro.

Depois de estimar as probabilidades, procure estabelecer uma relação entre elas, o investimento necessário e os efeitos esperados. A ideia de pensar probabilisticamente não é nem um apelo para que você aceite os insucessos com resignação passiva nem a recomendação de que se esforce mais para conseguir o que deseja. O diretor executivo com 10% de chance de sucesso tinha uma ideia que talvez lhe permitisse criar uma empresa do porte da Uber ou da Airbnb com um lucro anual na casa dos 10 bilhões de dólares. Dez por cento de dez bilhões de dólares é um bilhão de dólares, uma quantia respeitável.

Pensar probabilisticamente é ser realista em relação aos ganhos e perdas esperados. Nas corridas de cavalos e no futebol, os azarões tendem a ser superestimados por jogadores inexperientes, mas na vida real tendemos a ser excessivamente prudentes. A aversão ao risco faz parte da natureza humana. Não se esqueça de que o ganho de encontrar um trabalho que você realmente aprecie ou um parceiro ou parceira que você ame de verdade é inestimável. Isso significa que você deve estar disposto a correr grandes riscos para atingir seus objetivos.

*

Os cálculos matemáticos exigem muito trabalho e perseverança. Há cinco minutos terminei a leitura de um dos mais notáveis artigos na história da Matemática Aplicada; um artigo que vale literalmente um bilhão de dólares. Embora eu tenha reconhecido imediatamente a importância dos cálculos matemáticos relatados no artigo, tive uma certa dificuldade para compreender as equações. Fui em frente com a intenção de voltar a elas mais tarde e me ative aos relatos biográficos.

O artigo em questão é "Computer based horse race handicapping and wagering systems: a report", escrito por William Benter.[6] É um manifesto, uma declaração pública. É também o trabalho de um homem obcecado com o rigor científico e que acredita no que está fazendo; um homem decidido a documentar um plano antes de executá-lo para mostrar ao mundo que não vai ganhar dinheiro por sorte, mas por saber usar a matemática.

No final da década de 1980, William Benter se propôs a desafiar o mercado de corridas de cavalos de Hong Kong. Antes que ele iniciasse o projeto, as apostas elevadas estavam nas mãos de contraventores. Eles frequentavam os hipódromos de Happy Valley e Sha Tin, além do Real Jóquei Clube de Hong Kong, tentando obter informações privilegiadas de proprietários, tratadores e cavalariços. Eles tentavam descobrir se o cavalo tinha se alimentado bem e se fizera exercícios em segredo. Faziam amizade com jóqueis e procuravam se informar a respeito das estratégias que usariam nas próximas corridas.

Um americano como Benter era um estranho naquele mundo, mas ele conhecia outro meio de colher informações privilegiadas que os contraventores não usavam, apesar de estarem à sua disposição nos escritórios dos Jóquei Clubes. Benter obteve cópias dos anuários dos hipódromos e, com a ajuda de dois secretários, começou a carregar os resultados das corridas em um computador. Foi então que teve o que relatou mais tarde à *Businessweek* como uma epifania. Ele decidiu carregar juntamente as cotações finais dos cavalos, que também apareciam nos anuários. Essas cotações permitiram que Benter usasse um método semelhante ao que eu havia mostrado a Jan e Marius: o uso da equação do jogador. Aquela era a melhor forma de descobrir as imprecisões das estimativas dos apostadores e dos contraventores.

Benter não parou por aí. Nas equações básicas que mostrei anteriormente, limitava-me a explorar as falhas nas cotações dos times em relação a seus desempenhos anteriores. Na segunda ou terceira vez em que li o artigo de Benter, comecei a compreender como ele havia sido capaz de superar os outros apostadores de maneira tão consistente. Em meu modelo, eu não levava em conta fatores adicionais que me permitissem prever com mais precisão o resultado das partidas. Benter, por outro lado, tinha sido incansável no esforço para aperfeiçoar seu modelo. Sua base de dados, que não parava de crescer, incluía o desempenho anterior, o tempo decorrido desde a última corrida de que havia participado, a idade do animal, a qualidade do jóquei, a posição de largada, o estado da pista e muitos outros fatores. À medida em que ele incluía mais e mais detalhes, a precisão da regressão logística e, portanto, de suas estimativas se tornava cada vez maior. Após cinco anos de coleta de dados, seu modelo estava pronto, e com o capital obtido contando cartas em cassinos, Benter começou a apostar nas corridas de Happy Valley.

Nos dois primeiros meses, Benter obteve um lucro de 50%; lucro esse que desapareceu dois meses depois. Nos dois anos seguintes, os lucros de Benter variaram para cima e para baixo, às vezes chegando a quase 100% para depois cair a quase zero. Foram necessários dois anos e meio para que o modelo começasse a funcionar de verdade. Os lucros subiram para 200%, 300%, 400% e continuaram subindo exponencialmente. Benter revelou à *Businessweek* que havia ganhado 3 milhões de dólares na temporada de 1990-91.[7] A mesma publicação estimou que nas duas décadas seguintes Benter e um pequeno número de apostadores que usaram os mesmos métodos ganharam mais de um bilhão de dólares nos hipódromos de Hong Kong.

O que há de mais notável no artigo científico de Benter talvez não seja o artigo em si, mas o fato de que foi lido por muito poucas pessoas. Nos 25 anos que se passaram desde sua publicação, foi citado apenas 92 vezes em outros artigos. Para que o leitor tenha uma ideia do que esse número significa, um artigo que escrevi há quinze anos a respeito do modo como as formigas do gênero *Temnothorax* escolhem um novo lar teve 351 citações.

Não foi apenas o artigo de Benter que foi praticamente ignorado pela comunidade científica. Ele cita um artigo escrito em 1986 por Ruth Bolton e Randall Chapman como "leitura obrigatória" para as pessoas interessadas em compreender seu artigo.[8] Entretanto, quase 35 anos depois, aquele artigo pioneiro, que mostrava como era possível ganhar dinheiro nos hipódromos dos Estados Unidos usando a equação do jogador, também foi citado menos de cem vezes.

Benter não tinha uma educação formal em Matemática Avançada, mas estava disposto a encarar o desafio. Alguns o consideram um gênio, mas não vejo as coisas dessa forma. Em minha vida profissional, conheci e trabalhei com muitos indivíduos que não eram gênios nem matemáticos, mas perseveraram e aprenderam os mesmos métodos estatísticos que Benter usou. Na maioria, não são jogadores, mas biólogos, economistas e cientistas sociais que usam métodos estatísticos para testar hipóteses. Mas eles tiveram de estudar matemática.

Nunca entendo a matemática que está por trás de um raciocínio na primeira vez em que leio um artigo. Na verdade, conheço pouquíssimos matemáticos profissionais que são capazes de ler e interpretar equações sem investigar a fundo os detalhes, e é nos detalhes que estão os segredos.

*

O maior receio de toda sociedade secreta é o de ser descoberta. A versão moderna da conspiração dos Illuminati, que imagina gênios da informática controlando a economia mundial, exigiria que todos os membros mantivessem segredo a respeito de seus métodos e objetivos. Se um único membro revelasse a estranhos o código usado pelos membros para se comunicarem ou divulgasse os planos da sociedade, colocaria em risco a própria existência da organização.

O alto risco de serem descobertas é a razão principal pela qual a maioria dos cientistas não acredita na existência de organizações como os Illuminati. Para controlar todas as atividades humanas, a sociedade necessitaria de um número muito grande de membros, e seria muito difícil garantir que todos mantivessem segredo.

O caso da equação do jogador é diferente, porque os segredos da DEZ estão à disposição de todos, mas é preciso muito esforço e perseverança para explorá-los. O código é ensinado nas escolas e aprofundado nas universidades sem que os estudantes tenham consciência do seu potencial. Os membros da sociedade têm apenas uma vaga ideia de que fazem parte de uma grande conspiração. Eles sabem que não têm nada a revelar, a confessar, a esconder.

Quando uma jovem com o potencial para se filiar à DEZ lê o artigo científico de Benter pela segunda e pela terceira vez, ela se esforça para compreender o verdadeiro significado do que o autor está propondo. Ela começa a sentir uma afinidade, uma ligação que se estende por décadas e séculos. Benter certamente sentiu o mesmo ao estudar o trabalho de Ruth Bolton e Randall Chapman. Bolton e Chapman, por sua vez, devem ter tido a mesma sensação quando estudaram a obra de David Cox, cuja teoria de regressão logística, proposta em 1958, serviu de base para eles. Ao voltarmos mais atrás no tempo, passando por Maurice Kendall e Ronald A. Fisher no período entre as duas grandes guerras mundiais, chegamos às primeiras ideias de probabilidade expressas por Abraham de Moivre e Thomas Bayes na Londres do século XVIII com a ligação estabelecida pela matemática se estendendo ao longo da história humana.

À medida que se aprofunda nos detalhes, nossa jovem aprendiz descobre que todas as partes do segredo estão ali reveladas passo a passo nas páginas à sua frente. Bender registrou as origens do seu sucesso no código de equações. Agora, 25 anos depois, ela pode desvendar esse sucesso, de símbolo matemático em símbolo matemático.

É a matemática, sobretudo o interesse pela equação, que nos une através de grandes distâncias no tempo e no espaço. Como Benter no passado, nossa estudante está começando a apreciar a beleza de fazer uma aposta com base não em palpites, mas em uma análise estatística de dados.

*

Existe uma forma de explicar a ideia por trás da estratégia que Jan, Marius e eu criamos sem usar equações. Na verdade, posso explicar a ideia-chave em uma única sentença: descobrimos que as cotações iniciais da Copa do Mundo (aquelas que os bookmakers divulgam com grande antecedência) podiam ser usadas para fazer melhores estimativas que as cotações finais (aquelas que os bookmakers oferecem aos apostadores na véspera das partidas).

Esta observação é contraintuitiva. Quando os bookmakers estabelecem as cotações iniciais, existe muita incerteza a respeito do que vai acontecer nas semanas (ou meses) que restam até o pontapé inicial. Jogadores importantes podem se lesionar (como aconteceu com Mohamed Salah, da seleção do Egito), um time pode passar por uma fase ruim (a França empatou com os Estados Unidos algumas semanas antes da Copa do Mundo) ou pode haver uma mudança de técnico de última hora (como foi o caso da Espanha). Na teoria, as cotações mudariam de modo a levar em conta esses eventos. Assim, com a troca de técnico, por exemplo, a probabilidade de a Espanha vencer Portugal seria menor.

As cotações realmente mudam, mas em vez de mudarem para refletir a nova realidade, tendem a exagerá-la. Quando o dia da partida se aproxima, apostadores inexperientes entram no mercado, fazendo suas apostas e tentando prever os resultados das partidas, e as cotações dos bookmakers acompanham as apostas desses amadores. Por exemplo, a cotação da vitória da França sobre o Peru aumentou de 2/5 para 1/2 às vésperas do jogo. Talvez alguns apostadores pensaram que, se a França não fosse capaz de bater os Estados Unidos em um amistoso, talvez o Peru pudesse empatar ou mesmo vencer o jogo. Outros apostadores inexperientes certamente leram as críticas dos jornais ao desempenho do meio-campo francês Paul Pogba e começaram a duvidar de sua capacidade de levar a seleção às finais. Fosse qual fosse a razão, este foi exatamente o cenário que, de acordo com nosso modelo, poderia ter sido explorado nas Copas do Mundo anteriores. Quando as cotações dos grandes favoritos aumentavam, valia a pena apostar neles. Era ali que estava a margem. Nosso sistema automático detectou a mudança de cotação, ativou a função de aposta e arriscou 50 dólares na França. No final do jogo, tínhamos 75 dólares.

Um requisito importante para quem trabalha com Matemática Aplicada é a capacidade de explicar a lógica que existe por trás dos modelos. Enquanto Marius e eu assistíamos a uma partida de futebol depois de formularmos nosso modelo, discutimos a razão pela qual as cotações se tornavam menos precisas às vésperas da Copa do Mundo.

— A maior parte das nossas estratégias de trading se baseia na ideia de que as cotações são mais precisas quando faltam poucos dias para o início da competição — comentou Marius. — Deve haver algo diferente na Copa do Mundo.

— Pode ser o volume das apostas — especulei. — Todos os jogos estão sendo mostrados na televisão, e é divertido fazer uma fezinha. Algumas pessoas apostam na vitória da seleção do seu país e outras apostam na derrota de um país rival.

Marius concordou. A Copa do Mundo atraía novos públicos para o futebol e muitos não resistiam à tentação de apostar na sua seleção preferida. Imaginamos os ingleses achando que seria divertido ganhar dinheiro à custa dos franceses. Acreditamos que os argentinos e alemães apostariam na Suíça contra o Brasil na primeira partida dos dois países. Com o aumento das apostas nos azares, os bookmakers aumentavam a cotação dos favoritos e nosso modelo recomendava apostar nos favoritos. Nem todas as apostas foram bem sucedidas — o Brasil estreou empatando com a Suíça —, mas a história mostrou que apostar nos grandes favoritos momentos antes do pontapé inicial era a melhor estratégia.

A tendência dos apostadores principiantes de apostar nos azares era apenas parte do modelo. Nossa equação levava a previsões mais sutis.

Os valores dos parâmetros $\alpha = 1{,}16$ e $\beta = 1{,}25$ significavam que quando não havia um grande favorito devíamos apostar no azar, como na partida em que a Inglaterra perdeu para o Uruguai em 2014. Um bom exemplo de uma dessas previsões foi a partida entre Colômbia e Japão. A cotação da Colômbia aumentou de 7/10 para 8/9 às vésperas do jogo. Quando essa nova cotação foi introduzida na equação, ela recomendou que apostássemos no Japão. Isso não queria dizer que o Japão fosse o favorito. Pelo contrário. A Colômbia continuava a ser a favorita, mas a equação sugeria que o Japão, cuja cotação agora era 26/5, era uma aposta melhor que a Colômbia. Neste caso em particular, nós nos demos bem. A Colômbia perdeu e a aposta de 50 dólares nos rendeu 260 dólares.

*

Sir David Cox está com 96 anos e nunca parou de trabalhar. Em oito décadas de carreira, escreveu 317 artigos científicos, sendo provável que outros ainda estejam por vir. Em seu escritório na Nuffield College, em Oxford, ele continua a escrever comentários e resenhas no campo da estatística moderna, além de novas contribuições para a área.

Perguntei a ele se ia ao escritório todo dia.

— Todo dia, não — respondeu. — Deixe de fora os sábados e domingos.

Ele pensou um pouco e corrigiu:

— Melhor dizendo, a probabilidade de que eu venha aqui no sábado ou no domingo é muito pequena.

Sir David Cox adora a precisão. Suas respostas a minhas perguntas foram cuidadosas e estudadas, e sempre acompanhadas por um comentário a respeito do grau de confiança que ele tinha em sua declaração.

Foi Cox que descobriu a equação do jogador. Bem, ele nunca afirmaria isso, e, na verdade, talvez eu esteja exagerando. Seria mais correto dizer que ele criou a teoria da regressão logística que usei para calcular os valores de α e β e que Benter usou para determinar quais eram os fatores mais importantes para prever os resultados das corridas de cavalos.[9] Cox é o autor do método estatístico por meio do qual a equação do jogador consegue fazer estimativas precisas.

A regressão logística é um produto britânico do pós-guerra. Nos últimos anos da Segunda Guerra Mundial, quando se formou em matemática na Universidade de Cambridge, Sir David foi convocado para servir na

Real Força Aérea (RAF). Mais tarde, quando o Reino Unido iniciou o processo de reconstrução, foi transferido para a indústria têxtil. Ele me disse que seu interesse inicial era a matemática abstrata que havia estudado, mas aquelas ocupações abriram seus olhos para novos desafios.

— As indústrias têxteis estavam repletas de problemas matemáticos fascinantes — afirmou.

Ele admitiu que guardava apenas uma vaga lembrança de detalhes específicos, mas o entusiasmo que sentia por aquela época era evidente. Ele falou a respeito de como os testes de várias propriedades de um tecido podiam ser usados para prever a probabilidade de que ele rasgasse e dos problemas para criar um produto final mais resistente e uniforme a partir de lã grossa. Essas questões, combinadas com as que havia encontrado na RAF em razão da frequência de acidentes e da aerodinâmica das asas de avião, tinham lhe dado muito que pensar.

Foi a partir desses problemas práticos que Sir David começou a investigar um problema mais geral, mais matemático: qual era a melhor forma de determinar como um evento — se, por exemplo, um desastre aéreo iria ocorrer ou se um cobertor iria rasgar — era afetado por vários fatores, como a velocidade do vento ou as tensões e deformações envolvidas. Esse era o mesmo tipo de pergunta que Benter estava fazendo sobre as corridas de cavalos: qual era a influência dos resultados anteriores e do estado da pista sobre a probabilidade de que um determinado cavalo vencesse uma corrida.

— As maiores controvérsias nas universidades quando formulei a teoria (em meados da década de 1950) se relacionavam à análise de dados médicos e psicológicos e à forma de determinar a influência de diferentes fatores no prognóstico médico — afirmou Cox. — A regressão logística nasceu de uma combinação de minha experiência prática com minha formação de matemático. Os diferentes problemas que eu havia encontrado na medicina, na psicologia e na indústria podiam ser resolvidos usando a mesma família de funções matemáticas.

Essa família de funções matemáticas se revelou mais importante que o próprio David Cox imaginava. Da aplicação às indústrias da década de 1950 até o uso para interpretar os resultados de ensaios clínicos, a regressão logística tem sido aplicada com sucesso a uma variedade muito grande de problemas. Hoje em dia, é a abordagem usada pelo Facebook para decidir que anúncios vai exibir, pelo Spotify para escolher as músicas que vai recomendar e como parte do sistema de detecção de pedestres nos carros sem motorista. Além, é lógico, de suas aplicações no mundo das apostas...

Perguntei a Sir David se ele tinha conhecimento do sucesso de Benter nas apostas de corridas de cavalos usando a regressão logística. Ele respondeu que não. Contei a ele o modo como a regressão logística ajudara Benter a ganhar um bilhão de dólares. Em seguida, falei a respeito de Matthew Benham, o estudante de Oxford que fizera fortuna apostando em resultados de partidas de futebol.

— Sou contra jogos de azar — disse ele, quando terminei meu relato.

Ficou em silêncio durante algum tempo, com ar pensativo, e depois me contou a história de um colega da década de 1950 que gostava de apostar, uma história que me fez prometer que eu jamais contaria. E, sinto dizer, vou cumprir a promessa.

*

O segredo de apostar com sucesso não é fazer previsões com absoluta certeza, mas descobrir pequenas diferenças na forma como você vê o mundo e na forma como outras pessoas o veem. Se a sua visão é ligeiramente mais acurada, se os parâmetros que você usa explicam melhor os resultados, isso significa que você tem uma margem. Não espere que essa margem vá surgir da noite para o dia. Ela deve ser construída ao longo do tempo por meio de um processo de tentativa e erro usado para ajustar os valores dos parâmetros. E não espere acertar todas as vezes. Na verdade, a única coisa que você precisa é acertar mais do que errar em uma longa série de previsões.

Às vezes tendemos a concentrar todos os nossos esforços em uma "Grande Ideia", mas, de acordo com a equação do jogador, o segredo consiste em criar diferentes variantes de uma ideia. Suponha que você esteja começando a dar aulas de ioga ou de dança. Experimente diferentes listas de músicas com diferentes grupos e observe qual delas produz melhores resultados. Ao testarmos várias pequenas ideias, podemos compará-las, como fazemos com os cavalos que vão disputar uma corrida no hipódromo de Happy Valley. No final de cada prova, podemos usar o resultado para examinar os fatores que levaram ao sucesso ou ao fracasso.

Se você está começando a testar uma ideia nova, deve executar o que é chamado na indústria de teste A/B. Quando a Netflix decide atualizar o formato da página na Internet, cria duas ou mais versões (A, B, C etc.) e as apresenta a diferentes usuários. Em seguida, observa qual é a que consegue mais acessos. Esta é uma aplicação direta da equação do jogador ao "sucesso" ou "fracasso" de diferentes configurações da página. Como o número de assinantes da Netflix é muito grande, os diagramadores em pouco tempo têm uma boa noção de quais são as características que agradam mais ao público.

Você não precisa recorrer à regressão logística para fazer uso da equação do jogador, mas depois de compreender a ideia de ajustar parâmetros para obter estimativas mais precisas, não terá muita dificuldade para aprender o método. Sir David Cox me disse que, na sua opinião, a maioria das pessoas pode e deve aprender a usar a técnica que ele criou. Não é preciso conhecer todos os detalhes matemáticos da regressão logística para entender o que ela revela sobre os dados que você colheu.

*

Assisti a muitos jogos da Copa do Mundo, mas como não estava acompanhando as cotações não sabia se estava ganhando ou perdendo dinheiro com as apostas; assistia às partidas como um mero espectador. De vez em quando, Jan me enviava planilhas geradas automaticamente com uma lista das apostas que o programa havia feito e das quantias ganhas e perdidas. Tivemos prejuízo na primeira rodada da fase de grupos, mas, a partir da segunda rodada, os lucros passaram a superar as perdas. Quando a Copa do Mundo terminou, eu havia ganhado quase 200 dólares apostando um total de 1.400 dólares, o que representava um lucro de 14% da quantia investida.

Depois de ver a planilha com os resultados finais de nossas apostas, consultei mais uma vez as mensagens na minha caixa postal, que tinham se tornado cada vez mais desesperadas com o passar do tempo: "Sei que você entende de futebol mais do que eu; não pode me dar umas dicas?"; "Já perdi muito dinheiro para os bookmakers; por favor, informe quais são suas previsões para os próximos jogos": "Estou participando de um bolo de apostas com meus amigos; se me ajudar, estará ajudando dezenas de pessoas." As mensagens vinham de toda parte.

Não pude deixar de pensar que nosso pequeno lucro tinha sido obtido à custa de apostadores ingênuos. A maior parte, naturalmente, ficara com os bookmakers, mas o dinheiro que Jan, Marius e eu ganhamos havia pertencido originalmente a pessoas comuns, algumas das quais, provavelmente, não tinham lá tanto assim.

Foi então que uma ideia começou a tomar forma na minha mente: a desigualdade entre as pessoas que conheciam as equações e as que não conheciam não se limitava ao mundo das apostas. Os modelos estatísticos de Sir David Cox se aplicavam a muitos aspectos da sociedade moderna. Da indústria têxtil ao projeto de aeronaves e à inteligência artificial, a matemática é a principal responsável pelo desenvolvimento de novas tecnologias. O progresso passou a ser controlado por uma parcela muito pequena da população: aqueles que conhecem as equações. Além disso, em muitos casos, são essas pessoas que colhem a maior parte dos benefícios sociais e financeiros associados a esse progresso.

David Cox é membro da DEZ. Ele não sabe disso, mas inventou uma das equações e conhece perfeitamente as outras nove. Em consequência, garantiu um lugar na história da DEZ. Na verdade, é um dos membros de maior destaque.

Benter, Benham e Bloom também pertencem à DEZ. Talvez eles não tenham um entendimento formal das equações tão profundo como o de Cox, mas conhecem os princípios e sabem botá-los em prática. Jan e Marius em breve deverão se juntar a eles.

E eu? Conheço as dez equações na forma pura, não adulterada que os matemáticos as conhecem. Também as conheço na forma prática como Benter as colocou em uso. Além disso, embora tenha levado algum tempo para perceber isso, hoje sei que a DEZ me define, não apenas no modo como trabalho, mas também como pessoa.

2

A Equação do Avaliador

$$P(M|D) = \frac{P(D|M) \cdot P(M)}{P(D|M) \cdot P(M) + P(D|M^C) \cdot P(M^C)}$$

Meu amigo Mark é o chefe de uma equipe de corretores financeiros, todos com conhecimentos de matemática e estatística. Mark observou que os melhores funcionários têm uma coisa em comum: a capacidade de absorver e utilizar novas informações, ajustando rapidamente suas estimativas à nova realidade.

Os corretores não raciocinam em termos de verdades absolutas, como "esta empresa vai dar lucro no próximo trimestre" ou "esta startup não tem futuro"— eles raciocinam em termos de probabilidades: "existe uma probabilidade de 34% de que esta empresa dê lucro no próximo trimestre" ou "existe um risco de 90% de que esta startup vá à falência em menos de um ano". Quando recebem novas informações — ficam sabendo, por exemplo, que o diretor-executivo da primeira empresa pediu demissão ou a versão beta de um aplicativo da startup foi bem recebida pelo mercado —, atualizam suas probabilidades: 34% muda para 21% e 90% para 80%.

Ouvi histórias semelhantes por parte de James, meu contato na indústria de apostas em jogos de futebol. Eles usam variantes da equação do jogador, mas, com tanto dinheiro envolvido, têm de tomar decisões rápidas sobre a validade do modelo em vigor para as próximas partidas. O que fazer se uma hora antes da partida a escalação de um time é alterada e as hipóteses usadas para criar o modelo deixam de ser válidas?

— É nessa hora que a gente descobre quem são os bons corretores — afirmou James. — Eles sabem como reagir na proporção adequada. Se a mudança envolveu apenas um jogador, eles conservam as apostas; no caso de duas a quatro mudanças, começam a examinar diferentes possibilidades; cinco ou mais mudanças os levam a cancelar todas as apostas.

Para aprender a pensar como esses analistas, primeiro você precisa se colocar em uma situação estressante. Quando estamos em terra firme, quase todos nós sabemos que viajar de avião não é perigoso. Ao entrar em um avião comercial, a probabilidade de que você morra em um acidente fatal antes de chegar ao destino é menor que 1 em 10 milhões. Durante o voo, porém, a sensação pode ser outra.

Suponha que você é um viajante frequente que já andou de avião muitas vezes. Neste voo, porém, acontece algo fora do comum. Ao iniciar a descida, o avião começa a sacudir de forma estranha. A mulher ao seu lado suspira fundo; o homem do outro lado do corredor aperta com força os joelhos. Todos à volta estão visivelmente assustados. Será que o seu dia chegou? Será que o avião está caindo?

Em situações como esta, os matemáticos tentam se acalmar e analisam a situação a partir das informações disponíveis. Em notação matemática, a probabilidade de que o avião sofra um acidente grave pode ser escrita na forma *P*(CAIR), em que *P* significa probabilidade e CAIR representa uma queda presumivelmente fatal para os passageiros, incluindo você. Você sabe que, de acordo com as estatísticas, *P*(CAIR) = 1/10.000.000, uma probabilidade de 1 em dez milhões.[1]

Para representar a situação que você está enfrentando, os matemáticos escrevem a equação *P*(SACUDIR|CAIR), quando *P* é a probabilidade de que o avião comece a sacudir *dado que* está prestes a cair (SACUDIR significa que "o avião começou a sacudir" e a barra vertical, |, significa "dado que". É razoável supor que *P*(SACUDIR|CAIR) = 1, ou seja, que os aviões sacodem muito quando estão caindo.

Também é possível estimar o valor de *P*(SACUDIR|não CAIR), a probabilidade de que um avião comece a sacudir dado que pousou normalmente. Neste caso, você precisa recorrer a dados estatísticos. Das cem viagens de avião de que você se recorda, esta é a primeira vez que o avião sacudiu tanto quando estava descendo. Desse modo, sua estimativa é de que *P*(SACUDIR|não CAIR) = 1/100.

Essas probabilidades são úteis, mas não representam o que você tenta desesperadamente calcular. O que você quer saber é $P(\text{CAIR}|\text{SACUDIR})$, a probabilidade de que o avião irá cair dado que começou a sacudir. Esta probabilidade pode ser calculada usando o teorema de Bayes:

$$P(\text{CAIR}|\text{SACUDIR}) = \frac{P(\text{SACUDIR}|\text{CAIR}) \cdot P(\text{CAIR})}{P(\text{SACUDIR}|\text{CAIR}) \cdot P(\text{CAIR}) + P(\text{SACUDIR}|\text{CAIR}) \cdot P(\text{não CAIR})}$$

O símbolo · nesta equação significa multiplicação. Mais adiante vou explicar a origem desta equação, mas por enquanto, vamos apenas aceitá-la. Ela foi demonstrada pelo Reverendo Thomas Bayes em meados do século XVIII e é usada até hoje pelos matemáticos. Ao substituirmos os símbolos por valores conhecidos no lado direito da equação, obtemos:

$$P(\text{CAIR}|\text{SACUDIR}) = \frac{1 \cdot \frac{1}{10.000.000}}{1 \cdot \frac{1}{10.000.000} + \frac{1}{100} \cdot \frac{9999999}{10.000.000}} \approx 0{,}00001$$

Embora esta seja a pior turbulência pela qual você já passou, a probabilidade de que o avião caia é de apenas 0,00001. Isso significa que existe 99,999% de chance de o avião pousar normalmente.

O mesmo raciocínio pode ser aplicado a muitas outras situações aparentemente perigosas. Mesmo que você tenha visto algo estranho na água quanto está nadando em uma praia da Austrália, a probabilidade de que seja um tubarão é muito pequena. Você se preocupa quando um membro da família demora a chegar em casa e você não consegue entrar em contato com ele, mas o mais provável é que ele simplesmente tenha se esquecido de carregar o celular. Muitas coisas que consideramos informações preocupantes, como aviões que sacodem, vultos suspeitos na água ou telefones na caixa postal, passam a ser vistas como triviais quando abordamos corretamente o problema.

O teorema de Bayes pode ser usado para avaliar corretamente a importância de novas informações e manter a calma quando todos à sua volta estão em pânico.

*

Vejo o mundo de uma forma que chamo de "cinema". Quando estou sozinho ou mesmo na presença de outras pessoas, passo uma boa parte do tempo assistindo mentalmente a filmes do futuro. Não se trata de apenas um filme ou de apenas um futuro, mas de filmes com diferentes situações e diferentes desfechos. Vou explicar o que quero dizer usando o exemplo do avião.

Quando o avião está decolando ou pousando, vejo um cenário de desastre. Se estou com minha família no avião, imagino que estou segurando as mãos dos meus filhos, dizendo que os amo e que não devem se preocupar. Imagino que estou me controlando para que não sofram enquanto mergulhamos em direção à morte. Se estou sozinho no avião, cercado apenas por estranhos, vejo um filme diferente. Vejo os anos se passarem para minha família sem minha presença. Depois do funeral, vejo minha esposa sozinha com nossos filhos, tentando superar minha perda e contando a eles episódios da época em que estávamos juntos. Este filme é extremamente triste.

Esses filmes são passados continuamente e em paralelo em uma área do meu cérebro pouco acima do olho esquerdo. Pelo menos, essa é a impressão que eu tenho. A maioria dos filmes são muito menos dramáticos que o do desastre de avião. Tenho uma entrevista marcada com a dona de uma editora e enceno mentalmente a conversa, pensando no que vou dizer. Vou dar uma palestra e imagino como vou apresentar o assunto e quais vão ser as perguntas difíceis levantadas pela plateia. Muitos dos filmes são abstratos: passeio pelo artigo científico que estou escrevendo; examino a estrutura da tese de doutorado de um dos meus alunos; resolvo mentalmente um problema de matemática. Filmes desse tipo não fariam sucesso na telona. Estão embebidos em números, termos técnicos e referências científicas. Assisto a eles com prazer, mas não sou um espectador típico.

Não quero dar ao leitor a impressão de que me considero um oráculo. Pelo contrário. Os filmes que eu crio são fragmentados. Faltam muitos detalhes a serem preenchidos pela realidade. Além disso, o que é muito importante, quase sempre os filmes estão errados. A dona da editora leva a conversa para outra direção e eu me esqueço do que pretendia propor. Descubro uma falha nos argumentos do artigo científico que eu estava escrevendo e não consigo corrigi-la. Cometo um erro de cálculo na solução do problema de matemática e obtenho resultados absurdos.

Os psicólogos estudaram o modo como as pessoas encaram o mundo e constroem suas narrativas, mas a descrição científica do processo é menos importante do que a forma como *você* vê o futuro. Ele é representado por palavras, filmes ou jogos de computador? Por fotografias, sons ou perfumes? É uma ideia abstrata ou você visualiza eventos reais? Pense no modo como você representa internamente os acontecimentos. A forma como você vê o mundo é uma questão muito pessoal — não tenho intenção de mudá-la. Eu ficaria furioso se alguém me dissesse para parar de ver os meus filmes. Meu "cinema" é parte de mim.

O papel que a matemática desempenha no meu pensamento é no sentido de me ajudar a organizar minha coleção de filmes. O desastre de avião é um bom exemplo. Quando assisto ao filme do desastre, também estimo a probabilidade de que ele aconteça e a considero (ainda bem) extremamente pequena. Isso não me impede de ver o filme. Ainda fico preocupado quando meu avião começa a sacudir ou vejo um vulto estranho no mar, mas o uso da matemática ajuda a mudar o foco dos meus pensamentos. Penso que minha família representa muito para mim e que devo viajar menos e nadar mais.

O termo científico usado para designar os filmes que passo na minha cabeça é "modelo". O desastre de avião é um modelo, o ataque de tubarão é um modelo e os planos de minha pesquisa científica são um modelo. Os modelos podem ser qualquer coisa, desde pensamentos vagamente definidos até equações matemáticas demonstradas formalmente, como a que eu usei para apostar nos jogos da Copa do Mundo. O primeiro passo para uma abordagem matemática do mundo é reconhecer a forma como usamos os modelos.

*

Amy se matriculou em um curso na universidade e está se perguntando de que colegas deve se aproximar e quais evitar. Ela é uma pessoa sociável e no filme que passa em sua cabeça é bem recebida por pessoas decentes. Mas Amy não é ingênua. Ela sabe, por experiência, que nem todas as pessoas são decentes e por isso também tem na cabeça um filme sobre pessoas "filhas da puta". Não julgue Amy pela linguagem que ela usa, porque, afinal de contas, são apenas pensamentos. Quando é apresentada a Rachel, a menina que ocupa a carteira ao lado, Amy estima que a probabilidade de que Rachel seja uma filha da puta é pequena, da ordem de 1 em 20.

Não estou dizendo que Amy avalia seus novos relacionamentos em termos de probabilidades. Defini um número apenas para facilitar a discussão do problema. Você pode pensar a respeito e estimar quantos por cento dos seus conhecidos merecem ser chamados de filhos da puta. Espero que o número seja menor que 1 em 20, mas é você quem sabe.

Naquela primeira manhã, Rachel e Amy revisaram juntas o que foi dado em aula. Amy teve dificuldade para entender os detalhes porque alguns tópicos abordados pela professora não faziam parte do currículo da escola onde ela havia feito o ensino médio. Rachel foi paciente, mas Amy notou certa frustração. Por que demorava tanto para entender as coisas? No mesmo dia, depois do almoço, uma coisa horrível aconteceu. Amy estava sentada em uma das cabines do banheiro, vendo as mensagens no celular, quando Rachel e outra jovem entraram no banheiro conversando em voz alta.

— Aquela garota nova é muito burra — estava dizendo Rachel. — Tentei explicar o que era "apropriação cultural" e ela não fazia ideia. Achou que fosse pessoas brancas aprendendo a tocar bongô!

Amy cerra os dentes e fica onde está até que as duas saiam do banheiro. O que deve pensar?

A maioria das pessoas ficaria triste, zangada ou ambas as coisas se estivesse na pele de Amy. Mas deveria? Rachel certamente não devia ter feito o que fez. É o primeiro dia de Amy e, mesmo que não fosse, não é correto falar mal de uma colega de classe. A questão, porém, é outra: será que Amy deve perdoar Rachel por esta mancada e lhe dar uma nova chance?

Sim. Sim. Sim. Ela deve! Com toda a certeza! Precisamos perdoar essas pequenas falhas de caráter. E não apenas uma vez, mas várias. Devemos perdoar as pessoas por fazerem comentários infelizes, por falarem mal de nós pelas costas e por nos ignorarem.

Por que razão devemos perdoá-las? Porque somos bonzinhos? Porque nos deixamos humilhar pelas outras pessoas? Porque somos fracos e não sabemos nos defender?

Não. Não. Não. Nada disso. Devemos perdoá-las porque somos racionais, porque acreditamos na lógica. Devemos perdoá-las porque queremos ser justos. Devemos perdoá-las porque acreditamos no que o Reverendo Bayes nos ensinou. Devemos perdoá-las porque a segunda equação nos diz que é a coisa certa a fazer.

Vou explicar melhor. O teorema de Bayes é um elo entre um modelo e os dados experimentais. Ele nos ajuda a verificar até que ponto nossos filmes mentais correspondem à realidade. No exemplo do início do capítulo, calculamos a probabilidade $P(\text{CAIR}|\text{SACUDIR})$ de que um avião vai cair dado que ele está sacudindo violentamente. Amy quer saber o valor de $P(\text{SER FILHA DA PUTA}|\text{FALAR MAL})$ e a lógica é exatamente a mesma.

CAIR e SER FILHA DA PUTA são modelos criados pela nossa mente. São nossas crenças relacionadas ao mundo que assumem a forma de pensamentos ou, no meu caso, de filmes que passam na minha cabeça. SACUDIR e FALAR MAL são os dados a que temos acesso. Dados são algo concreto que acontece, que pode ser observado. Boa parte da Matemática Aplicada envolve ajustar modelos para que correspondam melhor aos dados, comparar nossos sonhos com a dura realidade.

Vamos chamar o modelo de M e os dados de D. O que queremos calcular é a probabilidade de que o modelo de Amy seja verdadeiro (Rachel é uma filha da puta) levando em consideração o dado (ela falou mal de Amy no banheiro). Temos:

$$P(M|D) = \frac{P(D|M) \cdot P(M)}{P(D|M) \cdot P(M) + P(D|M^C) \cdot P(M^C)} \quad \text{(Equação 2)}$$

Para explicar esta equação — o teorema de Bayes —, é melhor descrever por partes o lado direito da equação.

O numerador (parte de cima da fração) é o produto de duas probabilidades: $P(M)$ e $P(D|M)$. A primeira, $P(M)$, é a probabilidade de que um modelo seja verdadeiro sem nenhuma informação adicional, como, por exemplo, a probabilidade estatística de um avião cair e a estimativa por parte de Amy da probabilidade de que uma colega de turma seja uma filha de puta, que é de 1 em 20. Isso é o que Amy sabia antes de entrar no banheiro. A segunda, $P(D|M)$, envolve o que ela ouviu quando estava no banheiro. É a probabilidade de que Rachel fale mal de Amy se ela for realmente uma filha da puta ou, de modo mais geral, a probabilidade de que um determinado evento aconteça se o modelo for verdadeiro. Esta é a probabilidade mais difícil de estimar, mas vamos supor que, se Rachel for uma filha da puta, ela pode falar mal ou não de Amy no banheiro, ou seja, que $P(D|M) = 0{,}5$. Mesmo que Rachel seja uma filha da puta, ela não passa o tempo todo falando mal das colegas no banheiro. Filhas da puta passam pelo menos 50% do tempo falando de outras coisas.

O motivo pelo qual multiplicamos as duas probabilidades — ou seja, escrevemos $P(D|M) \cdot P(M)$ no numerador — é que estamos interessados em calcular a probabilidade de que os dois eventos sejam verdadeiros. Assim, por exemplo, se eu jogo dois dados e quero calcular a probabilidade de obter seis em ambos, multiplico a probabilidade de 1/6 de obter 6 no primeiro dado pela probabilidade de 1/6 de obter 6 no segundo dado; o resultado é $1/6 \cdot 1/6 = 1/36$. O mesmo princípio da multiplicação se aplica ao caso que estamos discutindo: o numerador é a probabilidade de que Rachel seja uma filha da puta *e* fale mal de Amy no banheiro.

Enquanto o numerador da Equação 2 é calculado com base na hipótese de que Rachel seja uma filha da puta, precisamos também considerar um modelo alternativo no qual Rachel é uma pessoa decente. Fazemos isso no denominador (a parte de baixo da fração). Rachel pode ser uma pessoa que, por ser uma filha da puta, falou mal de Amy (M) ou uma pessoa que, embora seja decente, cometeu um deslize e falou mal de Amy (M^C). O índice superior C significa complemento. No caso, o complemento de ser uma filha da puta é ser uma pessoa decente. O segundo termo, $P(D|M^C) \cdot P(M^C)$, é a probabilidade de que Rachel fale mal de Amy mesmo *não sendo* uma filha da puta, multiplicada pela probabilidade de que a colega de Amy seja uma pessoa decente. Dividindo o numerador pela soma das possibilidades, exploramos todas as explicações possíveis para o comportamento que Amy observou no banheiro, o que nos dá $P(M|D)$, a probabilidade de que o modelo seja verdadeiro levando em conta os dados.

Se Rachel não é uma filha da puta, ela é uma pessoa decente. Assim, $P(M^C) = 1 - P(M) = 0{,}95$. Agora precisamos considerar a possibilidade de que pessoas decentes cometam deslizes. Rachel pode ser uma pessoa decente que está de mau humor; isso pode acontecer com qualquer um. Vamos supor que $P(D|M^C) = 0{,}1$, ou seja, que existe uma probabilidade de 1 em 10 de que uma pessoa decente esteja de mau humor e diga alguma coisa da qual mais tarde vai se arrepender.

Tudo que resta agora é fazer o cálculo que está ilustrado na Figura 2. Ele é feito exatamente na mesma forma que no exemplo do desastre de avião, mas com números diferentes:

$$P(M|D) = \frac{0{,}5 \cdot 0{,}05}{0{,}5 \cdot 0{,}05 + 0{,}1 \cdot 0{,}95} \approx 0{,}21$$

A probabilidade de que Rachel seja uma filha da puta é, portanto, de aproximadamente 1 em 5. Esta é a razão pela qual Amy deve perdoá-la. Existe uma chance de 4 em 5 que ela seja uma pessoa decente. Seria muito injusto julgá-la com base em apenas um fato desagradável. Amy não deve contar a Rachel que ouviu o que ela disse, nem permitir que isso afete seu relacionamento com ela. É melhor esperar o dia seguinte para ver o que acontece. Existe uma probabilidade de 80% de que no final do ano as duas estejam rindo juntas do que aconteceu no banheiro.

O episódio também deve servir de lição para Amy, que foi se refugiar no banheiro. Talvez não estivesse muito à vontade na manhã em que escutou Rachel falar mal dela no banheiro. Talvez tenha faltado um pouco de concentração de sua parte quando estavam estudando juntas e, vamos convir, ela não tinha nada que ficar sentada na privada depois do almoço mexendo no celular. Não se esqueça, porém, de que Bayes perdoa os deslizes. Amy deve aplicar a si própria o mesmo critério que aplica a Rachel. De acordo com o teorema de Bayes, ela deve manter a autoestima e não se deixar abalar por acontecimentos isolados.

Somos o produto de todos os nossos atos, não o resultado de um ou dois erros. Aplique a você mesmo o perdão racional que Bayes nos ensina a aplicar aos outros.

*

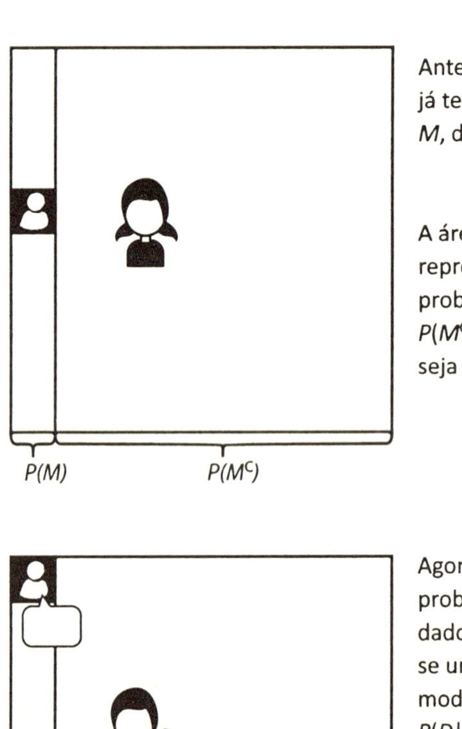

Antes de colher os dados já temos um modelo, *M*, do mundo.

A área dos retângulos representa as probabilidades $P(M)$ e $P(M^c)$ de que o modelo seja verdadeiro ou falso

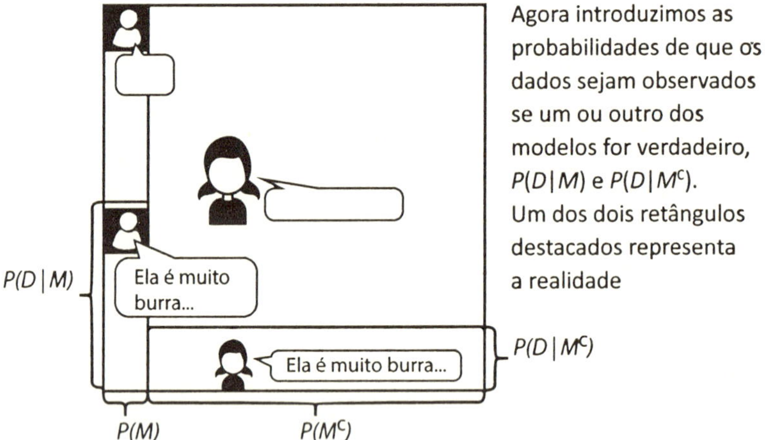

Agora introduzimos as probabilidades de que os dados sejam observados se um ou outro dos modelos for verdadeiro, $P(D|M)$ e $P(D|M^c)$. Um dos dois retângulos destacados representa a realidade

De acordo com a Equação 2, $P(M|D)$ é representada pela razão entre a área do retângulo menor e a soma das áreas dos dois retângulos destacados

Figura 2: Ilustração do teorema de Bayes

A primeira lição que pode ser extraída do teorema de Bayes, ou seja, a equação do avaliador, é que não devem ser tiradas conclusões apressadas. Os números que usei no exemplo afetam o resultado, mas não a lógica do processo. Experimente. Que porcentagem das pessoas que você conhece é decente? Com que frequência você acha que essas pessoas fazem coisas erradas? Com que frequência você acha que os filhos da puta fazem coisas erradas? Coloque esses números na equação e vai chegar à mesma conclusão: é preciso muito mais que um comentário infeliz para que alguém mereça ser chamado de "filho da puta".

Às vezes meu chefe age feito um babaca. Às vezes meus alunos não prestam atenção na aula. Às vezes um dos pesquisadores com quem trabalho quer receber crédito pelo que considero ter sido ideia minha, alegando que foi o primeiro a pensar daquele jeito. Às vezes, o presidente da comissão a qual eu pertenço parece desorganizado e pouco objetivo, perdendo tempo com discussões irrelevantes. Em situações como essas, uso a equação do avaliador, não para calcular a probabilidade de que um dos meus colegas seja um babaca ou um incompetente, mas para não permitir que minha opinião de meus colegas se baseie em eventos isolados. Quando acho que alguém com quem trabalho cometeu um erro, espero para ver o que acontece em seguida. Pode ser muito bem que o errado seja eu.

No romance *Orgulho e Preconceito*, Sr. Darcy diz a Elizabeth Bennet que seu apreço, uma vez perdido, está perdido para sempre. Srta. Bennet retruca que "ressentimento implacável é uma falha de caráter." O diálogo criado por Jane Austen é exemplar. Embora esteja criticando Darcy, Srta. Bennet considera seu ressentimento uma falha passageira e não uma nódoa profunda. Esta prudência antes de formar uma opinião a respeito dos outros é sinal de maturidade.

*

Não podemos entender a DEZ sem antes conhecer sua história e filosofia. A história da DEZ é a de um pequeno grupo de pessoas que passaram os segredos do pensamento racional de geração em geração. Essas pessoas levantaram questões importantes. Queriam saber como pensar de forma clara e precisa. Queriam ser capazes de avaliar se o que os outros afirmavam era verdadeiro ou falso. Chegaram a se perguntar qual era o significado das palavras verdade e mentira. A história dessas pessoas é a de questões como a natureza da realidade e o papel do homem no universo. É também a história de pessoas que se preocupam com a religião e com o que é certo e errado, de pessoas que se preocupam com a moral, com a diferença entre o bem e o mal.

Nossa história começa em 1761. O Dr. Richard Price tinha acabado de encontrar uma dissertação entre os papéis de um amigo recentemente falecido. O documento continha uma combinação de símbolos matemáticos com pensamentos filosóficos. Ele pedia ao leitor que imaginasse "uma pessoa que acabou de chegar a este mundo e procura, por meio de observações, compreender a ordem e o desenrolar dos eventos". Ele pergunta o que ela pensaria depois de ver o primeiro nascer do sol, o segundo e o terceiro. O que a pessoa pensaria a respeito da probabilidade de o sol nascer todo dia?

A dissertação chegava a uma surpreendente conclusão. O fato de ver o sol nascer vários dias seguidos *não deveria* levar o recém-chegado a acreditar que o sol nasceria no dia seguinte. Pelo contrário: ele sempre deveria ter dúvidas em relação ao próximo nascer do sol, mesmo depois de cem alvoradas, mesmo depois de uma vida de alvoradas. É impossível garantir, com absoluta certeza, o que vai acontecer.

Esse amigo, o autor da dissertação, era Thomas Bayes. Ele se propunha a estimar, com base em fatos, a probabilidade de que um evento voltasse a acontecer. Bayes pediu ao "alienígena" para representar a sua estimativa da probabilidade de que o sol nascesse no dia seguinte usando um parâmetro que chamou de θ. Antes do primeiro nascer do sol, o homem não teria nenhuma ideia prévia a respeito do sol e, portanto, para ele, todos os valores de θ seriam igualmente prováveis. A essa altura, ele podia imaginar que o sol nasceria todos os dias ($\theta = 1$), nasceria em dias alternados ($\theta = 0{,}5$) ou nasceria de cem em cem dias ($\theta = 0{,}01$). Embora ele soubesse que o valor de θ estava entre 0 e 1 (todas as probabilidades têm valores entre 0 e 1), havia um número infinito de possibilidades. O valor de θ podia ser 0,8567; 0,1234792; 0,99999 e assim por diante. A quantidade de algarismos depois da vírgula pode variar livremente, contanto que θ esteja entre 0 e 1.

Para lidar com o problema da precisão, Bayes pediu ao homem para informar qual ele considerava a menor probabilidade plausível de que o sol nascesse diariamente. Se ele acreditasse que haveria uma probabilidade maior que 50% de que o sol nascesse no dia seguinte, deveria afirmar que

$\theta > 0,5$. Se acreditasse que havia uma probabilidade maior que 90% de que o sol nascesse, deveria afirmar que $\theta > 0,9$. Imagine agora que, depois de ver o sol nascer 100 vezes, o homem afirma que, em sua opinião, o sol nasce mais de 99 vezes em cada 100 dias. Isso equivale a dizer que sua estimativa é a de que $\theta > 0,99$. A equação $P(\theta > 0,99|100 \text{ alvoradas})$ expressa a probabilidade de que a estimativa esteja correta. Bayes demonstrou, usando uma versão da Equação 2 para variáveis contínuas, que $P(\theta > 0,99|100 \text{ alvoradas seguidas}) = 1 - 0,99^{100+1} = 63,8\%$.[2] Existe, portanto, uma probabilidade de 36,2% de que o homem esteja errado e o sol nasça com uma frequência menor do que ele pensa.[3]

Se o homem passar sessenta anos na Terra e vir uma alvorada todo dia, ele poderá assegurar que a probabilidade de que o sol nasça todo dia é maior que 99%. Mas se ele afirmar que a probabilidade é maior que 99,99% estará sendo precipitado, porque $1 - 0,9999^{365\times60+1} = 88,8\%$. Isso significa que há uma probabilidade de 11,2% de que ele esteja errado. Bayes pede ao alienígena para informar qual é o seu modelo, para dizer qual ele estima que seja o menor valor possível de θ, pergunta a quantas alvoradas consecutivas ele assistiu e calcula a probabilidade de que ele esteja certo.

Richard Price percebeu que a equação de Bayes podia ser útil no debate a respeito de milagres que aconteciam no século XVIII. Price, assim como Bayes, era um sacerdote e estava interessado no modo como as novas descobertas científicas podiam ser conciliadas com os milagres descritos na Bíblia.

Na década anterior, o filósofo David Hume havia afirmado que "nenhum testemunho é suficiente para provar que um milagre aconteceu, a menos que para desmentir o testemunho seja preciso admitir um milagre ainda maior".[4] O argumento de Hume pode ser visto como uma aplicação da equação do avaliador. Ele nos pede para comparar o modelo M no qual o milagre aconteceu com um modelo alternativo M^C no qual o milagre não aconteceu. Hume argumenta que, como milagres são raros, $P(M^C)$ está muito próxima de 1 e $P(M)$ é muito pequena. Assim, para nos convencermos de que um milagre ocorreu, precisamos de evidências robustas, tais que o valor de $P(D|M)$ seja muito alto e o valor de $P(D|M^C)$ seja muito baixo. O raciocínio de Hume é semelhante ao argumento que usei no início do capítulo para o avião que estava sacudindo: precisamos de provas muito robustas para sermos convencidos de que um veículo confiável como um avião está prestes a sofrer um desastre. Precisamos de provas muito robustas para sermos convencidos de que Jesus ressuscitou.

Price considerava "absurdo" o argumento de Hume.[5] Segundo ele, Hume havia interpretado erradamente a equação de Bayes. Price afirmou que Hume tinha de ser mais preciso a respeito de θ, a probabilidade de um milagre acontecer.[6] Mesmo as pessoas que acreditam em milagres reconhecem que eles são extremamente raros. Para tornar a objeção de Price mais concreta, suponha que ele force Hume a estabelecer uma frequência máxima para a ocorrência de milagres e Hume diga que eles acontecem, no máximo, uma vez a cada 10 milhões de dias (27.400 anos), o que nos dá $\theta < 0{,}00001\%$.[7] Vamos supor que, segundo Price, $0{,}00001\% > \theta < 0{,}001\%$, ou seja, os milagres acontecem menos frequentemente que uma vez a cada 274 anos, mas mais frequentemente que uma vez a cada 27.400 anos. Imagine que o último milagre que aconteceu tenha sido a ressurreição de Cristo há pouco mais de 2.000 anos. De acordo com esses dados, a probabilidade de que Hume esteja correto é de aproximadamente 7%, enquanto a probabilidade de que Price esteja certo é de aproximadamente 93%. Mesmo que nenhum milagre aconteça por vários milênios, isso não pode ser considerado uma prova de que não existem milagres. Simplesmente não existem dados suficientes na curta existência humana para sustentar a alegação de Hume de que milagres não acontecem.

Richard Price se esforçou para conciliar a DEZ com a moral cristã. Ele acreditava na ressurreição de Cristo e usou argumentos racionais para duvidar dos descrentes. Price acreditava que o pensamento lógico podia revelar verdades do mundo que não estavam ao alcance de nossa experiência cotidiana. Deus era uma dessas verdades.

Há dois milênios, no chamado mito da caverna, Platão, o filósofo grego, descreveu os seres humanos comuns como indivíduos acorrentados no interior de uma caverna que podiam ver apenas as sombras confusas do que se passava do lado de fora; um mundo mais lógico e verdadeiro. A alegoria de Platão é frequentemente usada como forma de explicar o poder da matemática e era uma alegoria que Price levava muito a sério. Ele acreditava que descobrimos novas verdades aceitando o fato de que sombras na parede da caverna não são a realidade. Nossa experiência cotidiana é uma representação grosseira de uma verdade maior. Pensando mais nitidamente a respeito da forma verdadeira do mundo — por meio de modelos que não dependem de dados experimentais — podemos pensar mais claramente a respeito de situações confusas, as sombras da vida cotidiana.

A DEZ que Price tinha em mente era uma combinação de crenças religiosas com a metafísica de Platão.[8] Ele acreditava que havia preceitos morais na matemática, que havia uma forma racional, correta de viver a vida. Não só ele pregou essa visão, mas também a pôs em prática. Depois de compilar tabelas de expectativa de vida, calculou novos planos de pagamentos que foram usados durante quase um século nos seguros de vida.[9] Ele via seu trabalho como uma forma de proteger os pobres das incertezas, mostrando que quase todas as companhias de seguros da época não poderiam cumprir compromissos futuros e precisavam melhorar seus planos.[10] Price apoiou entusiasticamente a Revolução Americana e era um grande amigo de Benjamin Franklin. Ele acreditava que os Estados Unidos seriam capazes de criar um sistema baseado nos princípios da liberdade com igualdade na distribuição de terras e no qual o poder político fosse distribuído equanimemente pela população.[11] Os Estados Unidos, na visão de Richard Price, era o país no qual uma DEZ religiosa e racional poderia finalmente florescer.

Os atuais membros da DEZ raramente discutem questões morais, e apenas uma minoria acredita em um Deus cristão, mas muitos herdaram os valores defendidos por Price, como, por exemplo, o atuário que calcula um valor justo para o prêmio dos seguros de vida; o funcionário do governo que propõe um reajuste das pensões ou uma redução da taxa de juros; o cientista que ajuda as Nações Unidas a planejar metas de desenvolvimento; o climatologista que estuda os possíveis efeitos do aquecimento global nos próximos vinte anos; o profissional da saúde que analisa os custos e benefícios de diferentes tratamentos médicos. Todos eles usam o método de avaliação bayesiano para tornar a sociedade mais ordeira, mais justa, mais estruturada. Eles nos ajudam a dividir os riscos e as incertezas, de modo que quando algo raro, porém terrível, atinge um de nós, as contribuições dos outros ajudam a cobrir os custos.

A equação do avaliador leva os membros da DEZ a agir para proveito de todos. Uma boa avaliação, vista pelos olhos de Price, exige que sejamos ao mesmo tempo tolerantes e respeitosos em relação aos nossos semelhantes. Também nos ensina a não desprezar quem acredita em milagres. Mostra, além de tudo, que pelo menos uma das Dez Equações nos coloca no caminho da retidão.

*

A plateia aguarda em silêncio o início da cerimônia. Posso ver no rosto de Björn que ele está nervoso. Björn dedicou os últimos cinco anos de sua vida ao nobre objetivo de descobrir novas verdades por meio de uma pesquisa científica. Fui seu orientador no doutorado, ajudando-o a atingir seu objetivo. Agora, diante dos colegas, de alguns professores e da banca examinadora, e também de amigos e familiares, chegou a hora de defender sua tese.

É a combinação desta plateia heterogênea com a complexidade de sua área de pesquisa que o está deixando nervoso. Um dos capítulos da tese, intitulado "A Noite Passada na Suécia", é um estudo da ligação entre os crimes violentos e a imigração em sua terra natal. Em outro capítulo, ele discute a forma como os Democratas Suecos, um partido populista xenófobo, conquistou muito adeptos nos últimos dez anos em um país conhecido por suas políticas liberais e socialistas.

Para os matemáticos da banca e da plateia, trata-se de uma tese a respeito de métodos matemáticos. Para o seu coorientador, Ranjula Bali Swain, um professor de economia que se interessa por questões que vão desde o desenvolvimento sustentável até a forma como microempréstimos podem tirar mulheres da pobreza, a tese de Björn procura explicar o que acontece quando as culturas se misturam em uma mesma região do mundo. A família de Björn, os Blomqvist, e seus amigos querem saber o que ele descobriu sobre uma Suécia em mutação. O país está passando de uma terra homogênea de vikings para um recôndito multicultural de afegãos, eritreus, sírios, iugoslavos e ingleses brexitados.

Björn está com medo de cair da corda bamba em que se meteu a fim de fazer todo mundo feliz. As defesas de teses de doutorado na Suécia começam com o oponente, a pessoa encarregada de ler e discutir a tese com o candidato, apresentando os fundamentos da área de pesquisa. O oponente de Björn é Ian Vernon, da Universidade de Durham.

Ian começa a falar dos princípios do pensamento bayesiano. Enquanto meus exemplos neste capítulo envolvem os testes de apenas um modelo ou parâmetro, os cientistas geralmente têm de considerar muitas outras hipóteses. Nenhuma hipótese é 100% verdadeira, mas, à medida que os resultados experimentais se acumulam, algumas se tornam mais plausíveis do que outras. Ele começa a dar exemplos, começando com a descoberta de novos campos petrolíferos. Um algoritmo patenteado desenvolvido por Ian e seus colaboradores é usado por empresas de petróleo para descobrir as reservas que oferecem melhores perspectivas em longo prazo. Em seguida, passa para o campo da saúde. Quando os pesquisadores pretendem pôr em prática uma medida para combater a malária ou a aids, criam primeiro um modelo matemático para prever os efeitos dessa medida. A Fundação Bill e Melinda Gates está usando o método de Ian para planejar vários programas de erradicação de doenças.

Finalmente, Ian aborda uma das questões mais difíceis de todas. O que aconteceu nos instantes iniciais do nosso universo? Como as galáxias se formaram depois do Big Bang e que modelo explica o tamanho e a forma das galáxias que podemos observar atualmente? Ian mencionou vários modelos possíveis para o universo e apresentou valores prováveis para dezessete parâmetros diferentes que definiam o modo como as galáxias se afastavam umas das outras. [12] A exposição de Ian estica a corda bamba, mostrando o poder dos métodos matemáticos e uma grande variedade de aplicações. A família e os amigos de Björn assistem boquiabertos a uma simulação de galáxias rodopiando e colidindo, um modelo possível da evolução do nosso universo, cujos parâmetros foram refinados usando o teorema do Reverendo Bayes.

Chegou a hora de Björn apresentar seu trabalho. Uma introdução que falava do universo inteiro poderia ter abalado a confiança de um aluno de doutorado já estressado. Björn podia pensar que seu estudo de um dos países da Escandinávia não era grande coisa em comparação com a pesquisa de Ian. Quando eu olho para Björn, porém, vejo que agora ele está muito tranquilo. E quando olho para a plateia, para os pais do jovem, consigo ver que seus olhos brilham de orgulho. Então era possível fazer *tudo aquilo* com a matemática que Björn estava aprendendo, pensavam os Blomqvist. *Aquela* era a ciência que Björn estava aprendendo a dominar: a matemática do universo.

As mudanças sociais são tão complexas quanto a origem do universo, embora de forma diferente. Björn mostra que a ascensão dos Democratas Suecos, que são contra a imigração, pode ser explicada em grande parte pela localização geográfica. Em certas partes do país, particularmente na região meridional de Skåne, mas também na área central de Dalarna, o apoio aos Democratas Suecos é maior. Surpreendentemente, não são áreas que recebem um grande número de estrangeiros. A xenofobia não pode ser atribuída ao contato com estrangeiros. É nas áreas rurais, particularmente nos lugares em que as pessoas têm baixos níveis de instrução, que o apoio a uma política anti-imigração vem aumentando.

Depois que Björn termina sua apresentação, ele é arguido por Ian e pela banca examinadora. Ian e outros matemáticos da banca querem conhecer os detalhes técnicos do modo como Björn comparou modelos com dados experimentais. Lin Lerpold, um colega economista de Ranjula, que integra a banca, chama atenção para algumas limitações importantes do seu estudo. Björn não se aprofundou nas causas do movimento contra a imigração. Ele estudou a distribuição geográfica do movimento, mas não tentou descobrir o que pensam os indivíduos que vivem nas comunidades que apoiam a política anti-imigração. Para responder ao questionamento de Lin, teria sido necessário entrevistar moradores dessas comunidades.

A arguição da banca foi dura, mas justa, e o veredicto foi unânime. Björn foi aprovado. Ele agora pertence à tropa de elite dos cientistas bayesianos.

*

Nas últimas décadas, a abordagem bayesiana transformou o modo como os cientistas trabalham. Ela combina perfeitamente com a visão científica do mundo. Os experimentalistas colhem dados (D), e os teóricos formulam hipóteses ou modelos (M) a respeito dos dados. A equação de Bayes é usada para unir os dois componentes.

Considere a seguinte hipótese científica: *O uso de telefones celulares é prejudicial para a saúde mental dos adolescentes.* Esta é uma questão importante para minha família, em que dois adolescentes (e, tenho de reconhecer, dois adultos) passam o dia inteiro de olhos grudados em uma tela. Quando eu era criança, meus pais queriam saber onde eu estava e o que eu estava fazendo. Minha mulher e eu não temos este problema. Nossa preocupação é com o fato de nossos filhos passarem tempo demais no sofá trocando mensagens com os amigos. O que não daríamos por uma velha discussão do tipo "Por que você chegou em casa tarde da noite e com quem você estava?"...

A Dra. Christine Carter, socióloga e autora de vários livros de auto-ajuda a respeito de educação dos filhos e produtividade, tem uma posição muito incisiva contra o uso excessivo de telefones celulares, afirmando que "o uso exagerado dos celulares é uma causa provável do aumento recente de casos de depressão, ansiedade e suicídio entre os adolescentes". Seu artigo, publicado na revista *Greater Good Magazine* da Universidade da Califórnia em Berkeley, baseia sua afirmação em dois argumentos.[13] O primeiro é uma pesquisa de opinião entre pais de adolescentes, na qual quase metade dos entrevistados afirmou que os filhos estavam "viciados" em celulares e 50% acreditavam que o uso de celulares estava afetando negativamente a saúde mental dos filhos. O segundo é um estudo realizado com 120.115 adolescentes na Inglaterra que responderam a quatorze perguntas sobre de como se sentiam em relação à felicidade, satisfação com a vida e interações sociais. O estudo mostrou que, acima de um limiar de uma hora por dia, quanto mais tempo os jovens passavam usando celulares, mais negativas eram suas respostas. Em outras palavras, quanto mais tempo eles usavam o celular, mais infelizes se sentiam.

Parece convincente, não é? Tenho de admitir que quando li o artigo acreditei piamente. Escrito por uma pesquisadora e doutora, publicado em uma revista de uma das mais bem conceituadas universidades do mundo, o artigo usa argumentos científicos e dados estatísticos rigorosos para sustentar sua tese. Entretanto, existe um problema, e não é trivial.

Christine Carter usou apenas o numerador da equação do avaliador. Seu primeiro passo, descrever os temores dos pais, é dado por P(M), a probabilidade de os pais acreditarem que o tempo passado na frente de uma tela afeta a saúde mental de seus filhos. O segundo passo de Carter é mostrar que os dados experimentais são compatíveis com a hipótese dos pais preocupados, ou seja, é dado por $P(D|M)$, e tem um valor relativamente elevado. Mas o que Carter deixou de fazer foi levar em conta outros modelos que podem explicar o aumento de casos de depressão entre os adolescentes modernos. Ela calculou a numerador da Equação 2, mas deixou de lado o denominador. Carter não mencionou o valor de $P(D|M^C)$ para as outras hipóteses, o que nos impede de calcular $P(M|D)$, a probabilidade de que o uso de telefones celulares explique a depressão dos adolescentes, que é, em última análise, o que queremos saber.

Candice Odgers, professora de Psicologia da Universidade da Califórnia em Irvine, preencheu as lacunas deixadas por Carter e chegou a uma conclusão muito diferente em um artigo publicado na revista *Nature*.[14] Ela começa reconhecendo os problemas. Nos Estados Unidos, a porcentagem de meninas entre 12 e 17 anos com sintomas de depressão aumentou de 13,3% em 2005 para 17,3% em 2014 e um aumento menor também foi observado entre os meninos na mesma faixa etária. Não há dúvida de que o uso de telefones celulares aumentou no mesmo período; não precisamos de estatísticas para concordar com este fato. Odgers também não colocou em dúvida o estudo de adolescentes ingleses mencionado por Christine Carter que indica um aumento de casos de depressão com o aumento do número de horas de uso diário do celular.

O que Odgers argumentou, porém, foi que outras hipóteses podem explicar a depressão em adolescentes. Existe uma correlação três vezes maior entre depressão e não tomar café da manhã regularmente e entre depressão e não dormir sempre à mesma hora do que entre depressão e o número de horas vidrado no celular.[15] Na linguagem do teorema de Bayes, café da manhã e sono são modelos alternativos que podem explicar a depressão e têm uma alta probabilidade, $P(D|M^C)$. Quando esses modelos são colocados no denominador da equação de Bayes, como são maiores que o numerador, diminuem consideravelmente o valor de $P(M|D)$, a probabilidade de que a depressão seja causada pelo uso excessivo de telefones celulares. A redução é suficiente para que o uso de celulares deixe de ser uma explicação importante para os problemas de saúde mental dos adolescentes.

A coisa não termina aí. Existem também benefícios documentados para os adolescentes que usam celulares. Muitos estudos mostraram que os jovens usam celulares para ajudar colegas e estabelecer relações sociais duradouras. Para a maioria dos jovens de classe média, grupo que normalmente é alvo de advertências quanto ao uso excessivo de celulares, os telefones aumentam sua capacidade de fazer amizades reais e duradouras, não só online, mas também na vida real. Os problemas, comenta Candice Odgers em seu artigo, são mais comuns no caso de crianças de classes mais desfavorecidas. É mais provável que esses adolescentes se envolvam em brigas por causa de alguma coisa que foi dita na internet. Crianças que sofreram bullying na escola primária têm maior probabilidade de sofrer ataques posteriormente nas redes sociais.

Meus filhos se mantêm em contato com jovens do mundo inteiro e aprendem muita coisa na internet. Outro dia ouvi ao acaso uma discussão entre Elise e Henry a respeito de bongôs e apropriação cultural.

— Se alguém se sente ofendido por você tocar músicas da sua cultura, você deve parar. É uma questão de respeito — disse Ellie.

— Então você acha que o Eminem está praticando apropriação cultural? — retrucou Henry.

Não consigo imaginar uma discussão como essa com minha irmã quanto tínhamos 13 e 15 anos. Talvez nem mesmo nos dias de hoje. A geração do século XXI tem acesso a ideias e informações importantes que estariam além da compreensão dos jovens das décadas de 1970, 1980 ou mesmo 1990.

*

Agora eu gostaria de voltar a Amy e Rachel, porque deixei passar um detalhe que considero importante.

Os números que usei no exemplo — 1 em cada 20 indivíduos é um filho da puta; os filhos da puta passam 50% do tempo agindo como filhos da puta e as pessoas decentes têm um dia ruim em cada 10 — não só são arbitrários, mas também são subjetivos. Quando digo subjetivos, quero dizer que variam de pessoa para pessoa. Dependendo das suas experiências de vida, você pode confiar nas pessoas mais ou menos do que Amy. Não é o que acontece no caso dos desastres de avião: eles são uma realidade terrível e objetiva. A forma de Amy classificar os novos colegas de turma, como a forma como eu classifico meus colegas de trabalho, se baseia inteiramente em nossa experiência prévia. Não existe um critério objetivo para classificar uma pessoa como um filho da puta ou um babaca.

É verdade que os números que usei na história de Amy são subjetivos, mas aí é que está a questão. A equação de Bayes não se aplica apenas a probabilidades objetivas; ela também se aplica a probabilidades subjetivas. Contanto que eu possa usar números, e esses números não precisam ser necessariamente verdadeiros, a equação de Bayes me permite tirar conclusões. Posso mudar os números e obter resultados diferentes; o que não muda é a lógica que Bayes nos ensina a usar.

Essas hipóteses iniciais são chamadas de *premissas*. Na Equação 2, $P(M)$ é a probabilidade inicial de que um modelo seja verdadeiro. Em muitos casos, as premissas se baseiam em experiências subjetivas. O que não é subjetivo é o modo como determinamos $P(M|D)$, a probabilidade de que o modelo seja verdadeiro depois que levamos em conta os dados experimentais. O valor de $P(M|D)$ deve respeitar a equação de Bayes.

Muitas pessoas pensam que a matemática se aplica apenas a questões objetivas. Não é verdade. Ela é uma forma de descrever o mundo, e muitas vezes a forma de descrever o mundo é uma questão pessoal. Afinal de contas, não interessa às outras pessoas se Amy acha ou não que Rachel é uma filha da puta e de que forma ela chegou a essa conclusão. Todo o processo mental pode permanecer oculto para sempre no seu cérebro.

Pense de novo na minha representação cinematográfica do mundo — em todos esses filmes a que assisto mentalmente todos os dias, entre eles alguns extremamente pessoais. Posso estar preocupado com o bem-estar de minha mulher ou com o futuro de minha filha. Também pode ser um filme no qual ajudo o time de futebol de salão do meu filho a ser campeão ou um filme em que meus livros se tornam *best-sellers*. Não me interessa divulgá-los, porque são pessoais. A equação do avaliador não me diz quais são os filmes que devo ter em minha coleção ou o que devo sonhar. Ela se limita a dizer como devo encarar os sonhos, porque cada um dos "filmes" é um modelo do mundo. A equação de Bayes nos ajuda a atualizar as probabilidades que associamos a cada sonho, mas não diz quais devem ser os sonhos.

— Muitas pessoas, até mesmo matemáticos e cientistas, não percebem que o poder real da equação de Bayes está no modo como ela deixa clara a diferença entre o que você pensava antes de um estudo experimental e o que passou a pensar depois do estudo — comentou Ian Vernon enquanto bebíamos uma taça de champanha depois da defesa de tese de Björn. — Uma análise bayesiana exige que você apresente claramente os modelos em que se baseia sua teoria e mostre que os dados experimentais estão de acordo com esses modelos. Você pode achar que todos os seus modelos eram intuitivamente corretos, mas precisa ser honesto e reconhecer que alguns deles não foram confirmados por experimentos.

Concordei. Ian estava falando em termos gerais, mas tomava como exemplo a defesa de tese de Björn e o modo como ele tinha usado a equação de Bayes para explicar a ascensão da extrema-direita na política sueca. Aquele era um projeto que eu conhecia de perto, pois tinha discutido todos os detalhes com Björn, incluindo os fatores que levavam as pessoas a votar nos partidos isolacionistas. Agora eu estava tentando aplicar a mesma abordagem a uma questão da vida familiar. Não sou especialista em saúde mental ou telefones celulares, mas a equação do avaliador me oferecia a oportunidade de interpretar os resultados experimentais colhidos por outras pessoas, uma forma de julgar os méritos relativos dos argumentos apresentados pelos cientistas. Usei o teorema de Bayes e avaliar se cada um deles tinha usado os critérios corretos para chegar a suas conclusões. Os pesquisadores tinham levado em consideração tanto seus próprios modelos como modelos alternativos? Candice Odgers tinha feito isso; Christine Carter se limitara a apresentar dados que estavam de acordo com suas ideias.

Às vezes fico desapontado com o modo pouco crítico como as pessoas recebem conselhos de supostos especialistas em educação dos filhos, estilo de vida e saúde. Como acontece com os apostadores novatos que me enviam mensagens perguntando quem vai vencer o jogo do fim de semana, essas pessoas veem apenas o resultado do estudo mais recente. Elas não percebem que para levar um estilo de vida saudável e equilibrado têm de assumir uma postura duradoura, assim como ganhar dinheiro no jogo requer uma estratégia de longo prazo.

Entretanto, não devemos culpar Christine Carter por ignorar outras possibilidades. Pode parecer estranho que eu esteja assumindo esta posição, já que não concordo com suas ideias, mas reconheço que elas refletem as preocupações de muitos pais, entre os quais eu me incluo. Os dados que ela cita são reais e estão aparentemente de acordo com seu modelo. Ela não tem obrigação de discutir outros modelos.

A meu ver, a responsabilidade de verificar a validade do seu modelo é *nossa*. Quando eu me deparo com conselhos práticos, procuro me certificar de que os autores, sejam quais forem suas credenciais, consideraram todos os lados da questão. Não foi difícil para mim, interessado em educar meus filhos da melhor forma possível, obter uma visão abrangente do papel dos celulares em suas vidas. Todos os artigos que li estão disponíveis gratuitamente na internet e precisei apenas de alguns dias para baixá-los e examiná-los. Depois de tomar conhecimento dos fatos, discuti com meus filhos adolescentes os resultados de minha investigação. Disse a eles que uma boa noite de sono e um café da manhã reforçado eram três vezes mais importantes para sua saúde mental que usar menos o celular. Discuti o que isso significava, chamando atenção para o fato de que de modo algum os estava aconselhando a passar a noite no sofá assistindo a vídeos no YouTube. Exercício e interações sociais também eram importantes e não era recomendável que eles levassem o celular para o quarto. Acho que Elise e Hanry entenderam.

As mesmas pessoas que aceitam passivamente as informações fornecidas por amadores veementes encaram com reservas os depoimentos de cientistas, como Candice Odgers, que adotam uma postura imparcial. O fato de os cientistas apresentarem todos os lados de uma questão é muitas vezes encarado como uma indicação de que não estão seguros a respeito de suas conclusões. Tópicos como o aquecimento global, os méritos de diferentes dietas e as causas do crime são alvo de intenso debate dentro da comunidade acadêmica. Essas discussões, e a comparação de várias hipóteses, não são sinal de fraqueza ou indecisão por parte das pessoas envolvidas nesses debates. Pelo contrário. É sinal de competência e responsabilidade. É sinal de que consideraram todas as possibilidades antes de chegarem a uma conclusão.

*

O mundo está cheio de pessoas oferecendo conselhos. Como ser organizado no trabalho e em casa. Como manter a calma e a concentração. Como ser uma pessoa melhor. Como descobrir sua verdadeira vocação. Como encontrar o parceiro perfeito. As dez coisas que você deve fazer ao assumir um novo emprego. As dez coisas que você deve evitar. As dez equações que regem o mundo.

Pratique ioga. Mantenha a mente aberta. Pense fora da caixa e respire fundo. Tigres, gatos e cachorros. Psicologia popular e comportamento evolutivo. Seja um homem das cavernas, um caçador-coletor, um filósofo grego. Desligue-se do mundo. Mantenha-se ligado. Relaxe. Seja proativo. Mantenha as costas retas. Tenha uma dieta equilibrada. Ligue o f*da-se e seja feliz. Faça agora o que precisa ser feito.

Todos esses conselhos são vazios. As informações importantes se misturam com opiniões e bobagens. A equação do avaliador ajuda a separar o joio do trigo. Ela transforma os conselhos, solicitados ou não, em modelos que podem ser comparados com os dados experimentais. Escute atentamente as opiniões das outras pessoas, faça uma lista das opções, colha os dados e faça uma análise. Corrija suas opiniões à medida que novos dados forem surgindo. Faça o mesmo ao julgar as opiniões alheias. Sempre ofereça aos outros uma segunda oportunidade ou mesmo uma terceira, procurando basear suas decisões nos dados e não nas emoções. Usando a equação de Bayes, não só você fará melhores escolhas na vida, mas também conquistará a confiança dos outros. Eles passarão a considerá-lo uma pessoa sensata.

3

A Equação da Confiança

$$IC = h \cdot n \pm 1{,}96 \cdot \sigma \cdot \sqrt{n}^{*}$$

A DEZ não nasceu do moralismo cristão; ela foi fundada quase trinta anos antes da morte de Thomas Bayes. Assim, se eu fosse transportado magicamente para o dia e o lugar em que a DEZ começou, meu destino não seria o leito de morte de Bayes e sim um encontro de amigos em outro local de Londres, no dia 12 de novembro de 1733, no qual Abraham de Moivre revelou os segredos dos jogos de azar.

De Moivre era um matemático cosmopolita. Ele tinha sido exilado da França por ser protestante e era tratado com desconfiança em Londres por ser francês. Assim, enquanto contemporâneos como Isaac Newton e Daniel Bernoulli seguiram carreira no magistério, De Moivre foi forçado a procurar outros meios de sustento. Parte de sua renda vinha de aulas particulares para jovens londrinos da classe média (foi especulado, embora não haja provas, que o jovem Thomas Bayes era um deles) e o resto era obtido em trabalhos de "consultoria". Ele era visto na Old Slaughter's Coffee House, em St. Martin's Lane, dando conselhos a todo tipo de clientes, desde jogadores e financistas a Sir Isaac Newton em pessoa.

O trabalho que De Moivre apresentou em novembro de 1733 era mais sofisticado que seus escritos anteriores. Ele mostrava de que forma a nova matemática do cálculo, recentemente criada por Newton, podia ser usada

* IC é o Intervalo de Confiança (N. do E.).

por determinar a confiança na rentabilidade em longo prazo de jogos de azar. Mais tarde, a equação que ele propôs seria usada por cientistas para expressar a confiabilidade dos resultados experimentais. Mas para compreender de onde vem a equação da confiança, precisamos começar no mesmo lugar que De Moivre. Precisamos entrar no submundo dos jogos de azar.

*

Hoje em dia são necessários apenas dois minutos para abrir uma conta em um cassino virtual. Nome, endereço e, o mais importante, os dados do cartão de crédito, e você já pode apostar. Os jogos variam. Existe o pôquer online, no qual você enfrenta outros jogadores, e o site fica com uma comissão. Existem máquinas caça-níqueis parecidas com as dos cassinos. Elas têm nomes como Cleopatra's Tomb, Fruit *vs.* Candy e Age of the Gods, além de marcas registradas como Batman vs. Superman e Top Trumps Football Stars. Você aperta um botão virtual, uma roda virtual começa a girar e, se os deuses se alinham ou um número suficiente de Batmans aparece no visor, você ganha um prêmio. Finalmente existem jogos de cassino tradicionais, como bacará e roleta transmitidos ao vivo pela internet, nos quais um crupiê de smoking dá as cartas e uma mulher de vestido de gala decotado faz girar a roleta.

Abri uma conta em um site de jogos muito popular. Depositei 10 dólares e recebi o bônus de 10 dólares da nova conta, o que me deixou com um capital inicial de 20 dólares. Decidi começar pelo Age of Gods, pelo único motivo de que permitia apostas menores que os outros jogos. Apostando 10 centavos de cada vez, eu poderia jogar à vontade.

Depois de vinte jogadas, eu tinha perdido 70 centavos e nada indicava que as coisas iriam melhorar. Eu estava cansado dos Deuses. Mudei para Top Trumps e comecei a apostar em Cristiano Ronaldo, Lionel Messi e Neymar. As apostas eram mais caras, com um mínimo de 20 centavos, mas depois de seis tentativas ganhei uma bolada: um dólar e cinquenta! Com isso, eu estava de volta ao capital inicial. Experimentei o Batman vs. Superman e alguns outros jogos. Então descobri que havia uma opção de jogo automático que permitia apostar repetidamente sem apertar o botão. Não foi uma boa ideia. Depois de duzentas tentativas, eu estava com apenas 13 dólares.

Como as máquinas caça-níqueis não pareciam nada promissoras, resolvi passar para o cassino ao vivo. Quem tomava conta da roleta era

Kerry, uma jovem de 20 e poucos anos vestida de preto. Ela me deu boas vindas e já estava conversando com outro cliente. Foi uma experiência estranha. Eu digitava as mensagens e ela respondia em seguida.

— Como está o tempo aí? — perguntei.

— Está bom — respondeu, olhando para mim. — Parece que a primavera está chegando. Faça sua aposta e boa sorte.

Kerry morava na Letônia e foi surpreendentemente receptiva. Ela me contou que tinha estado quatro vezes na Suécia. Depois de mais um pouco de bate-papo, perguntei se alguém tinha ganhado muito dinheiro naquele dia.

— Ainda não vi você apostar — replicou ela.

Fiquei levemente constrangido. Pretendia apostar um dólar cada vez que a roleta girasse para ela não pensar que eu estava apenas de conversa fiada.

Embora simpatizasse com Kerry, resolvi dar uma olhada em outras mesas. Não sei como explicar, mas havia um motivo pelo qual ela e a maioria dos colegas do sexo masculino estavam na sala das apostas menores. Ela parecia pouco à vontade naquele vestido justo; Kerry não era sexy.

Nas salas de grandes apostas, as coisas eram diferentes. Os vestidos eram mais decotados e os sorrisos eram mais sensuais. Antes de girar a roleta, Lucy, em cuja sala de grandes apostas eu estava no momento, olhava para a câmera com ar maroto, como se soubesse que eu havia feito a escolha certa. Tive de me esforçar para lembrar que ela não estava olhando só para mim, mas para 163 apostadores diferentes espalhados pelo mundo.

Ela estava respondendo às perguntas dos clientes.

— Sim, tenho namorado. Mas é complicado — disse para um.

— Ah, eu adoro viajar — disse para outro. — Gostaria de conhecer Paris, Madri, Londres ...

A câmera apontou para baixo, mostrando as pernas de Lucy antes que ela girasse a roleta.

Comecei a ficar nervoso. Tive de me esforçar para me lembrar do motivo pelo qual eu estava ali. Voltei para uma sala de pequenas apostas onde encontrei Max, um rapaz muito educado, que forneceu algumas informações estatísticas quanto a cores e números vencedores. Aparentemente, os números grandes estavam predominando naquele dia.

Dei uma olhada na minha conta. Eu estava jogando ao acaso no preto e no vermelho sem pensar e fiquei surpreso ao descobrir que depois de algumas horas no cassino eu estava com 28 dólares, o que representava um lucro de 8 dólares. Nada mal.

*

Como saber se estamos ganhando porque somos espertos ou porque a sorte nos sorriu? No caso do cassino online, eu sabia que as probabilidades estavam contra mim, independentemente do que eu fizesse, de modo que meu lucro só podia ser atribuído à sorte.

Em outros jogos é difícil dizer. Se jogo pôquer com amigos, a pilha de fichas à minha frente pode aumentar ou diminuir, mas quanto ela deve crescer para que eu me considere o melhor jogador da mesa? Se estou usando uma estratégia para apostar nos resultados dos jogos de futebol, como fiz na Copa do Mundo, quando posso ter certeza de que minha estratégia está funcionando?

Essas perguntas não se limitam a jogos de azar; podem também surgir no campo político. Quantos eleitores devem ser entrevistados para podermos prever com segurança quem será o próximo presidente dos Estados Unidos? Podem surgir também no campo social: como saber se uma empresa é culpada de discriminação racial em sua política de contratação de pessoal? E até no campo pessoal: por quanto tempo devemos aceitar frustrações no emprego ou em um relacionamento antes de decidir que é hora de mudar?

Por mais estranho que possa parecer, existe uma equação que pode ser usada para responder a todas essas perguntas: a equação da confiança; aqui está ela:

$$IC = h \cdot n \pm 1{,}96 \cdot \sigma \cdot \sqrt{n} \qquad \text{(Equação 3)}$$

em que o símbolo *IC* significa intervalo de confiança.

A ideia de intervalo está implícita no símbolo ± (mais ou menos) que faz parte da equação. Suponha que você quer saber quantas xícaras de café eu bebo por dia. Como não tenho certeza, posso responder "quatro mais ou menos duas", 4 ± 2. Este é um intervalo de confiança, uma forma compacta de representar ao mesmo tempo a média e o grau esperado de variação em relação à média. Isso não quer dizer que eu nunca bebo sete xícaras em um dia (ou apenas uma) e sim que estou razoavelmente seguro de que na maior parte do tempo não bebo menos de duas nem mais de seis xícaras no mesmo dia.

A Equação 3 é usada para definir de forma precisa o grau de confiança que atribuímos a uma estimativa. Suponha que eu peça a todos os leitores deste livro que joguem $n = 400$ vezes na roleta, apostando 1 dólar no preto ou no vermelho de cada vez. A roleta tem 37 números. Os números de 1 a 36 são alternadamente vermelhos e pretos. O número *zero*, de cor *verde*, é especial. É ele que garante uma vantagem para o dono do cassino. Se, por exemplo, um jogador aposta no vermelho, a probabilidade de que a bola caia em um número vermelho e ele receba uma quantia igual à que apostou é 18/37. A probabilidade de que ele perca o que apostou é 19/37. O prejuízo esperado (médio) do jogador para uma aposta de 1 dólar é $1 \cdot 18/37 - 1 \cdot 19/37 = -1/37$, ou seja, −2,7 centavos. Na Equação 3 o lucro ou prejuízo médio é representado pelo símbolo h, neste caso $h = -0{,}027$. Depois de jogar 400 vezes, meus leitores terão um prejuízo médio de $h \cdot n = -0{,}027 \cdot 400 = -10{,}8$ dólares.

O passo seguinte consiste em calcular a variação esperada em relação ao prejuízo médio. Nem todos os leitores vão ter o mesmo prejuízo; alguns podem chegar a ter lucro. Mesmo sem fazer contas é fácil observar que os ganhos e perdas nas apostas da roleta estão sujeitos a grandes variações. Toda vez que eu aposto 1 dólar no preto ou no vermelho, ganho 1 dólar ou perco 1 dólar. A variação é de 1 dólar para mais ou para menos, muito maior que o prejuízo médio de 2,7 centavos.

Podemos expressar matematicamente essa variação calculando o quadrado das diferenças entre lucros/perdas e o prejuízo médio por aposta. O quadrado da diferença entre um lucro de 1 dólar e o prejuízo médio de 27 centavos é $[1 - (-0{,}027)]^2 = 1{,}0547$ e o quadrado da diferença entre um prejuízo de 1 dólar e o prejuízo médio de 27 centavos é $[-1 - (-0{,}027)]^2 = 0{,}9467$. Como o número médio de acertos é 18 em cada 37 tentativas, e o número de erros é 19, a variação média ao quadrado, representada pelo símbolo σ^2, para uma aposta de 1 dólar, é dada por

$$\sigma^2 = \frac{18}{37} \cdot 1{,}0547 + \frac{19}{37} \cdot 0{,}9467 = 0{,}9993$$

Esta variação média ao quadrado, σ^2, é chamada de variância. A variância das apostas de preto e vermelho na roleta é ligeiramente menor que 1. Se a roleta fosse justa, ou seja, se as chances de ganhar e de perder um dólar fossem exatamente iguais, a variância seria exatamente 1.

A variância aumenta linearmente com o número de apostas. Se aposto duas vezes, a variância é multiplicada por dois; se aposto três vezes, a variância é multiplicada por três. Isso quer dizer que a variância de n apostas é $n \cdot \sigma^2$.

Observe que, como elevamos ao quadrado as diferenças entre o lucro ou prejuízo e a média, a unidade de variação é dólares ao quadrado. Para obter a variação em dólares, é preciso extrair a raiz quadrada da variância, o que nos dá uma grandeza conhecida como desvio padrão e representada pelo símbolo σ. A raiz quadrada da variância de uma aposta no preto e vermelho da roleta é $\sqrt{0{,}9993} = 0{,}9996$. O símbolo da raiz quadrada de n é $\sqrt{n}$. Assim, o desvio esperado em relação à média para mais ou para menos após 400 apostas de um dólar no preto e vermelho da roleta é

$$\sigma \cdot \sqrt{n} = 0{,}9996 \cdot \sqrt{400} = 0{,}9996 \cdot 20 = 19{,}99 \text{ dólares}$$

Já temos quase todos os termos da equação da confiança, e a única parte da Equação 3 que não explicamos é o coeficiente numérico 1,96. Este número vem de uma função matemática que hoje é chamada de curva normal, a curva em forma de sino usada para descrever a distribuição de altura e QI na população. O leitor pode pensar na curva normal como um sino com o pico no valor médio (–10,8 para 400 apostas de 1 dólar no preto e vermelho da roleta e 175 cm para os homens na Inglaterra).[1] Esta curva normal é mostrada na Figura 3 para o caso da roleta.

Imagine agora que estamos interessados em que nosso intervalo inclua 95% da curva normal. Vamos chamá-lo de intervalo de confiança e representá-lo pelo símbolo *IC*. O valor de 1,96 foi calculado para este intervalo. Para que o intervalo contenha 95% dos resultados, a variação para mais e para menos precisa ser 1,96 vez maior que o desvio padrão. O intervalo de confiança para o lucro após 400 apostas no preto e vermelho da roleta é, portanto, de acordo com a Equação 3:

$$IC = h \cdot n \pm 1{,}96 \cdot \sigma \cdot \sqrt{n} = -0{,}027 \cdot 400 \pm 1{,}96 \cdot 0{,}9996 \cdot 20 = -10{,}8 \pm 39{,}2$$

Isso significa que, depois de 400 apostas de 1 dólar, os apostadores teriam perdido, em média, 10,8 dólares. Nada bom. Entretanto, ± 39,2 é uma variação muito grande, de modo que um jogador com sorte pode até ganhar. Esses jogadores, embora em minoria, não devem ser ignorados. Neste exemplo, eles seriam 31,2% dos jogadores que apostam 400 vezes no preto e vermelho da roleta. Observo este fenômeno quando vou a um cassino ou a um hipódromo com amigos. Existe quase sempre alguém no grupo que se dá bem. Os outros comemoram como se todos tivessem ganhado, principalmente se o felizardo se oferece para pagar as bebidas.

Esta é a primeira lição da equação da confiança. O ganhador pode pensar que usou uma boa estratégia, mas a verdade é que quase trinta por cento dos apostadores saem do cassino com lucro. Eles não devem se iludir. O que os ajudou foi a sorte e não a competência.

*

Até agora omiti uma informação importante. Afirmei que a distribuição dos lucros e prejuízos obedece a uma curva normal, mas não expliquei o motivo. Para isso, temos de voltar à palestra que Abraham de Moivre ministrou em Londres em 1733.

No primeiro livro que escreveu a respeito dos jogos de azar, *The doctrine of chances*, publicado em 1718,[2] De Moivre tinha calculado a probabilidade de um jogador obter determinada mão nos jogos de cartas e determinado número nos jogos de dados, como, por exemplo, a probabilidade de obter um par de ases em uma mão de cinco cartas e a de obter dois seis jogando dois dados. [3] Ele explicou detalhadamente os cálculos envolvidos, usando exemplos para ilustrar seu raciocínio. Aquele era o tipo de informação que os jogadores buscavam quando iam procurá-lo na Old Slaughter's Coffee House.

Na palestra de 1733, De Moivre pediu à plateia para imaginar qual seria a probabilidade de obter um determinado número de caras se uma moeda fosse jogada 3.600 vezes. No caso de uma moeda jogada duas vezes, a probabilidade de obter duas caras pode ser calculada multiplicando duas frações: $\frac{1}{2} \cdot \frac{1}{2} = \frac{1}{4}$. A probabilidade de obter 3 caras jogando uma moeda 5 vezes pode ser obtida escrevendo todas as possibilidades de obter 3 caras e dividindo pelo número total de possibilidades. Chamando as caras de H e as coroas de T, as possibilidades de obter 3 caras são:

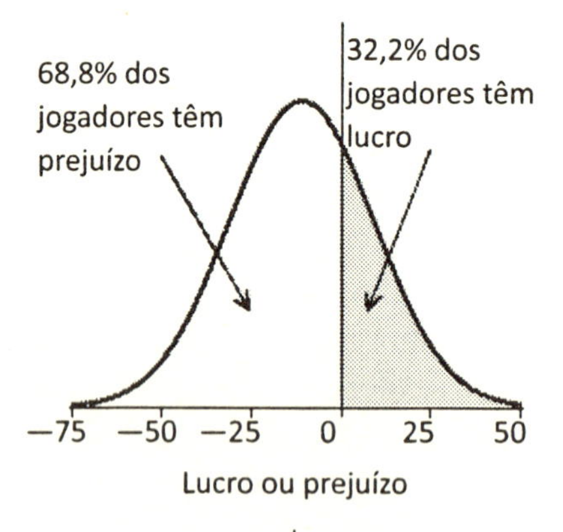

O histograma da frequência de lucros e prejuízos para jogadores que fazem 400 apostas de 1 dólar no preto e vermelho da roleta obedece a uma curva normal como a mostrada no gráfico.

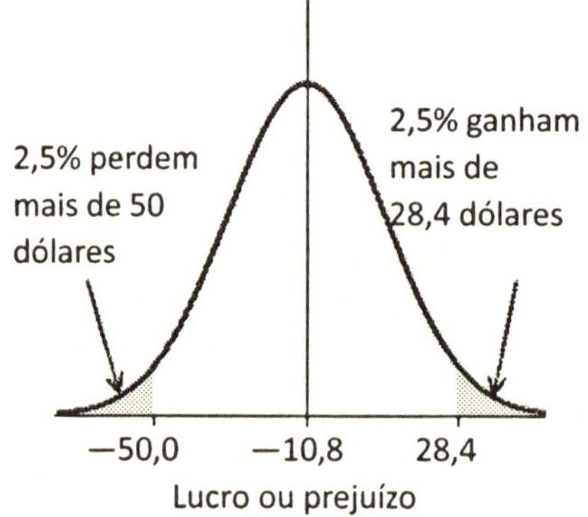

Intervalo de confiança: 95% dos jogadores perdem menos de 50 dólares ou ganham menos de 28,4 dólares.

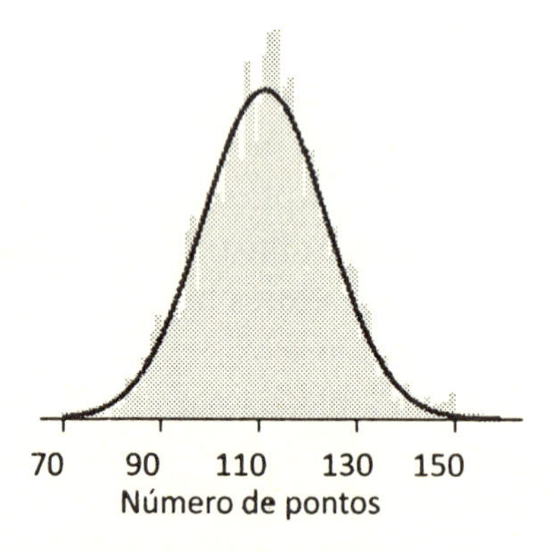

Comparação do histograma da frequência do número médio de pontos marcados pelos times da NBA durante a temporada de 2018-19 (retângulos) com a curva de uma distribuição normal (linha contínua).

Figura 3: A distribuição normal

HHHTT, HHTHT, HHTTH, HTHTH, HTHHT,
HTTHH, THTHH, THHTH, THHHT, TTHHH,

o que nos dá um total de 10 possibilidades diferentes. Em 1653, Blaise Pascal tinha demonstrado que o número N de modos de obter k (caras) em uma sequência de n (jogadas) é dado pela equação:

$$N = \frac{n!}{(n-k)!k!}$$

A expressão $k!$, conhecida como fatorial, é uma forma compacta de escrever o produto de k por $k - 1$, $k - 2$, etc., até 1, ou seja, o produto $k \cdot (k - 1) \cdot (k - 2) \ldots 2 \cdot 1$. Assim, no exemplo acima, em que $n = 5$ e $k = 3$, temos:

$$N = \frac{5!}{(5-3)!\,3!} = \frac{5 \cdot 4 \cdot 3 \cdot 2 \cdot 1}{2 \cdot 1 \cdot 3 \cdot 2 \cdot 1} = 10$$

Note que é o mesmo valor que encontramos quando escrevemos todas as possibilidades de obter duas caras.

Como o número total N_t de combinações possíveis de caras e coroas em n jogadas é 2^n, a probabilidade P de obter k (caras) em uma sequência de n (jogadas) é dada por:

$$P = \frac{N}{N_t} = \frac{n!}{(n-k)!k!2^n} = \frac{n!}{(n-k)!k!} \cdot \left(\frac{1}{2}\right)^n$$

Para $n = 5$ e $k = 3$, temos:

$$P = \frac{5!}{(5-3)!\,3!} \cdot \left(\frac{1}{2}\right)^5 = 10 \cdot \left(\frac{1}{2 \cdot 2 \cdot 2 \cdot 2 \cdot 2}\right) = \frac{10}{32} = 0.3125$$

Assim, existe uma probabilidade de 31,25% de obter 3 caras jogando uma moeda 5 vezes.

De Moivre conhecia muito bem esta equação, conhecida hoje em dia como distribuição binomial, mas sabia que ela era difícil de usar para grandes valores de n. Para resolver o problema proposto por ele no qual $n = 3600$ seria preciso multiplicar 2 por si mesmo 3.600 vezes e calcular o valor de $3.600 \cdot 3.599 \ldots 2 \cdot 1$. Tente fazer isso no papel e verá que é impossível. Mesmo usando um computador é uma tarefa complicada.

O artifício que De Moivre usou foi ignorar as multiplicações e estudar a forma matemática da distribuição binomial. Seu amigo, o matemático escocês James Stirling, tinha mostrado a ele recentemente uma nova fórmula para calcular o valor do fatorial de números grandes. De Moivre usou a fórmula de Stirling para provar que, para grandes valores de n, a equação acima é aproximadamente igual à seguinte equação:

$$P = \frac{1}{\sqrt{2\pi\sqrt{n/4}}} \cdot \exp\left[\frac{(k-n/2)^2}{n/2}\right]$$

À primeira vista, esta equação pode parecer ainda mais complicada que a distribuição binomial, já que envolve raízes quadradas, a constante $\pi = 3{,}141\ldots$ e a função exponencial. Entretanto, e isto é muito importante, ela não contém as multiplicações repetidas associadas aos fatoriais. Para calcular a probabilidade, basta substituir k e n na equação pelos valores em que estamos interessados. De Moivre mostrou que a aproximação podia ser usada para resolver o problema que ele havia proposto. Na verdade, com a tecnologia disponível no século XVIII, como tábuas de logaritmos e réguas de cálculo, era possível calcular as probabilidades para até um milhão de jogadas.

Naquela noite, De Moivre calculou o primeiro intervalo de confiança. Ele mostrou que se uma moeda for lançada 3.600 vezes, a probabilidade de obter menos de 1740 caras ou mais de 1.860 caras é aproximadamente 21 para 1, um intervalo de confiança de 95,4%.[4]

A equação acima, conhecida atualmente como curva normal, desempenha um papel fundamental na estatística moderna. Aparentemente, De Moivre não se deu conta da importância da equação que havia criado. Foi apenas em 1810 que Pierre-Simon, Marquês de Laplace, começou a explorar todo o seu potencial. Laplace propôs um método matemático, baseado nas chamadas funções geradoras de momentos, no qual qualquer distribuição podia ser especificada univocamente em termos da média (que ele chamou de primeiro momento) da variância (que ele chamou de segundo momento, o momento em relação à média) e uma série de momentos de ordem superior que refletem a assimetria e as irregularidades da distribuição. Laplace usou as funções geradoras de momentos para estudar o modo como uma distribuição se comporta quando eventos aleatórios (como, por exemplo, resultados da roleta ou de lances de dados) se acumulam. Laplace demonstrou algo realmente notável: à medida que o número de eventos aumentava, independentemente do que estivesse sendo somado, os momentos de qualquer distribuição se aproximavam cada vez mais dos momentos da curva normal.

Levou algum tempo para os matemáticos explicarem algumas exceções problemáticas (voltaremos ao assunto no Capítulo 6), mas, no início do século XX, o russo Aleksandr Lyapunov e o finlandês Jarl Waldemar Lindeberg tinham aparado todas as arestas da demonstração de Laplace. A solução que Lindeberg finalmente provou em 1920 é conhecida hoje em dia como Teorema do Limite Central ou TLC.[5] De acordo com este teorema, sempre que somamos os valores de muitas distribuições aleatórias com a mesma média h e o mesmo desvio padrão σ, a soma desses valores tem uma distribuição normal de média $h \times n$ e desvio padrão $\sigma \cdot \sqrt{n}$.[6]

Vou dar alguns exemplos para que o leitor possa ter uma ideia da abrangência deste teorema. Se somarmos os resultados obtidos quando jogamos um dado cem vezes durante vários dias, teremos uma distribuição normal. Mas, se somarmos os resultados de vários jogos de dados, cartas e roleta, teremos uma distribuição normal. O total de pontos marcados pelos diferentes times nos jogos de basquete da NBA obedece à distribuição normal (veja a curva de baixo da Figura 3).[7] O rendimento das colheitas obedece à distribuição normal.[8] A velocidade dos carros nas estradas obedece à distribuição normal. A altura, o QI e o resultado dos testes de personalidade dos seres humanos obedecem à distribuição normal.

Sempre que vários fatores aleatórios se combinam para produzir um resultado final, o resultado é a distribuição normal, o que significa que a Equação 3 pode ser usada a fim de estabelecer um intervalo de confiança para qualquer atividade que envolva repetir o mesmo tipo de ação ou fazer o mesmo tipo de observação um grande número de vezes.

*

No Capítulo 1 mostrei que um apostador com uma margem de 3% pode transformar um capital inicial de 1.000 dólares em quase 57 milhões de dólares em apenas um ano. Apostando e reinvestindo, é possível aumentar exponencialmente o capital. Agora vem a pergunta que uma pessoa interessada pode me fazer. Vou chamá-la de Lisa. Como Lisa vai saber se tem uma margem de 3%?

Nate Silver, criador e editor de um site de previsões políticas e esportivas chamado FiveThirtyEight usa os termos "sinal" e "ruído" para explicar esta questão.[9] Nas apostas esportivas, o valor do lucro (ou prejuízo) médio das apostas, h na Equação 3, é o sinal. Se Lisa tem uma margem de 3%, cada aposta de \$1,00 vai lhe proporcionar um lucro de \$0,03. O ruído por aposta é dado pelo desvio padrão, σ. Tal como o ruído nas apostas de preto e vermelho da roleta, o ruído nas apostas esportivas pode ser maior que a aposta. Assim, por exemplo, se Lisa aposta 1 dólar em um time com uma cotação de 1/2, ou ela perde 1 dólar, ou ganha 50 centavos. Podemos usar a equação do Capítulo 1, $P = 1/(1+x)$, em que x é a cotação, para mostrar que o desvio padrão para esta aposta é \$0,71.[10] O ruído, medido por este desvio padrão, é quase vinte e quatro vezes maior que o sinal (h = \$0,03). Dizemos que a razão sinal-ruído neste caso é $h/\sigma = 0{,}03/0{,}71 \approx 1/24$.

O cassino sabe que tem uma margem porque ela está na própria construção da roleta; a cotação de todas as apostas é calculada com base em 36 possibilidades, mas a roleta tem 37 números (o número zero não premia ninguém). Isso equivale a uma razão sinal-ruído de 1/37. Lisa, porém, tem de se basear nos resultados anteriores para saber se tem ou não uma margem. É por isso que a equação da confiança é importante para os jogadores profissionais. Se Lisa teve um lucro de h dólares por aposta e o desvio padrão por aposta é σ, o intervalo de confiança de 95% para a estimativa de sua margem h na próxima aposta, que vamos chamar de ic, é calculado dividindo a Equação 3 por n, o que nos dá:

$$ic = \frac{IC}{n} = h \pm \frac{1{,}96 \cdot \sigma}{\sqrt{n}}$$

Assim, por exemplo, se Lisa fez $n = 100$ apostas e teve um lucro médio de 3 centavos por aposta, seu intervalo de confiança para h é:

$$IC = 0{,}03 \pm \frac{1{,}96 \cdot 0{,}71}{\sqrt{100}} = 0{,}03 \pm 0{,}14$$

A margem de Lisa pode chegar a 17 centavos (0,03 + 0,14 = 0,17) mas também pode ser que ela tenha um prejuízo de 11 centavos (0,03 - 0,14 = −0,11). Todas as margens entre −0,11 e +0,17 estão dentro do intervalo de 95%. Isso significa que 100 apostas não são suficientes para garantir que sua estratégia está funcionando.

Enquanto o lucro zero estiver dentro do intervalo, Lisa não poderá assegurar que o sinal de h é positivo e sua estratégia é vitoriosa. Existe uma regra simples que ela pode usar para calcular o número de apostas necessário para garantir que sua estratégia é lucrativa. Para começar, vamos usar 2 em vez de 1,96; a diferença entre 2 e 1,96 é tão pequena que pode ser desprezada neste caso. Em seguida, para obter a condição para que o zero não esteja dentro do intervalo de confiança, dividimos a lucro pelo desvio padrão, o que nos dá[11]

$$\frac{h}{\sigma} > \frac{2}{\sqrt{n}}$$

Fazendo n observações, podemos verificar se a razão sinal-ruído é maior que $2/\sqrt{n}$.

A tabela a seguir mostra os valores máximos detectados da relação sinal-ruído para alguns valores de n.

Número de observações n:	16	36	64	100	400	1.600	10.000
Relação sinal-ruído testada $(2/\sqrt{n})$:	1/2	1/3	1/4	1/5	1/10	1/20	1/50

As margens financeiras e de apostas tendem a ter uma relação sinal--ruído relativamente pequena, da ordem de 1/20 ou mesmo 1/50, que exigem milhares ou mesmo dezenas de milhares de observações para serem testadas. Para $h/\sigma = 1/24$, a razão sinal-ruído das apostas de Lisa, ela vai precisar, no mínimo, de n 2.304 observações. No caso das apostas esportivas, este número de observações é proibitivo. Se Lisa acha que tem uma margem de 3% no mercado de apostas da Premier League, vai precisar de seis temporadas para ter certeza de que isso é verdade.

Durante esses seis anos, outros jogadores podem notar que ela está usando uma estratégia e começar até a imitá-la. As grandes operadoras de Matthew Benham e Tony Bloom estão sempre à procura de novas oportunidades. Quando esses dois B entram em cena, os bookmakers ajustam as cotações, e a margem desaparece. O risco para Lisa é de que pode não perceber que sua margem desapareceu. Da mesma forma como são necessários vários anos de lucros para que ela se convença de que a margem existe, podem também ser necessários vários anos de prejuízos para que acredite que a margem não existe mais. Os ganhos que cresceram exponencialmente podem cair da mesma forma e se transformarem em perdas.

A maioria dos investidores amadores tem uma vaga noção de que é preciso separar o sinal do ruído, mas poucos se dão conta da importância da raiz quadrada de *n* que aparece na equação da confiança. Assim, por exemplo, para detectar um sinal duas vezes mais fraco é preciso realizar quatro vezes mais observações, e aumentar o número de observações de 400 para 1.600 permite detectar margens que são apenas duas vezes menores. É fácil subestimar o número de observações necessárias para descobrir pequenas margens nos mercados.

*

Telefonei para Jan em Berlim para saber como as coisas estavam indo para ele e Marius. Estavam indo muito bem — tão bem, na verdade, que Marius tinha pedido a Jan para tomar cuidado com o que dizia. Mas Jan, como sempre, foi muito franco.

— O que eu *não posso* contar, até você falar com Marius e ele autorizar, é que tivemos um lucro de 70 milhões. Fizemos 50.000 apostas no mês passado com uma margem média entre 1,5 e 2%.

Perto disso, as apostas de 50 dólares que nós tínhamos feito durante da Copa do Mundo eram um mero trocado. Quando eu contei a Jan que agora estava escrevendo sobre intervalos de confiança, ele se lembrou do modelo de apostas que havíamos criado juntos.

— É verdade que tivemos lucro — disse ele —, mas não tínhamos certeza de que podíamos apostar nosso futuro naquele programa.

Ele estava certo. Nosso modelo da Copa do Mundo se baseava em 283 observações de campeonatos anteriores. Jan agora contava com uma base de dados de 15 bilhões de apostas em diferentes esportes, feitas nos últimos nove anos.

— Estamos nos concentrando em estratégias para as quais dispomos de pelo menos 10.000 observações — disse ele. Com esse número observações podíamos assegurar assegurar que havia realmente uma margem. Os brasileiros esperam mais gols em seus jogos do que realmente acontecem. No caso dos alemães, é o contrário: eles são pessimistas e sempre esperam um monótono zero a zero.

— Os noruegueses ficam na média — afirmou Jan com um sorriso. — Os nórdicos sempre foram mais racionais.

Pensei nas minhas conversas com Marius durante a Copa do Mundo. Ele também se comportava de forma racional, tentando entender o que se passava na mente dos apostadores. Ele não se contentava com descobrir uma estratégia vitoriosa; queria saber por que funcionava. Neste caso, a explicação era óbvia: preferências nacionais.

*

Você está procurando um hotel no TripAdvisor. Não se importa de pagar um pouco mais do que pretendia para ficar em um hotel quatro estrelas, mas ficar em um hotel 3,5 estrelas ou menos está fora de cogitação. Para você, isso quer dizer que, a relação sinal-ruído é 1/2. As avaliações dos hotéis variam um pouco no TripAdvisor. Existem deslumbrados que dão cinco estrelas para hotéis que não merecem e clientes mal-humorados que dão uma estrela a um bom hotel por causa de um pequeno transtorno. No conjunto, porém, o ruído nas avaliações é da ordem de uma estrela: quase todos os hotéis são avaliados como 3, 4 ou 5 estrelas e a média está ligeiramente acima de 4.[12]

É possível responder a questão de quantas avaliações você precisa consultar para detectar uma relação sinal-ruído de meia estrela (1/2) usando a tabela anterior ou resolvendo a equação $2/\sqrt{n} = 1/2$, em que 1/2 é a relação sinal-ruído. A solução é $\sqrt{n} = 4$, ou seja, você precisa consultar 16 avaliações do TripAdvisor. Em vez de calcular a média de centenas de revisões de hotéis ao longo de vários anos, consulte as dezesseis mais recentes e calcule a média, o que lhe proporcionará ao mesmo tempo uma informação precisa e atualizada.

Não são apenas os hotéis que podem ser avaliados por meio de estrelas. Jess não sabe se escolheu o emprego certo. Ela trabalha em uma organização de direitos humanos. É uma causa meritória, mas a chefe às vezes passa dos limites. Telefona para Jess nas horas mais inconvenientes e faz demandas absurdas. Seu amigo Steve está morando com Kenny há seis meses. A relação dos dois é instável: uma hora tudo está bem, no momento seguinte começam a se estranhar. Têm discussões acaloradas, mas quando fazem as pazes é maravilhoso.

A equação da confiança pode ajudar Jessie a decidir quanto tempo deve permanecer no emprego e quanto tempo Steve deve manter seu relacionamento com Kenny antes de decidir que não vale a pena continuar. A primeira coisa que precisam fazer é escolher os intervalos de tempo relevantes. Steve e Jess decidem atribuir a cada dia um valor de 0 a 5 estrelas. Eles pretendem se encontrar regularmente para avaliar mutuamente suas situações.

Na noite de sexta-feira da primeira semana, Steve tem uma briga feia com Kenny porque ele se recusa a sair com os amigos de Steve. Steve telefona para Jess e conta o que aconteceu. Ele deu apenas uma estrela para três dias daquela semana. Jess lembra que eles combinaram que não deviam tirar conclusões apressadas. Afinal, $n = 7$. Eles ainda não podem encontrar o sinal no meio do ruído. A semana de Jess no trabalho foi razoável, principalmente porque o chefe viajou a serviço. Os dias foram todos de 3 e 4 estrelas.

Depois de um mês, $n = 30$, eles se encontram para almoçar. Estão começando a ter uma ideia melhor da situação. Steve passou algumas semanas agradáveis com Kenny. O casal viajou para Brighton no último fim de semana e tudo correu muito bem, incluindo os jantares saborosos. Steve classificou vários dias em seguida como sendo de cinco estrelas. No caso de Jess, aconteceu exatamente o oposto. Depois de voltar da viagem, a chefe passou o tempo todo de mau humor, gritando e perdendo a paciência por qualquer bobagem. Os dias de Jess foram de 2, 1 e até, ocasionalmente, de 0 estrela.

Após pouco mais de dois meses, $n = 64$ e $2/\sqrt{64} = 1/4$. O grau de confiança agora é três vezes maior que no final da primeira semana. No caso de Steve, os dias bons são mais frequentes que os dias ruins, mas pequenas brigas ainda acontecem de vez em quando: semanas de 3 e 4 estrelas. A chefe de Jess é um problema, mas Jess tem se dedicado a um projeto desafiador no qual sempre desejou trabalhar. Os melhores dias são de 3 e 4 estrelas, mas a maioria não merece mais do que 1 ou 2 estrelas.

Embora cada dia proporcione novas observações, a fórmula da raiz quadrada de n significa que Jess e Steve não estão colhendo informações tão depressa como no começo. Os ganhos com a continuação das observações diminuem. Eles decidem que vão estabelecer um limite para os encontros semanais. Depois de pouco menos de três meses e meio (depois de 100 dias) vão tomar uma decisão.

Chegou o grande dia: $n = 100$ e $2/\sqrt{n} = 1/5$. Eles analisam não o que aconteceu nas últimas semanas, mas durante todo aquele tempo. No caso de Steve e Kenny, as brigas ficaram menos frequentes. Eles começaram a frequentar aulas de culinária e se divertem cozinhando e às vezes convidando amigos para provar as iguarias que preparam. A vida é boa. Steve faz alguns cálculos. Seu número médio de estrelas é $h = 4{,}3$. O desvio padrão é $\sigma = 1{,}0$. O intervalo de confiança para seu relacionamento com Kenny é $4{,}3 \pm 0{,}2$, mais de 4 estrelas na pior das hipóteses. Steve decide parar de se preocupar; ele se convenceu de que encontrou um parceiro para o resto da vida.

No caso de Jess, as coisas não foram tão bem. Seu número médio de estrelas é $h = 2{,}1$. Houve poucos dias realmente agradáveis e seu desvio padrão é menor que o de Steve: $\sigma = 0{,}5$. O intervalo de confiança é $2{,}1 \pm 0{,}1$. Jess chega à conclusão de que está em um emprego de duas estrelas. Já começou a procurar uma nova colocação e na segunda-feira vai dar entrada no aviso-prévio.

*

Em 1964, Malcolm X declarou: "Por mais respeito e reconhecimento que os brancos me dediquem, enquanto o mesmo respeito e reconhecimento não forem mostrados em relação a nossa gente, não existem para mim."

A ideia que essas palavras expressam vem da matemática. A experiência de uma pessoa, Malcolm X ou uma outra, fornece muito pouca informação. Uma pessoa é como um único resultado de uma máquina caça-níqueis. O fato de que Jess teve uma boa semana no emprego não significa muita coisa para sua carreira. Quando as pessoas começaram a prestar atenção no que Malcolm X dizia, isso não significava nada, a menos que escutassem os americanos afrodescendentes em geral. A luta dos negros nos Estados Unidos contra todas as formas de discriminação, contada por meio das histórias de Malcolm X, Martin Luther King e outros, era e ainda é a luta de dezenas de milhões de pessoas.

Joanne ouve falar de uma vaga no lugar onde trabalha. Naquela noite, ele se encontra com James em uma festa e conta a ele a novidade. James fica muito animado, diz a ela que aquele é o emprego dos seus sonhos e na segunda-feira se apresenta como candidato. Algumas semanas depois, James conseguiu o emprego, e Joanne esbarra com Jamal na saída da lanchonete. Ele pergunta como vai o trabalho, e Joanne conta que James agora é seu colega. Jamal fica muito animado, diz a ela que aquele é o emprego dos seus sonhos e pede a Joanne para avisar se houver outra vaga...

Joanne é branca. James também. Jamal, não. Joanne foi racista? Não. Ela teria agido exatamente da mesma forma se tivesse se encontrado com Jamal primeiro. Mas aconteceu de ela ter encontrado James antes.

Acontece que não foi por mera coincidência que ela se encontrou com James antes de encontrar com Jamal. Simplesmente pelo fato de que James e Joanne estão no mesmo grupo social, eles se encontram mais frequentemente e têm oportunidade de trocar informações a respeito de oportunidades. Essa convivência mais estreita pode, indiretamente, ser um tipo de discriminação contra Jamal. Ele tem menos acesso que James e Joanne às oportunidades sociais.

Em casos como esse é preciso muita cautela. Não podemos tirar nenhuma conclusão apenas com base na história de Joanne. Só dispomos de uma observação: um relato de suas interações com James e Jamal. Um evento nunca é suficiente para estabelecer um intervalo de confiança. É isso que torna a discriminação racial difícil de caracterizar. Cada história é apenas uma observação a partir da qual podemos concluir muito pouco. A única forma de compreender o papel da discriminação em uma sociedade é fazer um grande número de observações e calcular um intervalo de confiança.

*

Moa Bursell, pesquisadora e professora do Departamento de Sociologia da Universidade de Estocolmo, passou dois anos escrevendo currículos e se candidatando a empregos na Suécia. Ao todo, ela se candidatou a mais de 2.000 diferentes cargos nas áreas de informática, contabilidade, magistério, transporte público e saúde. Entretanto, não estava procurando uma ocupação, mas testando os preconceitos dos empregadores.

Cada vez que se candidatava a um emprego, Moa criava dois currículos diferentes, mas com experiência e qualificações semelhantes. Depois de escrever os currículos, ela atribuía aleatoriamente um nome a cada currículo. O primeiro nome soava como se fosse sueco, como Jonas Söderström ou Sara Andersson; o segundo soava como se não fosse sueco, com Kamal Ahmadi ou Fatima Ahmed, para sugerir que se tratava de um árabe, ou Mtupu Handule ou Wasila Balagwe, para sugerir que se tratava de um africano. Como os nomes tinham sido escolhidos ao acaso, se os empregadores não tivessem nenhum preconceito, a probabilidade de chamarem uma pessoa com nome que soava como um nome sueco seria a mesma que a de chamarem uma pessoa com um nome que soava como árabe ou africano.

Não foi o que aconteceu. Por exemplo: em um estudo de $n = 187$ pedidos de emprego de suecos e árabes, os homens com nomes árabes tiveram quase metade das propostas de emprego dos homens com nomes suecos.[13] Esses resultados não podem ser explicados como acaso. Podemos nos convencer disso calculando um intervalo de confiança. Como os homens árabes receberam 43 propostas, a probabilidade de serem chamados (o sinal) é $h = 43/187 = 23\%$, enquanto os homens suecos receberam 79 propostas, o que corresponde a uma probabilidade $h = 79/187 = 42\%$. Nos dois casos, para estimar a variância, atribuímos o peso 1 aos homens que foram chamados e o peso 0 aos que não foram chamados, e calculamos a soma dos quadrados das diferenças entre esses valores e h. Finalmente, somamos as duas variâncias e extraímos a raiz quadrada do total para obter um desvio padrão $\sigma = 0{,}649$.[14] Substituindo esses valores na Equação 3, obtemos um intervalo de confiança para os homens árabes de $43 \pm 17{,}3$, muito menor que os dos homens suecos, $79 \pm 17{,}3$.

Pior ainda. Moa melhorou os currículos dos árabes, dando a eles um a três anos a mais de experiência que os suecos. Isso não fez muita diferença. Em apenas 26 casos os candidatos árabes foram chamados, enquanto os candidatos suecos, menos qualificados, foram chamados 69 vezes. Mais uma vez, a diferença superou em muito o desvio padrão, que no caso foi $26 \pm 15{,}9$.

— O que torna meus resultados importantes — ela me disse — é que eles são fáceis de entender. Os números falam por si.

Quando Moa aborda o assunto na Universidade de Estocolmo, presta atenção na reação dos estudantes.

— Quando olho para os jovens louros de olhos azuis, posso ver que eles acham que não é justo, mas encaram o assunto com indiferença. Quando olho para os jovens de olhos castanhos, cabelo preto e pele morena, vejo uma reação diferente. Estou falando dos seus amigos e parentes — prossegue. — Para alguns, é como se finalmente fossem reconhecidos. Pode ser um alívio. É como se finalmente tivessem certeza de que não estavam sendo paranoicos. De que as injustiças que sofriam eram reais.

Alguns desses estudantes, porém, parecem ficar ressentidos.

— Tomar conhecimento da minha pesquisa pode ser traumático — explica Moa. — Posso ver que estão abalados. É como se eu estivesse dizendo que valem menos que os suecos, que não têm lugar na nossa sociedade.

Moa faz questão de ressaltar que seu estudo não mostra que é impossível um árabe conseguir emprego na Suécia. O objetivo da pesquisa é revelar o grau da injustiça; ela não revela que todos os suecos são racistas e sim que Kamal Ahmadi precisa apostar mais vezes do que Jonas Söderström para ganhar na loteria dos empregos.

Quando um Kamal Ahmadi se candidata a um emprego na Suécia, ele não tem noção de como funciona a máquina caça-níqueis na qual está apostando. Se ele se candidata a um emprego e não é chamado, não pode alegar que está sendo discriminado. Ao mesmo tempo, um Jonas Söderström de verdade não tem noção de que a máquina caça-níqueis está trabalhando a seu favor. Ele estava qualificado para o emprego, candidatou-se e foi chamado. Do seu ponto de vista, não há nada de errado no processo.

Quando pedi a Moa que se manifestasse a respeito dessa ignorância de Kamal e Jonas, ela respondeu:

— O que está dizendo é verdade na maioria dos casos, mas algumas pessoas tiveram provas de que estavam sendo discriminadas. Conheço alguns estrangeiros que se candidataram a um emprego em um supermercado e foram informados de que não havia mais vagas. Quando pediram a um amigo sueco para telefonar e perguntar se as vagas ainda estavam abertas, ele foi convidado para uma entrevista.

Moa e os colegas já enviaram mais de 10.000 currículos para testar várias hipóteses a respeito do mercado de trabalho na Suécia. Algumas descobertas foram deprimentes. A discriminação contra homens árabes é maior nas profissões que exigem poucas qualificações. Outras observações são possivelmente mais positivas. A discriminação contra mulheres árabes é menor que contra homens árabes e desaparecem totalmente se as mulheres têm mais experiência.

Estudos como o de Moa foram repetidos em outros países com resultados semelhantes.[15] O fenômeno estudado por Moa é um exemplo de racismo estrutural, discriminação que pode ser difícil de ser detectada en nível individual, mas é fácil de comprovar estatisticamente usando a equação da confiança. Um estudo recente publicado na *The Lancet*, uma das mais importantes revistas de medicina do mundo, estabeleceu intervalos de confiança para medidas de injustiça social nos Estados Unidos que iam desde a pobreza, o desemprego e o encarceramento até doenças como o diabetes e a hipertensão.[16] Para todos os indicadores havia uma diferença estatística significativa entre os brancos e os negros americanos. Depósitos de resíduos tóxicos construídos nas vizinhanças de bairros racialmente segregados, contaminação da água potável com chumbo, erros de identificação (como dizer a um advogado negro para esperar seu advogado chegar), salários menores para a mesma função, anúncios de cigarro e produtos com muito açúcar, despejos e demolições forçados, restrições para votar, atendimento médico de má qualidade por preconceito implícito ou explícito, exclusão de redes sociais que poderiam facilitar a busca de emprego — a lista é interminável. A saúde psicológica e física dos afrodescendentes e dos índios americanos é afetada por pequenos atos de discriminação dia após dia, mesmo sem que ninguém seja abertamente racista.

Vamos voltar a Joanne. Ela está esbarrando em mais Joneses do que em Jamals? Ela decide usar a equação da confiança para descobrir. Ela pensa em todas as pessoas que poderiam estar interessadas em trabalhar na sua editora, em todas as pessoas qualificadas que poderiam se candidatar, e depois pensa nos seus amigos, nas pessoas com quem se encontra regularmente.[17] Noventa e três por cento dos amigos de Joanne são brancos, enquanto a porcentagem de brancos na população americana é 72%; o que nos leva a 93% - 72% = 21%. Existe uma discriminação racial nas suas amizades. Joanne descobriu a verdade. Ela percebeu que as pessoas que conhece não representam a população como um todo, mas pertencem a um grupo privilegiado que troca informações sobre o mercado de trabalho. O que Joanna poderia fazer a respeito é uma pergunta difícil de responder.

Vou dizer o que penso. Não é uma resposta matemática, é apenas minha opinião. Joanna não precisa mudar de amigos. Ela tem o direito de ter como amigas as pessoas que quiser. Mas deve fazer o possível para corrigir esta situação injusta. São coisas simples. Quando souber de uma oportunidade de emprego, pode ligar para Jamal e outras pessoas necessitadas como ele com quem ocasionalmente mantém contato. Também pode ligar simplesmente para saber como estão. Na verdade, Jamal pertence a um grupo ainda mais segregado que o de Joanne: 85% das pessoas do seu grupo são negras, enquanto a porcentagem de negros na população dos Estados Unidos é 12,6% e a população de negros na cidade de Nova York, onde ele mora, é 25%. Com uma rápida mensagem, Joanne pode mudar totalmente a distribuição demográfica das pessoas que têm conhecimento da oportunidade de emprego.

Alguns podem achar que estou defendendo o politicamente correto. Prefiro acreditar que estou defendendo o estatisticamente correto. As estatísticas mostram que o que experimentamos individualmente muitas vezes não reflete o mundo como um todo. Depende de cada um de nós avaliar se nossas vidas são estatisticamente corretas e, caso não sejam, tomar alguma providência.

*

A equação da confiança pode ter sido criada para jogos de azar, mas foram as ciências naturais e, mais tarde, as ciências sociais que mais sentiram o seu impacto. O primeiro membro da DEZ a se dar conta da importância para a ciência da curva normal foi Carl Friedrich Gauss, que a usou em 1809 para descrever erros em sua estimativa da posição do planeta anão Ceres. Hoje em dia, a curva normal também é conhecida como gaussiana, um nome algo injusto, já que a equação já havia aparecido na segunda edição (1978) do livro *The doctrine of chances*, de De Moivre.[18]

A estatística foi definitivamente incorporada à ciência durante o rápido progresso ocorrido no século XIX e início do século XX. Depois da Segunda Guerra Mundial, os intervalos de confiança se tornaram uma parte essencial dos artigos científicos, obrigando os autores a provar que a concordância dos resultados experimentais com suas teorias não era fruto de mero acaso. O artigo científico mais recente que eu escrevi continha mais de cinquenta intervalos de confiança diferentes. A existência do bóson de Higgs só foi confirmada quando a estatística atingiu um grau de confiança de 5, indicando que a probabilidade de que os resultados do experimento fossem observados sem que houvesse um bóson de Higgs era de 1 em 3,5 milhões.

O progresso da DEZ nas ciências sociais foi inicialmente mais lento que nas ciências naturais. Até recentemente, uma caricatura do departamento de sociologia poderia descrever o corpo docente como homens mal vestidos que idolatravam pensadores alemães já falecidos e mulheres que pintavam o cabelo de roxo, uma imagem criada na década de 1970 para sacudir a sociedade com ideias pós-modernistas. Eles se envolviam em discussões intermináveis. Criavam definições e doutrinas de pensamento e continuavam a discutir. Quem não pertencia ao seu círculo seleto não fazia a menor ideia do que estavam dizendo.

Até a virada do milênio, esta caricatura tinha uma grande dose de verdade. Métodos estatísticos e quantitativos eram usados, mas as teorias sociológicas e as discussões ideológicas eram vistas como um meio de estudar a sociedade. No espaço de uns poucos anos, a DEZ quebrou esse paradigma. De um dia para o outro, os pesquisadores podiam medir as nossas ligações sociais usando contas do Facebook e do Instagram. Podiam baixar todos os blogs de opinião escritos para estudar nossos métodos de comunicação. Podiam usar bases de dados do governo para identificar os fatores que nos levavam a mudar de emprego e de local de moradia. A estrutura da nossa sociedade foi exposta por uma nova disponibilidade de dados e testes estatísticos para estabelecer o grau de confiança de cada observação.

Discussões ideológicas e argumentos teóricos foram deslocados para a periferia das ciências sociais. Uma teoria não valia nada se não houvesse dados para apoiá-la. Alguns da velha guarda de sociólogos apoiaram a revolução dos dados, outros foram deixados para trás, mas ninguém que trabalhe em uma universidade pode negar que as ciências sociais nunca mais serão as mesmas.

*

A transformação das ciências sociais pelo uso de dados não foi bem recebida por todos; às vezes eu leio uma revista online chamada *Quilette*. Esta revista se orgulha de continuar uma tradição de debates científicos públicos que remonta a Richard Dawkins nas décadas de 1980 e 1990. Seu objetivo é dar voz ao pensamento livre e até mesmo a ideias perigosas, publicando opiniões sobre gênero, raça e QI que não são necessariamente "politicamente corretas".

Muitos artigos da *Quilette* atacam as pesquisas de ciências sociais. Um dos alvos favoritos é a política de identidade. Li recentemente um artigo, escrito por um professor de psicologia aposentado, que acusava as ciências sociais de estarem sendo corrompidas pela "incoerência e falta de senso". Ele criticava o livro *White Logic, White Methods: Racism and Methodology*, sobre ciências sociais, editado por Tukufu Zuberi e Eduardo Bonilla-Silva.[19] Este livro investigava até que ponto os métodos usados pelos cientistas sociais são determinados pela cultura "branca". Partindo de suas dúvidas em relação à ideia de "métodos brancos", o professor afirmava que não conseguia ver nenhum sinal de racismo sistemático na sociedade. Ele afirmava que as "capacidades e interesses dos afrodescendentes" podiam ser uma explicação melhor para as diferenças observadas.[20]

Os autores de muitos outros artigos da *Quilette*, em vez de examinarem os dados, se concentram em fomentar uma discussão com sociólogos acadêmicos e ativistas de esquerda. Estão menos interessados em números que em uma guerra cultural de ideias. Como vou mostrar no Capítulo 7, a diferença entre raças biológicas é muito pequena (na verdade, o próprio conceito de "raça" é falso), ao passo que, como relata o artigo da *The Lancet* já mencionado (*veja a Nota 16*), as provas de que existe um racismo cultural nos Estados Unidos são inúmeras.

Enviei por e-mail uma cópia do artigo da *The Lancet* para o autor do artigo da *Quilette* e sugeri que ele opinasse. Trocamos algumas mensagens amistosas. Descobrimos que, pelo menos no campo do estudo do comportamento dos animais, tínhamos vários interesses em comum.

Algumas semanas depois, ele me enviou uma nova obra-prima, na qual atacava a própria ideia de racismo cultural. Ele afirmava, entre outras coisas, que era impossível acusar alguém de racismo, porque seria necessário excluir muitos outros fatores. O professor aposentado parecia ignorar a própria razão do uso da estatística, que é detectar padrões de discriminação por meio de muitas observações. Ele insistia em sua ideia de que existem muitas diferenças biológicas entre as raças.

Em resposta a uma versão americana do estudo de Moa Bursell dos pedidos de emprego, mostrando que havia uma discriminação contra nomes afro-americanos, o professor aposentado perguntava: "Isto é racismo? Não conhecemos a experiência prévia do empregador. Será que ele teve uma experiência desagradável com empregados negros?"

Isto é racismo da parte dele? Claro que sim. Não precisamos de um intervalo de confiança para chegar a essa conclusão. Meses depois, para minha surpresa, a *Quilette* publicou suas reflexões extravagantes. Felizmente, uma frase sobre a "experiência desagradável com empregados negros" fora retirada, mas o artigo publicado mantinha o mesmo tom, negando sem provas os fatos relatados no artigo da *The Lancet*.

A *Quilette* não está sozinha ao adotar esta abordagem das ciências sociais. Na Inglaterra, a revista *Spiked*, a reencarnação online de uma revista, impressa da década de 1990, chamada *Living Marxism*, ataca constantemente a política de gênero e a ideia de que existe racismo estrutural. A thread "Culture War" (Guerra Cultural) da rede social Reddit permite que qualquer um entre no debate. Os mesmos conceitos estão presentes na "Intellectual Dark Web", um movimento supostamente a favor da liberdade de expressão, que se expressa por meio do YouTube e de podcasts e defende o direito de que todas as ideias sejam ouvidas. Os membros da Intellectual Dark Web não escrevem apenas a respeito de gênero e raça, mas o fato de combaterem a ideia do politicamente correto significa que não passa muito tempo sem que as discussões descambem para esses dois "tabus", como insistem chamá-los.

O rei da Intellectual Dark Web é Jordan Peterson. Como a *Quilette*, ele está empenhado em uma guerra contra o fato de a ideia do politicamente correto haver invadido as ciências sociais. Ele acredita que a ideologia de esquerda levou os acadêmicos a se concentrarem em questões de identidade de gênero e racial. Ele descreve as universidades como lugares em que as pessoas têm medo de dizer a coisa errada. Isso, em sua opinião, tem um efeito negativo sobre a sociedade. As pessoas brancas são atacadas injustamente por serem mais capazes e as mulheres recebem vantagens indevidas nas decisões de contratação.

A última vez que voei na classe executiva (algo que às vezes sou forçado a fazer), dois sujeitos sentados atrás de mim passaram a viagem elogiando o modo como Peterson se vestia e a forma como se saía bem em qualquer discussão. Tive vontade de me virar e protestar, mas não pude identificar exatamente o que havia de errado no que estavam dizendo. Ele está sempre bem vestido, sabe argumentar e até chora nos momentos certos entrevistado.

Li o livro *12 rules for life: an antidote to chaos* de Peterson.[21] Gostei. Está repleto de passagens interessantes da sua vida. Alguns conselhos interessantes a respeito de como ser um homem de verdade. O título foi bem escolhido. Mas não tem nada a ver com a ciência social moderna. É a história de um homem branco privilegiado apostando na sua roleta pessoal e nos contando como foi bem-sucedido na vida.

As universidades modernas não são como Peterson as descreve. Trabalho com muitos cientistas sociais e não encontrei nenhum que tivesse medo de dizer o que pensa. Pelo contrário. Eles não ficam calados. Ter ideias polêmicas e considerar diferentes modelos são partes importante do seu trabalho.

O que limita a atuação dos cientistas modernos é a equação da confiança. Se queremos testar nosso modelo, temos de trabalhar duro para colher dados experimentais. A ciência social não se preocupa mais com histórias pessoais ou com teorias abstratas. A ideia é escrever e enviar milhares de currículos ou rever cuidadosamente a literatura para descobrir as origens do racismo estrutural. A ideia é trabalhar duro e não se vestir bem ou dar a impressão de que uma resposta é fruto de intensa reflexão.

Moa Bursell tem uma visão política de esquerda desde a adolescência.

— Muitos dos meus melhores amigos na época [o início da década de 1990] eram filhos de estrangeiros — ela me contou. — Quando saíamos à noite, eles ficavam com medo e muitos foram provocados por neonazistas. Eu os ajudava a fugir para não se meterem em confusões. Essas experiências me levaram para a política.

Quando Moa relembra os anos de formação, é aberta e emotiva, ao contrário da forma desapaixonada como descreve seus resultados científicos. Ela também falou da ocasião, muitos anos depois, em que um grupo de imigrantes adolescentes visitou sua universidade por iniciativa de um jovem ativista. O ativista queria que Moa lhes contasse sua pesquisa a respeito da discriminação no mercado de trabalho, mas Moa se mostrou relutante, pois temia ser mal interpretada, pois tinha razão em ser cautelosa. Quando Moa descreveu seus resultados, a reação foi de revolta.

— Se não temos futuro, por que estamos estudando? — perguntou um dos jovens.

A experiência deixou Moa profundamente consternada e desapontada consigo.

— Sei que muitos imigrantes se sentem deslocados desde que entram na escola — disse ela —, e é como se os levássemos para a universidade só para dizer a eles que também serão discriminados no trabalho. — Simplesmente informá-los a respeito não ajudava a resolver o problema.

Como todos os cientistas sociais, Moa tem ideais, sonhos e opiniões políticas. Eles são seus modelos do mundo. Não há nada de errado em procurar motivação em crenças e experiências pessoais, contanto que nossos modelos sejam testados na prática. Quando perguntei a Moa como começou sua carreira de pesquisadora, respondeu:

— Acredito, como disse [o sociólogo] Max Weber, que você deve escolher seu tópico de pesquisa com o coração, mas abordá-lo da forma mais objetiva possível.

"Os experimentos com currículos me interessaram — prosseguiu — porque os resultados não podiam ser contestados. Eu estava estudando pessoas de verdade fora do laboratório. Tudo foi controlado no experimento e os resultados são simples e fáceis de entender. — O modelo foi comparado com os dados. Moa me contou que ficou surpresa ao descobrir que não havia discriminação de gênero por parte dos empregadores, nem mesmo na compensação de gênero: mais mulheres eram chamadas em profissões, como computação, em que eram minoria. O resultado não estava de acordo com seus preconceitos pessoais. — Mas estava lá — afirmou. — E não posso discutir com os dados.

Uma das questões que tornaram Jordan Peterson conhecido foi o debate relativo à diferença de salário entre homens e mulheres. Ele observou corretamente que o fato de as mulheres americanas ganharem, em média, 77 centavos para cada dólar recebido pelos homens não era necessariamente um sinal de discriminação. Argumentou, com razão, que existe uma diferença entre salários iguais e oportunidades iguais.[22] As mulheres ganham menos que os homens em parte, porque preferem trabalhar em atividades menos bem remuneradas, como enfermagem. É plausível que muitas mulheres tenham recebido propostas para trabalhar em carreiras que lhes proporcionariam salários maiores, mas não correspondiam a seus objetivos na vida, que não são necessariamente iguais aos objetivos dos homens. Peterson argumentou ainda que as mulheres podem não estar biologicamente equipadas para exercer certos tipos de trabalhos bem remunerados. Por essas e outras razões, segundo ele, não podemos usar diferenças de salário para acusar de discriminação o mercado de trabalho; precisamos investigar se as mulheres têm as mesmas oportunidades que os homens.

Igualdade de oportunidade é exatamente o que Moa investiga nos seus experimentos com currículos. Quando os muçulmanos se candidatam a um emprego, a probabilidade de serem chamados é menor que a de suecos com as mesmas qualificações, o que revela uma discriminação de oportunidade. Da mesma forma, as pesquisas de Moa revelam que não existe discriminação entre homens e mulheres suecos por parte do empregador. Neste caso, em particular, a alegação de Peterson de que não existe discriminação de oportunidade está correta.

Entretanto, embora a igualdade de salário possa ser medida usando um único indicador (o salário médio de homens e mulheres, por exemplo), o mesmo não se aplica à igualdade de oportunidade. Existem muitas formas pelas quais as mulheres podem ser impedidas de realizar todo o seu potencial e, portanto, muitas barreiras possíveis para as oportunidades das mulheres devem ser investigadas.

Felizmente, os cientistas sociais estão trabalhando com afinco para identificar essas barreiras. Em 2017, Katrin Auspurg e colaboradores entrevistaram 1.600 residentes da Alemanha, apresentando a eles perfis de pessoas hipotéticas que incluíam idade, gênero, experiência e tipo de trabalho antes de perguntar se o salário especificado era justo.[23] A tendência dos entrevistados foi no sentido de achar que as mulheres deviam ganhar menos e os homens deviam ganhar mais. Na média, os entrevistados, homens e mulheres, acreditavam que as mulheres deviam receber 92 centavos para cada dólar recebido por um homem com as mesmas qualificações. Ao mesmo tempo, a grande maioria dos entrevistados, quando interrogados diretamente, afirmou que homens e mulheres deviam ter salários iguais. Existe uma grande diferença entre o que nós dizemos e o modo como agimos. Nesta pesquisa, os entrevistados não perceberam que, na verdade, estavam recomendando que as mulheres recebessem um salário menor do que homens com as mesmas qualificações.

De acordo com um estudo de 2012,[24] as avaliações pelos cientistas dos currículos de candidatos a assistentes nos Estados Unidos revelam um preconceito contra mulheres. Os cientistas, homens e mulheres, consideram as mulheres menos competentes que homens com as mesmas qualificações. As mulheres que tiveram aulas de matemática apenas com professores do sexo masculino têm menor probabilidade de se aprofundar na matéria que aquelas que estudaram com professoras.[25] Em um experimento com estudantes do segundo grau, as meninas que estudaram matemática em salas de aula que continham objetos da cultura geek (pôsteres de *Star Wars*, revistas tecnológicas, jogos de computador, livros de ficção científica, etc.) tinham uma probabilidade muito menor de se aprofundar no assunto que aquelas que estudaram em um ambiente neutro (com pôsteres de animais e plantas, canetas hidrográficas, uma cafeteira, revistas de atualidades, etc.).[26] Nas escolas secundárias do Canadá, as meninas tendem a se considerarem piores em matemática que os meninos, embora se saiam tão bem quanto eles nas provas.[27] Em um experimento de negociação salarial, do qual participaram estudantes de uma universidade americana, as mulheres se revelaram tão competentes quanto os homens quando defendiam os interesses de outras pessoas, mas menos competentes quando negociavam em causa própria. Essa diferença é explicada pelo temor de represálias caso elas ganhassem a disputa, um temor que não era experimentado com a mesma intensidade pelos homens. [28]

Essas são apenas algumas amostras de um grande número de estudos recentemente examinados por Sapna Cheryan e colaboradores a respeito das barreiras que as mulheres têm de enfrentar no campo das oportunidades.[29] Mulheres e meninas têm dificuldade para se expressarem livremente; têm medo de represálias; são consideradas inferiores tanto pelos homens como pelas mulheres; dispõem de menos modelos de sucesso; têm baixa autoestima; são inconscientemente discriminadas quando se candidatam a certos empregos. Esta é a forma estatisticamente correta de encarar as escolas e locais de trabalho que frequentamos diariamente. Como a maioria das pessoas, incluindo Jordan Peterson, concorda que devemos oferecer oportunidades iguais para homens e mulheres, a resposta é simples: precisamos divulgar ao máximo os resultados das pesquisas que identificaram os preconceitos a que as mulheres estão sujeitas em nossa sociedade.

Peterson, curiosamente, chega à conclusão oposta. Ele ataca as pesquisas acadêmicas de diversidade e gênero, afirmando que são motivadas por uma ideologia esquerdista e que os estudos são conduzidos por marxistas. Neste ponto, ele está redondamente enganado. Cientistas sociais como Moa Bursell, Katrin Auspurg e Sapna Cheryan estão claramente propondo uma igualdade de oportunidades, e não uma igualdade de renda. Essas pesquisadoras podem ser motivadas por um desejo de oferecer oportunidades iguais para todos, mas o desejo de justiça torna ainda mais importante que não se deixem influenciar por visões políticas que podem (ou não) defender. Em todas as pesquisas já mencionei, e em muitos outros exemplos, o objetivo é identificar em que setores não existe igualdade de oportunidade para que o problema seja resolvido. Não existe nenhuma evidência de viés ideológico por parte dos pesquisadores.

Peterson nunca menciona esses estudos. Em vez disso, ele se atém às diferenças psicológicas entre homens e mulheres. Em uma entrevista com Cathy Newman realizada em 18 de janeiro de 2018 no programa da televisão inglesa *Channel 4 News*, que mais tarde viralizou no YouTube, ele afirmou: "As pessoas cordiais são compassivas e polidas, e as pessoas cordiais ganham menos que as pessoas grosseiras. As mulheres são mais cordiais que os homens."[30]

Existem boas razões pelas quais explicações psicológicas como esta não são tão convincentes como os intervalos de confiança de modelos específicos. A ideia que está por trás de fazer perguntas diretas e relevantes como "Quanto você acha que deve ganhar uma pessoa com este currículo" ou observar o modo como homens e mulheres negociam é que, observando o comportamento dos indivíduos, podemos compreender melhor a origem das desigualdades.[31] Por outro lado, o grau de cordialidade é avaliado por meio de um teste de personalidade no qual as pessoas respondem a perguntas vagas como "eu me identifico com os sentimentos das outras pessoas". Dizer que alguém é "cordial" é apenas uma forma de relatar a opinião que a pessoa faz de si. Além disso, não é óbvio que a cordialidade seja um empecilho em termos de salário. Pode ser uma vantagem. As pessoas cordiais são recompensadas por sua simpatia ou penalizadas por não saberem negociar? A cordialidade pode ter diferentes efeitos, dependendo da profissão, do tipo de atividade e do ambiente de trabalho.

Como os testes de personalidade não são conclusivos, é preciso realizar testes mais objetivos para conhecer a influência da cordialidade sobre os salários. Um estudo de cinquenta e nove estudantes recém-formados em cursos superiores nos Estados Unidos revelou que no início da carreira, as pessoas cordiais realmente recebem salários menores.[32] Depois de investigar vários traços de personalidade, a capacidade mental, a inteligência emocional e o sucesso no trabalho, os pesquisadores chegaram à conclusão de que a cordialidade era o único fator capaz de explicar as diferenças de salário, mas, mesmo assim, a correlação não era muito alta. Entretanto, o estudo também mostrou que os salários das mulheres eram menores que os dos homens. As mulheres grosseiras ganhavam menos que os homens grosseiros, e os homens cordiais ganhavam mais que as mulheres cordiais. Na verdade, o que este estudo mostrou, ao contrário do que Peterson disse a Newman na entrevista para a televisão inglesa, foi que as diferenças de salário não podiam ser explicadas por fatores não relacionados ao gênero.

A falta de um modelo claro que descreva como traços de personalidade influenciam o salário torna muito difícil discutir a influência do temperamento sobre as oportunidades. Mesmo que chegássemos finalmente à conclusão de que as pessoas cordiais, e não necessariamente as mulheres, são discriminadas em termos salariais, ainda teríamos de discutir a razão dessa discriminação e se ela é justificada. Algumas explicações, como a de que as pessoas muito educadas não defendem adequadamente os interesses da empresa, podem ser consideradas razoáveis, enquanto outras, como a de que os empresários se aproveitam da falta de reação das pessoas cordiais para pagar menores salários, são menos convincentes. Recorrer a um conceito vago como, o de um traço de personalidade, não contribui para a discussão do que realmente está por trás das diferenças de salário.

Também é importante examinar mais de perto o que Peterson quer dizer quando afirma que as mulheres são mais cordiais que os homens. Nesse caso, a equação da confiança pode nos ajudar. Os psicólogos já submeteram centenas de milhares de pessoas a testes de personalidade. Como vimos no início desde capítulo, quanto maior o número de observações, maior a facilidade de detectarmos um sinal escondido pelo ruído. Assim, por exemplo, executando $n = 400$ testes de personalidade, podemos detectar uma diferença mesmo que a relação sinal-ruído seja 1/10. Depois de colher uma grande quantidade de dados, devemos estar em condições de usar a equação da confiança para encontrar pequenas diferenças entre a cordialidade dos homens e das mulheres, e pequenas diferenças são exatamente o que encontramos entre homens e mulheres no que diz respeito a traços de personalidade. A relação sinal-ruído para a cordialidade, o traço de personalidade para qual foram encontradas maiores diferenças entre homens e mulheres, é de aproximadamente 1/3, ou seja, uma unidade de sinal para três de ruído.

Para ter uma ideia de como este sinal é fraco, suponha que um homem e uma mulher tenham sido escolhidos ao acaso. A probabilidade de que a mulher seja mais cordial que o homem é 63%. Pense no que isso significa na prática. Você está atrás de uma porta fechada e vai ser apresentado a Jane e Jack. É razoável que você entre na sala e diga "Jane, eu acho que você vai concordar mais comigo do que Jack porque você é mulher", antes de se voltar para Jack e dizer "e provavelmente nós dois vamos ter uma discussão"? Não. Não seria estatisticamente correto. Existe uma chance de 37% de que você esteja enganado.[33]

Peterson afirma na entrevista que deu para o programa escandinavo *Skavlan* que os psicólogos "aperfeiçoaram, pelo menos até certo ponto, a medida da personalidade usando modelos estatísticos avançados".[34] Em seguida, ele chama atenção para o grande número de questionários sobre personalidade que foram completados por centenas de milhares de pessoas. Depois disso, admite corretamente que existem mais semelhanças que diferenças entre homens e mulheres no que diz respeito a traços de personalidade e nos pede para nos perguntarmos "quais são as maiores diferenças?" antes de afirmar que "os homens são menos cordiais ... e as mulheres são mais sujeitas a emoções negativas ou neuroses."[35]

Embora não seja inteiramente falsa, a alegação de Peterson pode facilmente levar a conclusões errôneas. Ele deixa a impressão de que os cientistas descobriram grandes diferenças entre os gêneros de um tipo muito específico usando um grande número de dados. A interpretação correta é a de que das centenas de traços psicológicos que os cientistas incluíram nas investigações, e para as centenas de milhares de pessoas entrevistadas, a grande maioria dos estudos não revelou nenhuma diferença significativa entre as personalidades dos homens e das mulheres. Na verdade, o resultado mais importante dos últimos trinta anos de pesquisa é a hipótese da similaridade de gêneros. Esta hipótese, proposta por Janet Hyde, Professora de Psicologia e de Estudos de Gênero e das Mulheres da Universidade de Wisconsin-Madison, em 2005, na revista *American Psychologist*, não é a de que homens e mulheres são iguais em tudo. O que Hyde sustenta é que existem muito poucas diferenças estatísticas entre personalidades que dependem do gênero. Ela examinou 124 diferentes testes de diferenças de personalidade e descobriu que 78% dos testes mostraram diferenças desprezíveis ou pouco significativas entre os gêneros (relações de sinal-ruído menores que 0,35).[36] A hipótese resistiu ao teste do tempo: dez anos depois, um estudo independente revelou que apenas 15% dos testes apresentavam uma relação sinal-ruído maior que 0,35 entre gênero e personalidade.[37]

Em termos de neurose, extroversão, franqueza, alegria, tristeza, raiva e muitos outros traços de personalidade, a diferença entre homens e mulheres é muito pequena. Em um estudo mais recente, Hyde descobriu que as diferenças de gênero também são pequenas em termos de habilidade matemática, expressão oral, diligência, sensibilidade a recompensas, agressividade verbal, comunicabilidade, atitudes em relação à masturbação e a relacionamentos extraconjugais, liderança, autoestima e autoconceito acadêmico.[38] As maiores diferenças entre os sexos estão no interesse pelas coisas em comparação com o interesse pelas pessoas, na agressividade física, no uso da pornografia e nas atitudes em relação ao sexo casual. Isso mostra que, afinal de contas, alguns dos nossos preconceitos são verdadeiros, mas as variações são muito maiores de homem para homem e de mulher para mulher do que entre homens e mulheres. Isso quer dizer que é estatisticamente incorreto dizer que as personalidades dos homens e das mulheres são muito diferentes.

O perigo está na acusação de Jordan Peterson de que as pesquisas sobre gênero foram distorcidas pelos "esquerdistas" e "marxistas". Pelo contrário. Janet Hyde, que tem um diploma de graduação em matemática, participa da revolução que, ao usar a estatística para medir as igualdades de oportunidade, evitou que a ideologia continuasse a contaminar a psicologia e as ciências sociais. Ela recebeu vários prêmios por sua pesquisa, entre eles três prêmios diferentes da American Psychological Association, a maior organização científica e profissional de psicologia dos Estados Unidos. As diferenças de gênero têm sido estudadas meticulosamente, a tal ponto que mesmo pequenas diferenças são documentadas. Resultados semelhantes foram encontrados ao serem estudados cérebros masculinos e femininos: as diferenças de estrutura e funcionamento de cérebros humanos do mesmo gênero são muito maiores do que as diferenças entre os cérebros de homens e mulheres.[39] Ironicamente, é apenas graças a este número enorme de pesquisas rigorosas que Peterson pode escolher com afinco os resultados que supostamente confirmam sua posição ideologicamente motivada.

A equação da confiança nos ensina a substituir relatos pessoais por observações bem documentadas. Jamais confie em uma opinião pessoal, incluindo a sua. Quando estiver ganhando, procure avaliar seriamente se sua série de vitórias é suficiente para que possa atribuí-la aos seus méritos. Existe sempre alguém que é favorecido pela sorte, e desta vez pode ter sido você. Seja receptivo a opiniões diferentes da sua e acumule dados. Quando estiver colhendo informações, lembre-se da regra da raiz quadrada de n: para detectar um sinal duas vezes mais fraco é preciso acumular uma quantidade de dados quatro vezes maior. Se você está realmente "por cima", ou seja, estatisticamente melhor que aqueles que o cercam, use o intervalo de confiança para investigar seu privilégio. Seja estatisticamente correto: procure compreender as vantagens e desvantagens que você tem na vida. Sua autoconfiança deve se basear não em tolas ilusões, mas em uma compreensão profunda do modo como a sociedade molda sua vida. Só assim você pode conhecer e tirar proveito de sua margem.

4

A Equação do Desempenho

$$P(S_{t+1}|S_t) = P(S_{t+1}|S_t, S_{t-1}, S_{t-2},...,S_1)$$

Estou sentado em um café no final da tarde quando o vejo entrar. Ele aperta a mão do garçom e depois faz o mesmo com o barista, com quem troca sorrisos e algumas palavras. Não me vê a princípio, e quando me levanto para cumprimentá-lo, ele avista outro conhecido. Os dois se abraçam efusivamente. Volto a me sentar e fico esperando a minha vez.

Sua fama se deve em parte ao fato de ter sido um jogador de futebol profissional e aparecer frequentemente na televisão, mas ele é popular também pelo seu comportamento: a segurança, a simpatia, o modo como encontra tempo para falar com todo mundo.

Ele se senta na minha mesa e bastam alguns minutos para que comece o discurso de sempre.

— Acho que faço diferença porque mostro a eles o meu jeito de fazer as coisas. As pessoas perderam o foco — diz ele. — Faço o que precisa ser feito, digo o que penso, vou direto ao ponto, porque é assim que deve ser. Tenho muitos contatos. Muitos encontros como este, sabe, eu me mantenho conectado. As pessoas querem falar comigo porque eu tenho um modo bem diferente de ver as coisas, entende? Por causa da minha experiência, você sabe, é uma coisa rara que pretendo dividir com você ... — Essas declarações são entremeadas com casos do tempo em que ele jogava futebol, menções de pessoas importantes e histórias ensaiadas que incluem piadas no momento oportuno.

Ele sorri, me olha nos olhos e, às vezes, dá a impressão de que fui eu que pedi todas essas informações. Mas meu interesse era outro, eu queria discutir com ele o uso da probabilidade por parte dos meios de comunicação e dos dirigentes esportivos. Infelizmente, até o momento ele não disse nada de útil.

Eu chamo este tipo de homem de Sr. "My Way", nome da música famosa na voz de Frank Sinatra. Os passos medidos, a postura firme e a vida rica servem de base para suas histórias. Pode ser uma bela melodia, e os dois ou três minutos durante os quais este Sr. "My Way" abraça e cumprimenta todos que vê pela frente são divertidos.

Mas a coisa funciona apenas enquanto ele borboleteia de mesa em mesa. Agora, eu estou aqui, à sua mercê, sem ter como escapar.

Tenho de admitir, envergonhado, que as primeiras vezes que conversei com um jogador de futebol tipo Sr. "My Way" me deixei levar por suas histórias. Desde a publicação do meu livro *Soccermatics* em 2016 tenho sido convidado a visitar alguns dos mais importantes clubes de futebol do mundo, além de ser visitado por seus representantes. Foi chamado para conversar com jogadores de futebol aposentados em programas de rádio e televisão. Sair do ambiente acadêmico para se misturar com ex-jogadores, personalidades da televisão, olheiros e dirigentes de clubes de futebol da Premier League pode ser uma experiência alucinante. Fiquei fascinado ao ouvir histórias dos bastidores a respeito de jogadores e jogos que ficaram famosos e descobrir como é a vida nos campos de treinamento, passar de torcedor a alguém que tem acesso às confidências dos astros do esporte pode ser, para usar o clichê máximo do futebol, um sonho que se tornou realidade.

Eu ainda adoro ouvir essas histórias e conhecer de perto o mundo do futebol. Infelizmente, na maioria das vezes, as partes interessantes estão intercaladas com relatos "heroicos" da "visão" de um Sr. "My Way", seguidos por queixas amargas das táticas desonestas usadas pelos adversários ou pela alegação de que poderiam ter sido melhores do que qualquer um se tivessem a mesma oportunidade que certos colegas de profissão.

Por causa da minha formação matemática, esses sujeitos muitas vezes acham que precisam me explicar seus processos mentais. Eles se apressam em me dizer que eu tenho um modo diferente de vez as coisas sem se dar ao trabalho de me perguntar qual é o meu modo de ver as coisas.

— Acho que as estatísticas são ótimas para estudar o passado — afirma o Sr. "My Way" —, mas me interesso mais pelo futuro.

Em seguida, explica que é dotado de uma rara intuição que lhe permite identificar vantagens em potencial. Ou que a autoconfiança e a firmeza de caráter o ajudam a tomar as decisões corretas. Ou que ele descobriu um método para encontrar padrões sutis nos dados que eu (na opinião dele) deixei escapar.

— Foi apenas quando perdi a concentração que comecei a cometer erros — ele afirma. — Mas ele sempre volta a enfatizar suas qualidades. — Quando eu mantenho o foco, sempre atinjo meus objetivos.

O que eu não sabia quando comecei a trabalhar na indústria do futebol era quanto tempo teria de passar ouvindo os jogadores me explicarem por que se consideravam pessoas especiais.

Eu devia ter previsto, porque isso não acontece apenas no futebol. Observei a mesma coisa na indústria e nas finanças: analistas de investimentos falando a respeito das suas habilidades. Eles não precisam de matemática, porque têm um instinto que os "quants"* jamais terão. Ou um *tech leader* me explicando que a *startup* que ele criou teve sucesso por causa da sua visão e do seu talento. Até os cientistas se comportam desta forma. Os pesquisadores fracassados alegam que suas ideias foram roubadas por colegas; os que foram bem-sucedidos, que venceram porque não abriram mão de seus ideais. Todos eles se comportam como um Sr. "My Way".

Eis uma pergunta difícil de responder. Como vou saber se alguém está me contando alguma coisa útil?

O sujeito que no momento está sentado na minha mesa está obviamente apaixonado por si mesmo. Ele falou ininterruptamente sobre suas qualidades durante uma hora e meia sem dizer nada que prestasse. Entretanto, muitas outras pessoas têm algo útil para dizer; entre elas, ocasionalmente, um Sr. "My Way". A questão é como separar o joio do trigo.

*

A abordagem matemática desta questão começa por dividir as coisas que as pessoas dizem em três categorias. Discutiram-se as duas primei-

* Do inglês *quantitative traders*, ou seja, traders quantitativos, aqueles que tomam decisões com base apenas em números. (N. do T.)

ras em capítulos anteriores: modelos e dados. Modelos são hipóteses a respeito do mundo e dados são as observações que permitem verificar se essas hipóteses estão corretas. O Sr. "My Way" com quem eu estou conversando no momento está produzindo, em grandes quantidades, uma terceira categoria: non-sense. Ele está falando a respeito de vitórias, fracassos e sentimentos sem revelar nada de concreto sobre o que pensa ou do que sabe.

Usei o hífen na palavra "non-sense" para fazer o leitor pensar um pouco mais a respeito da palavra. Este é um truque que aprendi com o filósofo de Oxford A.J. Ayer, que inspirou minha forma de ver a matemática. Ayer reconhece que "nonsense" é uma palavra muito agressiva, mas ele a usa para designar informações que não vêm dos nossos sentidos.* O modo como o Sr. "My Way" se sente, o modo como ele encara suas vitórias e fracassos não se baseia em observações ou em fenômenos mensuráveis. Ayer propôs que, quando o Sr. "My Way" ou qualquer outra pessoa afirma alguma coisa, você se deve perguntar se a afirmação pode ser testada. É possível verificar, com o auxílio dos sentidos, se a afirmação é verdadeira ou falsa?

Entre as afirmações que podem ser testadas estão coisas como "nosso avião vai cair", "Rachel é uma filha da puta", "milagres existem", "Jan e Marius têm uma margem no mercado de apostas", "os empregadores suecos tomam decisões preconceituosas ao selecionarem os candidatos a serem entrevistados", "Jess deve mudar de emprego para ser mais feliz" e assim por diante. Essas são exatamente as afirmações que eu chamei de modelos neste livro. Ao compararmos os modelos com dados, estamos verificando até que ponto são verdadeiros.

Não precisamos ter acesso aos dados para afirmar que um modelo pode ser testado. Quando Ayer escreveu o livro *Language, Truth and Logic* em 1936, em que discutiu esta questão, não havia imagens do lado oculto da lua. Desse modo, a hipótese de que existem montanhas no lado oculto da lua não pode ser considerada verdadeira ou falsa. Entretanto, podia ser testada, porque podíamos imaginar uma forma de testá-la, e a hipótese foi testada quando a sonda soviética *Luna 3* voou em torno da lua em 1959.

As afirmações em relação aos sentimentos e qualidades do Sr. "My Way" são diferentes. Suas histórias podem conter fragmentos de informa-

* Sense, em inglês, significa sentido. (N. do T.)

ção, como nomes de pessoas reais e eventos que realmente aconteceram, mas não podem ser testadas. Não podemos fazer um experimento para verificar se ele "tem um modo diferente de ver as coisas" ou "faz o que precisa ser feito" ou "vai direto ao ponto". Esses experimentos são impossíveis porque ele próprio é incapaz de explicar o que quer dizer com essas afirmações. Ele não pode separar seus sentimentos dos fatos e não podemos transformar as suas afirmações em um modelo que possa ser comparado com dados experimentais. Na verdade, o que caracteriza o discurso do Sr. "My Way" é uma torrente de ideias vagas. O que ele diz não pode ser considerado nem um dado nem um modelo. É, literalmente, nonsense.

*

La Masia, Barcelona. No que se refere a uma abordagem racional do futebol, nada se compara ao centro de treinamento do Barcelona. Fundado em 1979 pelo craque holandês Johan Cruyff como uma academia para jovens jogadores, ele implantou uma filosofia que permeia tudo que é feito no clube.

Passei por um pequeno grupo de fãs, todos com a esperança de vislumbrar os jogadores ao entrarem ou saírem pelo portão da frente, e dirigi-me para a entrada lateral do novo La Masia. Assim como muitas universidades mudaram de construções antigas, tradicionais, para instalações modernas, o instituto de pesquisas esportivas do Barcelona foi transferido da sede antiga, em uma casa de fazenda, para um edifício moderno com fachada de vidro.

O convite para conhecer La Masia tinha partido de Javier Fernandez de la Rosa, chefe de análise esportiva do Barcelona FC e aluno de doutorado em Inteligência Artificial. Ele me pediu para dar uma palestra a respeito de meus trabalhos recentes e das formas de analisar um jogo de futebol.

O novo La Masia é como o departamento de uma universidade moderna, pois abriga atividades tanto de ensino como de pesquisa. Os titulares tinham acabado de treinar e os jovens estavam jogando em outro campo. O escritório de Javier era bem iluminado e contava com uma coleção de monitores e uma estante cheia de livros. Em outros clubes que eu visitei, as instalações eram dominadas por equipamentos esportivos, e os analistas se espremiam em locais remotos. Ali, os jogadores tinham tudo do que precisavam, e os pesquisadores contavam com um espaço decente para trabalhar e pensar — para planejar e aperfeiçoar o estilo de jogo do time. A organização do espaço em La Masia refletia o meu conceito do jogo de futebol: a mente trabalhando junto com o corpo.

Javier e eu começamos imediatamente a trabalhar. Entramos no seu escritório, abrimos nossos computadores e começamos a comparar anotações. Como avaliar a qualidade dos passes? Como rastrear o movimento dos jogadores? Como dividir uma partida em diferentes fases? Qual é sua definição de contra-ataque? O que você chama de domínio territorial? As perguntas e respostas se sucediam. Dados, modelos, dados, modelos, dados, modelos e depois mais modelos.

A certa altura — para mim, quase de supetão — Javier disse que estava na hora do meu seminário. Fomos para um auditório espaçoso, conectei meu laptop a uma grande tela e comecei de novo, desta vez apresentando meu trabalho a uma plateia de treinadores, olheiros e analistas. De repente, um grupo de cinco ou seis espectadores da primeira fila começou a me questionar a respeito de meus dados, hipóteses e conclusões. Eles começaram a falar de suas descobertas e de como eu poderia ajudá-los.

A equipe de analistas esportivos do Barcelona se comportou exatamente do jeito de que eu gosto: mergulhou de cabeça nos modelos e nos dados. Um dia perfeito de pesquisa foi coroado com assentos na primeira fila para ver Lionel Messi e companhia em ação naquele fim de tarde. Quando o sol se pôs no Camp Nou, eu provavelmente estava mais perto que jamais estarei do mesmo corpo em movimento que, no início do dia, tinha sido um ponto na tela do meu monitor.

*

Minha palestra em Barcelona teve como foco principal um jogador. Na época, alguns meses depois da Copa do Mundo de 2018, eu estava muito interessado em Paul Pogba. Como também estava, segundo os jornais, o Barcelona.

Sou fã de Pogba há muito tempo porque, mais do que qualquer outro jogador de ponta, ele define o estilo de jogo do seu time. Embora Lionel Messi seja o astro do Barcelona, a filosofia do time em que ele joga é se tornar maior que a soma das partes, em vez de se concentrar em um único jogador. Cristiano Ronaldo certamente tem lugar em qualquer seleção, mas é um jogador tradicional, cuja maior vantagem é estar em excelente forma física. O estilo de jogo do Juventus ou do Real Madrid certamente não depende de suas qualidades.

Quando Paul Pogba joga pelo Manchester United, ele *é* o time e, durante a Copa do Mundo, comandou a seleção da França que se sagrou campeã. Essa é a minha hipótese, mas como posso confirmá-la? Ao contrário de Lionel Messi e Cristiano Ronaldo, Paul Pogba não faz muitos gols. Na Copa do Mundo fez apenas um na final, o que tem o seu mérito, mas muitos outros jogadores marcaram mais gols, de modo que não são os gols marcados que definem sua importância para o time.

A ideia matemática que eu usei para avaliar o desempenho de Pogba consistiu em analisar suas contribuições para que o time marcasse um gol em vez de contar o número de gols marcados por ele. A essa altura, os torcedores podem me perguntar se estou falando de assistências, os passes que resultam em gols. Assistência primária é o passe para o jogador que faz o gol, assistência secundária é o passe para o jogador que dá o passe para o jogador que faz o gol e assim por diante. Contar assistências é parte de minha abordagem, mas é apenas uma pequena parte. Em vez de atribuir uma importância especial a eventos como gols e assistências, vou avaliar tudo que acontece em campo: faltas, passes, interceptações e muito mais. Meu objetivo é medir de que forma cada uma dessas ações aumenta a probabilidade de um time marcar um gol e diminui a probabilidade de o adversário marcar.

Para realizar este objetivo, precisamos primeiro pensar em uma forma de descrever uma partida de futebol por meio de números. Imagine um passe realizado de uma posição (x_1, y_1) para uma posição (x_2, y_2). Para visualizar essas coordenadas, imagine que você está olhando de cima para um campo de futebol. A direção x é a direção da linha lateral e a direção y é a direção da linha do gol. A coordenada (0, 0) é a bandeira de escanteio à direita da linha de gol do time atacante. A coordenada (105, 68) é a bandeira de escanteio do lado oposto do campo (um campo típico de futebol profissional tem 105 metros de comprimento e 68 metros de largura). Os passes trocados durante um jogo podem ser descritos da seguinte forma: (10, 30) $\rightarrow$ (60, 60) é um lançamento do goleiro para a ponta; (60, 60) $\rightarrow$ (60, 34) é um passe lateral para o centro do campo; (60, 34) $\rightarrow$ (90, 40) é um chute que coloca a bola na grande área do adversário. Imagine um jogo de futebol como uma sequência de coordenadas atualizadas por passes e dribles realizados pelos jogadores. Cada sequência de jogadas quando um time tem a posse de bola pode ser descrita por uma série de coordenadas.

O que queremos fazer agora é determinar de que forma as ações de cada jogador nessas sequências de jogadas aumentam a probabilidade de que o time marque um gol e diminuem a probabilidade de que o time adversário faça o mesmo. Para isso, eu vou fazer uma suposição matemática. Na maioria dos casos, quando um matemático diz que vai "fazer uma suposição", o que ele quer dizer é que vai fazer uma afirmação que não é verdadeira e pede que você faça de conta que acredita. Isso é diferente do sentido que atribuímos à palavra no dia a dia. Assim, se temos convidados para o jantar, eu posso dizer à minha mulher "suponho que eles vão chegar por volta das sete". Ou eu posso dizer "suponho que vamos perder de novo" quando meu time está perdendo de dois a zero e faltam cinco minutos para o jogo terminar. São eventos de alta probabilidade, mas não são suposições matemáticas.

Na matemática usamos a palavra "supor" para descrever algo que sabemos que não é necessariamente verdadeiro, mas que não nos interessa no momento questionar se é ou não verdadeiro. O que eu quero é que você aceite sem discussão o que eu estou afirmando e que, juntos, investiguemos quais são as consequências desse fato. Mas é importante que a suposição seja declarada explicitamente desde o início, porque é a base do nosso modelo, e quando comparamos os modelos com a realidade precisamos ser honestos quanto a suas limitações.

A suposição que vou fazer neste caso é que a qualidade de um passe no futebol depende das coordenadas dos pontos inicial e final e não depende do que aconteceu antes ou depois do passe, da posição dos jogadores no campo de jogo quando o passe é executado ou de qualquer outro fator. Assim, se Pogba pode fazer um passe do meio do campo, da coordenada (60, 34), para a grande área do adversário, na coordenada (90, 40), este passe, independentemente de qualquer outra coisa que esteja acontecendo em campo, tem o mesmo efeito sobre a probabilidade de a França marcar um gol.

Esta suposição é obviamente falsa. Por exemplo: no jogo da Copa do Mundo contra o Peru, em menos de um minuto, Pogba deu dois passes para a grande área do Peru aproximadamente da mesma posição no campo de jogo. O primeiro passe encobriu a defesa e fez a bola chegar a Mbappé, que, apesar de um movimento acrobático, não conseguiu desviar a bola do goleiro. O segundo foi um passe rasteiro para Olivier Giroud, cujo chute foi bloqueado por um defensor, mas a bola sobrou para Mbappé, que desta vez marcou o primeiro gol da França. Minha suposição é a de que esses dois passes — o que levou a uma chance perdida e o que resultou em gol — tiveram o mesmo valor para o time da França.

A partir desta suposição, podemos construir um modelo de tudo que acontece em um jogo de futebol. Juntamente com meu colega Emri Dolev, usei uma base de dados das coordenadas inicial e final de todos os passes executados em muitas temporadas do futebol de alto nível da Premier League, da Liga dos Campeões da UEFA, da La Liga, da Copa do Mundo etc. Examinamos cada passe para verificar se resultava ou não em um chute em gol. Isso nos permitiu desenvolver um modelo estatístico associando as coordenadas inicial e final de um passe à probabilidade de que um gol fosse marcado (veja a Figura 4). Desta forma, pudemos atribuir um valor a cada passe, independentemente do que acontecesse antes ou depois que ele fosse executado.

Depois que Emri e eu atribuímos um valor a cada passe de cada jogo, pudemos finalmente avaliar o desempenho de Paul Pogba. Ele se destaca por duas razões: sua capacidade de recuperar a bola no meio de campo e sua capacidade de transformar rapidamente a defesa em ataque por meio de passes longos e precisos. Ele foi o autor de passes preciosos na Copa do Mundo, roubando bolas no meio do campo, girando o corpo e entregando-a nos pés de um companheiro perto da área adversária. Ele contribuiu para as oportunidades de gol da França mais do que qualquer outro jogador da equipe.

O Barcelona já tem um jogador que desempenha um papel semelhante ao de Pogba: Sergio Busquets. Enquanto Lionel Messi é o atacante mais famoso do Barcelona, cujo nome todo mundo conhece, Busquets é o motor que aciona o time, iniciando os ataques no meio de campo. Existem muitas diferenças entre Busquets e Pogba, mas eles são muito parecidos na supremacia que exercem no meio campo. Busquets é cinco anos mais moço que Pogba; quando os motores envelhecem, eles perdem potência.

O modelo que Emri e eu criamos pode ser aplicado a qualquer jogador profissional em qualquer partida, podendo ser usado para avaliar um jogador da mesma forma como avaliamos Pogba em questão de segundos. Isso permite que os times escolham jogadores que atendam perfeitamente a suas necessidades. Quando um jogador deixa a equipe, os dirigentes podem encontrar um substituto à altura.

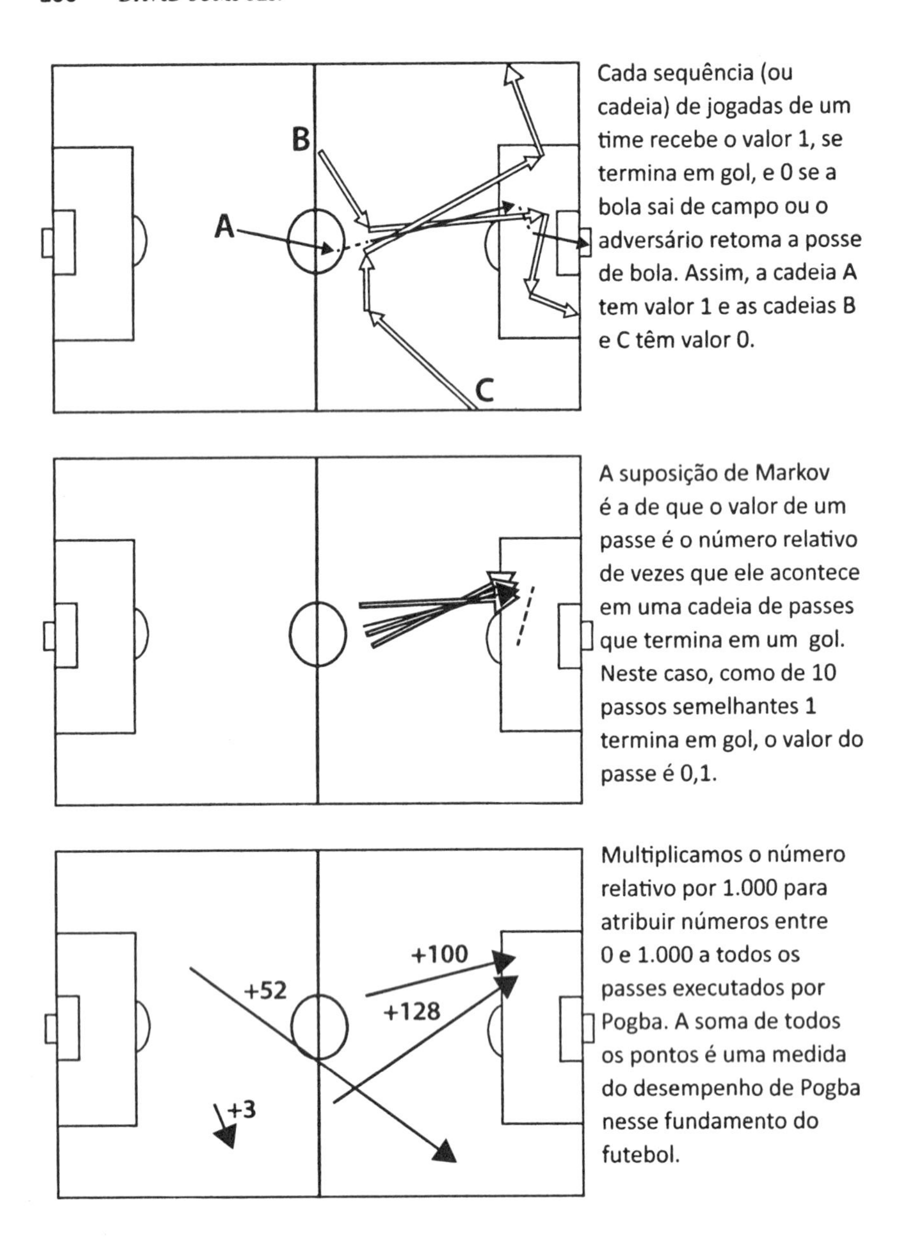

Figura 4: Uso da suposição de Markov para avaliar os passes no futebol.

A forma tradicional de avaliar o desempenho dos jogadores é enviar olheiros para assistir aos jogos de que ele participa e escrever relatórios. O técnico de um time famoso recentemente me mostrou sua base de dados para possíveis contratações. A lista incluía rapazes de 17 anos que jogavam na terceira divisão do campeonato sueco e jovens de 15 anos que participavam dos campeonatos brasileiros de juniores. Um tique verde ao lado do nome desses jogadores indicava que sua atuação tinha sido avaliada por pelo menos um olheiro. O técnico podia clicar no nome dos jogadores e ler os relatórios dos olheiros.

Nosso modelo pode ser usado para complementar essa abordagem. Ele avalia especificamente a capacidade do jogador de transferir a bola de um local do campo para outro. Quando um olheiro está avaliando um jogador, ele usa sua experiência para apreciar o posicionamento do atleta no campo de jogo, a forma como observa o que se passa em torno e sua interação com os companheiros. Entretanto, nenhum olheiro, por mais competente que seja, pode afirmar que avaliou todos os passes que um jogador executou na Premier League. Mas um modelo pode fazer isso.

Quando eu converso com olheiros e técnicos, é assim que descrevo minhas observações. Em vez de dizer coisas como "As estatísticas mostram que Pogba foi o melhor meio-campo da Copa do Mundo", eu digo: "Se vocês estão interessados em saber qual é o jogador que melhor desempenha a tarefa de fazer a bola chegar do meio de campo ao ataque, posso dizer que, tanto na Copa do Mundo como nos jogos pelo Manchester United, Pogba é esse jogador."

É importante deixar bem claras as premissas, e também as conclusões, não só no futebol, mas em qualquer tipo de discussão. A divisão do mundo em modelos, dados e nonsense nos obriga a ser honestos a respeito das premissas que usamos para chegar às conclusões. Ela nos faz encarar com mais seriedade tanto as nossas opiniões como as alheias.

*

A maioria dos modelos matemáticos usados para medir o desempenho se baseia na seguinte equação, conhecida como suposição de Markov:

$$P(S_{t+1}|S_t) = P(S_{t+1}|S_t, S_{t-1}, S_{t-2}, \ldots, S_1) \qquad \text{(Equação 4)}$$

Na Equação 4, $P(S_{t+1}|S_t)$ tem o mesmo significado que na Equação 2 do Capítulo 2. P representa a probabilidade de que o mundo esteja no estado S_{t+1} e o símbolo | significa "dado que". A diferença neste caso são os índices inferiores $t + 1$, t, $t - 1$, ... e, assim por diante, para cada um dos eventos. Traduzindo em palavras, $P(S_{t+1}|S_t)$ é "a probabilidade de que o mundo esteja no estado S_{t+1}, no instante $t + 1$, dado que o estado anterior do mundo era S_t, no instante t".

A ideia que está por trás da suposição de Markov é que estados futuros do mundo dependem apenas do passado recente. De acordo com a Equação 4, o estado futuro do mundo, no instante $t + 1$, depende apenas do estado no momento atual, t, o que equivale a supor que os estados anteriores, S_{t-1}, S_{t-2}, ..., S_1 não são relevantes. Para dar um exemplo concreto, suponha que Edward trabalhe como garçom em um bar muito movimentado. O objetivo de Edward é atender os fregueses no menor tempo possível. O número de fregueses pode variar, mas Edward se esforça para não deixar ninguém esperando. Usando a linguagem da matemática, vamos chamar de S_t o número de pessoas que estão esperando para fazer seus pedidos no minuto t.

Vamos colocar Ed em ação. Quando seu turno começa, existem $S_1 = 2$ pessoas esperando para ser servidas. Não há problema. Ele serve um chope para o primeiro sujeito da fila e uma taça de vinho para a mulher atrás dele. Enquanto isso, três pessoas se aproximam do balcão. Isso quer dizer que o número de pessoas esperando no minuto $t = 2$ é $S_2 = 3$. Ed serve a todos, apenas para descobrir que $S_3 = 5$ no minuto $t = 3$. Desta vez, ele consegue servir apenas 3 fregueses; no minuto seguinte, aos 2 que não foram servidos vão se juntar mais 4, de modo que $S_4 = 6$.

De acordo com a suposição de Markov, para julgar o desempenho de Ed como garçom, tudo que precisamos saber é a rapidez com a qual ele consegue servir os fregueses: precisamos saber como S_{t+1} depende de S_t. O número de pessoas que estavam esperando nos momentos anteriores (S_t, S_{t-1}, S_{t-2}, ..., S_1) não é relevante para avaliar o seu desempenho. No caso dos garçons de bar, esta é uma suposição razoável. Edward consegue servir 2 ou 3 fregueses por minuto, que é a diferença entre S_{t-1} e S_t.

A patroa de Ed, que não conhece a suposição de Markov, pode olhar para o balcão, ver uma fila de fregueses esperando e concluir que Ed é um garçom incompetente. Ed pode explicar a ela a suposição de Markov e informar que existem duas taxas diferentes, a taxa com a qual os fregueses entram na fila e a taxa com a qual Ed os atende. Ed deve ser julgado apenas pela segunda. Ou Ed pode apenas argumentar: "Esta noite os fregueses não param de chegar. Estou fazendo o que posso." Nas duas versões, Ed está usando a suposição de Markov para explicar qual é o modo correto de avaliar seu desempenho como garçom.

A Equação 4 difere das outras equações que discutimos até agora porque não oferece uma resposta imediata. Nas Equações 1, 2 e 3, introduzimos nossos dados no modelo e aumentamos nossa compreensão do presente ou do futuro próximo. A Equação 4 é uma suposição. É um passo para obter respostas, mas a suposição não é, em si, uma resposta. No caso do garçom, a suposição de Markov nos diz para observar apenas quantos fregueses Ed atende por minuto. Fizemos uma suposição parecida em nosso modelo para a qualidade dos passes no futebol; supusemos que podíamos esquecer o que aconteceu antes de Pogba receber a bola. Esta suposição nos permitiu medir até que ponto seus passes ajudaram o time.

Ao criar um modelo, é importante deixar claras as suposições envolvidas e reconhecer que nem sempre funcionam da forma desejada. Esta é a diferença em relação ao Sr. "My Way", que atribui todos os insucessos ao azar ou aos malfeitos dos outros. Cabe ao autor do modelo escolher os eventos que serão incluídos no modelo e os que podem ser ignorados. Quais são os eventos que caracterizam o estado de um bar, de um time de futebol e de qualquer outro tipo de organização?

Podemos muito bem ter feito uma suposição errada. Enquanto estamos cumprimentando Ed pelo seu desempenho, ele mistura e serve coquetéis com uma rapidez invejável e a patroa coloca a cabeça para fora do escritório pela segunda vez. Agora ela vê uma pilha de copos sujos. Ed se esqueceu de ligar a máquina de lavar pratos! Nosso engano e o erro lamentável de Ed se devem a uma suposição equivocada. Pensamos que a única coisa importante para que o bar funcionasse bem era atender os fregueses e nos esquecemos da lavagem de copos.

A patroa manda Ed ligar a máquina de lavar pratos e diz a ele que, dali em diante, vai avaliar seu desempenho levando em conta a rapidez com a qual ele lava os copos e a rapidez com a qual ele atende os fregueses. Os dois formulam juntos um novo modelo no qual, por exemplo, $S_t = \{5, 83\}$ significa que existem 5 fregueses na fila de espera e 83 copos sujos. Agora, Ed e a dona do bar estão felizes ou, melhor, felizes até que a dona do bar descubra que Ed se esqueceu de servir o tira-gosto pedido por um casal ...

Quando você está avaliando seu próprio desempenho, o segredo consiste em ser honesto quanto aos aspectos da vida que está tentando melhorar. Você pode, por exemplo, considerar o salário como o fator mais importante para avaliar seu desempenho. De acordo com a suposição de Markov, você deve se preocupar menos com os aumentos de salário que recebeu no passado, que deixaram de ser relevantes, e mais como o modo como suas ações no presente estão afetando sua renda e sua felicidade. Seja sincero com você mesmo e reconheça que, embora o salário seja importante, se as longas horas dedicadas ao trabalho começarem a afetar o seu relacionamento com sua esposa ou namorada, talvez esteja na hora de rever suas prioridades.

*

O princípio da testabilidade que A.J. Ayer descreveu no livro *Language, Truth and Logic* é fruto do pensamento de um grupo de filósofos conhecido como Círculo de Viena. No centro do círculo estavam um físico, Moritz Schlick, o secretário do grupo, e Rudolf Carnap, que tinha sido aluno do grande lógico e matemático Gottlob Frege.[1] O líder melancólico do movimento foi Ludwig Wittgenstein. Ele foi aluno de Bertrand Russell em Cambridge e não participou ativamente do círculo, mas foi o livro de Wittgenstein *Tractatus Logico-Philosophicus*,* publicado em 1922, que demonstrou mais claramente o argumento de que todas as afirmações devem ser testadas comparando-as com os dados. A sétima proposição de Wittgenstein — Sobre aquilo de que não se sabe o que falar, deve-se manter silêncio — foi o "cale-se" definitivo para os que duvidavam do poder da testabilidade.

Em 1933, A.J. Ayer, com apenas vinte e dois anos de idade, conseguiu um convite para participar das discussões do Círculo de Viena e dois anos depois seu livro foi publicado. Graças a ele, a abordagem do círculo, que ficou conhecida como positivismo lógico, foi transferida da Europa continental para a Inglaterra. A Segunda Guerra Mundial levou Carnap e suas ideias ainda mais longe para os Estados Unidos. Quando a guerra terminou, quase todo o mundo ocidental já tinha adotado o princípio da verificação experimental.

---

* Latim para "Tratado Lógico-Filosófico". (N. do E.)

Durante a primeira metade do século XX, o pensamento do positivismo lógico transformou a DEZ. Os modelos já tinham se tornado o ponto central de todas as investigações científicas, com Albert Einstein reescrevendo as leis da física com o uso da nova matemática. A abordagem passou a ser praticamente obrigatória. Modelos e dados não eram mais considerados apenas uma das formas de ver o mundo; eram consideradas a *única* forma de ver o mundo.

Os membros da DEZ não resolveram criar grupos de estudos para compreender melhor as propostas de Wittgenstein, Russell, Carnap e Ayer. Alguns deles tinham estudado filosofia, mas a maioria simplesmente tinha ideias próprias a respeito do modo como os modelos deviam ser aplicados e chegara a conclusões semelhantes às dos filósofos. Já que, como eu disse, não existe um "DEZ" na cabeça dos membros, eles não podiam se reunir para discutir temas como este. Entretanto, o positivismo lógico se encaixou como uma luva no pensamento da sociedade. Ele descrevia exatamente o que eles vinham fazendo desde que De Moivre formulara a equação da confiança.

Assim começou uma era de ouro para a DEZ na Europa. Andrei Markov (o homem das cadeias) tinha levado a sociedade para a Rússia na virada do século, mas foi depois da revolução, na recém-criada União Soviética, que outro Andrei — Kolmogorov — a fez desabrochar. Ele escreveu os axiomas da probabilidade, combinando os trabalhos de De Moivre, Bayes, Laplace, Markov e outros em uma estrutura unificada. Agora o código podia ser transmitido diretamente dos professores para um pequeno grupo de estudantes. Kolmogorov passava os verões em sua espaçosa casa de campo e convidava os alunos mais brilhantes a lhe fazer companhia. A cada um deles, Kolmogorov oferecia um quarto e um problema para resolver. Ele fazia periodicamente uma ronda pelos quartos para discutir os problemas com os estudantes, oferecer sugestões e aperfeiçoar o código. Apesar dos expurgos que estavam acontecendo em todo o país, os líderes soviéticos recorreram várias vezes à DEZ para ajudá-los a definir metas sociais, iniciar um programa espacial e planejar a nova economia.

Um espírito semelhante de liberdade intelectual e confiança na DEZ se espalhou pela Europa. Na Inglaterra, Cambridge foi o centro da abordagem matemática. Foi ali que Ronald Fisher reescreveu a teoria da seleção natural em termos de equações, Alan Turing descreveu sua máquina de computação universal e estabeleceu os fundamentos da ciência de computação, John Maynard Keynes usou a matemática que tinha a aprendido no curso de graduação para transformar o modo como os governos tomam decisões econômicas, e Bertrand Russell fez uma síntese da filosofia ocidental. Foi também em Cambridge que David Cox estudou, como aluno de graduação, no final da guerra.

Na Áustria, Alemanha e Escandinávia, a DEZ abordou uma questão de física após outra. Erwin Schrödinger escreveu a equação da mecânica quântica, Niels Bohr descreveu matematicamente a estrutura atômica e Albert Einstein — bem, Einstein fez todas as coisas que o tornaram famoso. Os franceses, que tinham exilado De Moivre 200 anos antes, não estavam totalmente convencidos do princípio da verificabilidade até a guerra terminar (e talvez não estejam convencidos até hoje). Mesmo assim, foi o matemático francês Henri Poincaré que criou o ramo da matemática que mais tarde viria a ser conhecido como a teoria do caos.

A dicotomia modelo-dados proposta pela DEZ era autossuficiente; não havia lugar para as crenças religiosas. O cristianismo que Richard Price tinha atribuído à teoria do avaliador foi discretamente abandonado; não podia ser testado. A ideia de que Deus havia fornecido ao homem as verdades matemáticas foi considerada sem sentido. A noção de que estávamos vivendo na caverna da alegoria de Platão não podia ser levada a sério. O fato de que a equação da confiança tinha sido aplicada inicialmente a jogos de azar não a tornava menos útil para outras aplicações e era, portanto, irrelevante. Todas as ideias de religião e ética deviam ser postas de lado e substituídas por teorias rigorosas, testáveis.

*

Um grupo moderno de membros da DEZ está discutindo os assuntos do dia: a teoria da relatividade, o aquecimento global, o futuro do beisebol, o brexit. As questões mudaram nos últimos cem anos, mas o modo de abordá-las permanece o mesmo. Sua principal característica é a exatidão. Os membros da sociedade definem honestamente as suposições envolvidas. Eles discutem que aspectos do mundo cada modelo proposto é capaz de explicar e quais são as falhas. Quando há discordância, comparam suposições e examinam cuidadosamente os dados. Pode haver certa dose de orgulho por parte do autor do modelo que explica melhor os dados ou uma leve frustração do autor que se viu forçado a admitir que seu modelo não funciona, mas todos sabem que o que está em jogo não é o orgulho pessoal. O principal objetivo é criar um bom modelo, é descobrir uma explicação com o menor número possível de falhas.

Aqueles que não falam a linguagem dos modelos e dados são sutilmente advertidos ou educadamente ignorados, desde políticos preconceituosos, técnicos de futebol exaltados e torcedores fanáticos até ativistas ambientais extremados e terraplanistas, defensores das guerras culturais e fundamentalistas marxistas, Donald Trump e incels misóginos. A DEZ é um pequeno grupo que se aproxima cada vez mais da verdade, enquanto o resto da humanidade caminha em espiral no sentido oposto.

*

Luke Bornn parece muito à vontade, de camiseta, sorrindo para a câmara do computador. Estamos conversando pelo Skype em fevereiro de 2019: ele em seu escritório feericamente iluminado em Sacramento, Califórnia; eu em meu porão sombrio na Suécia. Na parede atrás dele está pendurada uma camisa do time de basquete Sacramento Kings com seu nome escrito, enquanto do outro lado do escritório está a fileira obrigatória de livros acadêmicos. A diferença de fuso horário é evidente em nossos semblantes. Enquanto tenho de fazer esforço para me lembrar das perguntas, Luke rola alegremente pelo escritório em sua cadeira, pegando livros na prateleira para colocá-los diante da câmera.

Luke é Vice-presidente de Estratégia e Análise dos Kings. Ele não seguiu o que chama de caminho tradicional para chegar ao basquete e a sua posição atual. Ele aponta para trás e diz:

— A última vez que anunciamos uma vaga para analista de dados, tivemos mais de mil candidatos e quase todos sonhavam com trabalhar em esporte desde que eram deste tamanho.

Ele mostra com o braço a altura de uma criança de quatro anos.

— Minha história já é diferente — prossegue. — Eu estava iniciando uma carreira acadêmica em Harvard, modelando o movimento de animais e as mudanças climáticas, quando me encontrei por acaso com Kirk Goldsberry (analista da NBA e ex-estrategista da equipe San Antonio Spurs) e ele me mostrou todos os seus dados sobre basquete.

O que fascinou Luke foi a riqueza das observações. Havia informações sobre a saúde e a forma física dos jogadores, o esforço a que eram submetidas as articulações, os movimentos dos jogadores nos treinos e nos jogos, os passes e os arremessos. Tudo que acontecia com os jogadores era registrado, embora muito poucos desses dados fossem utilizados pelos treinadores.

— Para mim — diz Luke, entusiasmado — não era um projeto esportivo "rotineiro", era, literalmente, o desafio científico mais interessante com o qual já me deparei.

Ele tinha as qualificações perfeitas para enfrentar o desafio e produzir rapidamente resultados palpáveis. Em trabalho apresentado na Sloan Sports Analytics Conference, realizada no MIT em 2015, ele e Kirk definiram um novo conjunto de métricas defensivas para o basquete que chamaram de "contrapontos". O sucesso de Luke atraiu a atenção do dono do clube de futebol A.S. Roma, que o nomeou diretor de análise. No Roma, ele aprendeu rapidamente a apresentar informações de forma visual, usando gráficos e desenhos de trajetórias, o que se revelou um método eficaz de transmitir ideias matemáticas a olheiros e técnicos. Foi durante esse período que o clube contratou dois jogadores de primeira linha, o atacante Mohamed Salah e o goleiro Alisson Becker, que mais tarde foram jogar no Liverpool e estavam no time que venceu a Liga dos Campeões da UEFA e o Campeonato Mundial de Clubes em 2019.

— Não pretendo assumir o crédito por essas contratações — ele afirma —, já que as transferências de jogadores envolvem muitas variáveis. Mas posso afirmar que quando Salah e Becker foram jogar no Liverpool eu já estava nos Kings. Não fui responsável pela venda!

Quando digo a Luke que estou interessado em conversar a respeito da suposição de Markov, ele se mostra ainda mais animado do que quando estávamos falando de jogadores de futebol.

— Usamos a suposição de Markov desde o começo naquele artigo sobre o sistema contraponto — ele afirma.

O sistema contraponto de Luke identifica automaticamente quem está marcando quem, possibilitando que ele avalie quem leva vantagem em situações de um contra um. Assim, por exemplo, durante um jogo no dia de Natal de 2013 entre o San Antonio Spurs e o Houston Rockets, a posição defensiva de James Harden, do Rockets, estava associada mais de perto à posição do lateral Kawhi Leonard do Spurs. Neste confronto em particular, quem levou a melhor foi Leonard, que fez 20 pontos no jogo. O algoritmo de Luke atribuiu 6,8 pontos à marcação de Harden.

— Nós todos gostaríamos de conhecer o Modelo Divino — afirma Luke com um sorriso maroto. — Ele diria a LeBron James onde exatamente ele deveria estar para ter a maior chance possível de acertar um arremesso. Mas nós sabemos que esse modelo não existe.

O segredo para criar um modelo vitorioso está em escolher criteriosamente as premissas. Um Modelo Divino seria onisciente e, portanto, usaria como premissas todos os acontecimentos passados: todos os treinos e jogos de que LeBron James participou, o que ele comeu no café da manhã em todos os dias da sua vida e como ele amarrou o tênis antes do jogo. Este é o lado direito da Equação 4. Ele leva em conta toda a história da vida de James até o momento em que ele faz o arremesso. A tarefa de Luke ao formular um modelo é decidir quais são os fatos que podem ser ignorados. Quando ele usa uma suposição de Markov, o que está fazendo é escolher o que deve permanecer no lado esquerdo da Equação 4.

Luke prossegue:

— Quando modelamos LeBron James, levamos em conta onde ele está, se existe um marcador nas proximidades e onde estão os companheiros. Supomos que tudo que aconteceu é irrelevante. Na maioria das vezes, esta suposição funciona.

Pergunto a Luke como ele concilia esta suposição com o fato de que os comentaristas costumam dizer coisas como "Hoje ele não está em um bom dia" ou "Este jogador está endiabrado" com base no desempenho de um jogador durante de cinco ou dez minutos de jogo.

— Bobagem — replica Luke. — O melhor indicador do sucesso de um arremesso não é o número de acertos do jogador nos últimos cinco arremessos, é a posição dele e dos outros jogadores na quadra e o seu talento individual.

Uma grande questão no basquete é se um jogador que está perto da cesta adversária deve passar a bola para um companheiro mais distante, que pode fazer um arremesso de três pontos (os arremessos do lado de dentro da linha de três pontos valem dois pontos; do lado de fora, valem três). A suposição de Markov permite que Luke examine uma estação inteira do NBA em uma simulação de computador em busca de respostas. Em uma dessas simulações de "realidade alternativa", jogadores virtuais que estão do lado de dentro da linha de três pontos são "obrigados" a passar a bola para um jogador que está do lado de fora ou recuar para uma posição de três pontos. Os resultados da simulação são claros: a menos que o jogador esteja totalmente desmarcado, ele deve voltar a jogada e tentar uma cesta de três pontos, ele mesmo ou passando a bola para um companheiro.

É neste fundamento que James Harden mostra o seu talento. Harden marcou mais de 50 pontos em um número maior de partidas do que qualquer outro jogador que disputa atualmente a NBA, incluindo LeBron James, graças em grande parte a cestas de três pontos. No seu repertório está uma jogada magistral em que ele se aproxima da cesta, finge que vai partir para uma bandeja, recua e faz um arremesso de três pontos.

No modelo de Luke, o time de James Harden, os Rockets, foi aquele que mais se aproximou da perfeição matemática dos três pontos. Talvez isso não seja tão surpreendente, já que o gerente geral do clube, Daryl Morey, tem o título de bacharel em ciência da computação e estatística pela Universidade do Noroeste, em Evanston, Illinois, Estados Unidos. Outro matemático tinha chegado a esta conclusão antes de Luke. Harden já estava colocando para funcionar a estratégia dos três pontos, que ele chama de "Moneyball".

O basquete moderno envolve uma disputa de atletas fantásticos do lado de dentro da quadra e uma disputa de mentes privilegiadas do lado de fora. Existe uma contenda acirrada para ver quem tem o melhor modelo. Luke agora está incluindo uma pressão defensiva e uma contagem regressiva na sua suposição de Markov, usando um método chamado tensor de probabilidades de transição que lhe permite determinar — quando o tempo de posse de bola está terminando — em que instante vale a pena tentar uma cesta desesperada de dois pontos. O tensor de probabilidades de Luke pode não ser tão espetacular quanto o recuo de Harden para fazer uma cesta de três pontos, mas certamente os dois são comparáveis em termos de elegância.

*

O filme *O homem que mudou o jogo* fez muito sucesso entre os aficionados pelas estatísticas esportivas. É a história de Billy Beane, interpretado por Brad Pitt, o gerente geral de um time de beisebol medíocre, o Oakland Athletics, que com um pequeno orçamento montou um time vencedor com base apenas em dados estatísticos. O time passou vinte jogos sem perder.

O filme termina com Beane recebendo, e recusando, um cargo muito bem remunerado no Boston Red Sox para continuar no seu time de coração. É um final romântico, mas não mostra o que aconteceu no beisebol depois do sucesso do Oakland.

Beane é um ex-jogador, não tem uma formação de estatístico ou economista. Em geral, porém, quando os donos dos outros clubes de beisebol tentaram reproduzir o sucesso de Beane, não procuraram ex-jogadores de mente aberta como ele, e sim matemáticos. Bill James, o criador da abordagem estatística adotada por Beane, aceitou uma posição no Boston Red Sox e trabalha no clube desde 2003. O Red Sox também contratou um bacharel em matemática, Tom Tippett, para o cargo de diretor do serviço de informações de beisebol.

Outro time que fez sucesso usando estatísticas foi o Tampa Bay Rays, que em 2010 contratou Doug Fearing, um professor de Pesquisa Operacional da Harvard Business School. Durante os cinco anos em que Doug trabalhou no clube, os Rays se classificaram três vezes para a Division Series, com uma das menores folhas de pagamentos da Major League.[2] Doug se transferiu para o Los Angeles Dodgers, onde tinha vinte pessoas trabalhando no seu grupo de análise, pelo menos sete das quais tinham mestrado ou doutorado em estatística ou matemática. Eles analisavam todos os aspectos do jogo, desde o posicionamento da defesa e a ordem dos rebatedores até a duração dos contratos dos jogadores.

Conheci Doug logo depois que ele deixou o Dodgers, em fevereiro de 2019, para fundar uma empresa de análises esportivas. A primeira coisa que perguntei a ele foi se era um grande fã do beisebol.

— Em comparação com algumas pessoas que trabalham no esporte, talvez eu não seja — brincou Doug —, mas, em comparação com a população em geral, eu diria que "sim", eu sou um grande fã. Doug havia acompanhado o Dodgers desde criança e trabalhar para eles era o emprego dos seus sonhos.

As análises modernas do beisebol têm suas raízes no trabalho de estatísticos amadores com um interesse pelo esporte. Quando perguntei a Doug a respeito da teoria do Moneyball, ele me disse que "boa parte do sucesso do Oakland Athletics se deveu ao fato de Paul DePodesta (representado pelo personagem de Jonah Hill no filme) aproveitar métodos já usados na esfera pública e implementá-los nas decisões internas do clube.

Doug descreveu a forma como gerentes gerais dos clubes de beisebol com carreiras de sucesso como jogadores profissionais e uma boa intuição do jogo tinham sido gradualmente substituídos por bacharéis com conhecimentos de economia e estatística.

— Já que o beisebol pode ser visto como uma série de confrontos homem a homem entre o arremessador e o rebatedor — afirmou Doug —, a suposição de Markov funciona muito bem na maioria das situações. — A facilidade com a qual a suposição de Markov pode ser aplicada torna o beisebol mais fácil de analisar que outros esportes, o que contribuiu para o sucesso dos matemáticos.

Doug falou entusiasticamente a respeito dos primeiros artigos científicos sobre as táticas de beisebol, escritos nas décadas de 1960 e 1970. Em um artigo escrito em 1963, George R. Lindsey usou um modelo estatístico para responder a algumas questões, como a de que em quais circunstâncias um jogador devia tentar roubar uma base e quando o time que está na defesa deve posicionar os jogadores perto do rebatedor. Sua suposição de Markov era a de que o estado do jogo podia ser descrito apenas pelo número de jogadores eliminados e o arranjo dos jogadores nas bases. Ele encontrou estratégias ótimas de rebatida e de defesa comparando o modelo com dados colhidos manualmente pelo pai, o Coronel Charles Lindsey, relativos a 6.399 meios tempos de partidas disputadas nas temporadas de 1959 e 1960. Antes de apresentar as conclusões no seu artigo, Lindsey fez a seguinte ressalva: "É preciso reiterar que essas conclusões se aplicam à situação ideal na qual todos os jogadores são "médios".[3]

Esta honestidade levemente exagerada, de considerar seu modelo ao mesmo tempo uma idealização e algo que podia ser útil na prática, é a marca dos modelos matemáticos. Deixar bem claras as suposições é tão importante quando apresentar corretamente os resultados.

Esses recursos matemáticos foram, de modo geral, descobertos por pessoas sem ligação com os esportes; homens e mulheres fascinados pelas estatísticas e interessados em explicá-las. Uma vez que a importância dos números para um dado esporte era reconhecida, essas pessoas passaram a ser chamadas pelos dirigentes para substituir aqueles que não tinham conhecimentos suficientes. No beisebol, esta mudança já ocorreu. No basquete, está em curso e no futebol já começou. O Liverpool FC, que Luke acusou de comprar os dois melhores jogadores do Roma, é propriedade do empresário americano John W. Henry, o homem que contratou Bill James para trabalhar no Boston Red Sox. Quando o Liverpool ganhou a Copa dos Campeões da UEFA de 2019, o *New York Times* entrevistou Henry e seu principal analista, William Spearman, que tem um doutorado em física, a respeito dos seus papéis na conquista.[4] Ao concordar com a entrevista, o clube reconheceu que eles eram pelo menos parcialmente responsáveis pelo progresso do time. O Manchester City, bicampeão da Premier League nas temporadas de 2018 e 2019, conta com uma grande equipe de analistas de dados, o que também acontece com o Barcelona, que conquistou a La Liga de 2019. Outros clubes, como notadamente o Manchester United, parecem não ter assimilado a nova tendência. Aparentemente, seus dirigentes não têm ideia do que Paul Pogba representa para o time.

Fica este recado para os torcedores fanáticos do Manchester City: as mesmas regras que se aplicam a outros aspectos da vida em sociedade se aplicam ao esporte. Os modelos levam à vitória. Os disparates servem apenas para atrapalhar.

*

Quando você se propõe a avaliar o próprio desempenho ou o desempenho de outras pessoas, precisa deixar bem claro quais são as premissas. Qual é o estado das coisas antes e depois do que você se propôs a fazer? Defina quais são os aspectos específicos da vida nos quais você gostaria de melhorar seu desempenho. Talvez você se ressinta de uma falta de conhecimentos de matemática ou ache que devia fazer mais exercícios. Encare com honestidade a situação atual: quantas equações você conhece ou não conhece e quantos quilômetros você corre por semana. Esta é a situação atual. Coloque isso no papel e comece a registrar seu desempenho. Um mês depois, veja como as coisas estão. Para poder aplicar com sucesso a equação do desempenho, é preciso que você seja franco em relação aos compromissos assumidos. Não justifique seus fracassos alegando que você estava tentando atingir outros objetivos e não faça pouco dos seus sucessos deixando-se abater por fracassos em outros setores. Por outro lado, não deixe de reavaliar seus objetivos antes de prosseguir. Pense se os objetivos a que você se propôs inicialmente estão corretos. Não adianta chorar sobre o leite derramado. Use a suposição de Markov para esquecer o passado e se concentrar no futuro.

A conversa com Luke Bornn me fez pensar que existem alguns traços da minha personalidade que podem ser melhorados. Preciso ter mais paciência quando estou lidando com um Sr. "My Way". Quando deixamos de lado a representação caricatural do Sr. "My Way" que eu fiz no início do capítulo, vemos que o Sr. "My Way" tem algo a oferecer. Ele tem experiência e energia. Sabe lidar com as pessoas. Conhece e adora o esporte que pratica. O que posso fazer para que o Sr. "My Way" pare de falar nonsense e preste atenção nos modelos e dados?

Luke me contou que é relativamente comum, quando ele está em uma reunião com olheiros, que a discussão comece com um dos olheiros perguntando sobre um jogador que observou recentemente:

— Você gosta desse cara?

— Gosto, sim — afirma outro olheiro.

— Eu também, ele vai longe — comenta um terceiro.

— Pois eu não gosto dele — diz o primeiro olheiro.

Nesse tipo de situação, Luke tenta usar as estatísticas para levar um pouco de objetividade ao debate. Ele diz ao terceiro olheiro que está convencido de que o jogador vai longe:

— Você viu esse sujeito jogar no dia 22 de novembro e, de acordo com os dados da partida, foi o melhor jogo dele em toda a temporada. Então ...

Desse ponto em diante, a discussão pode tomar um rumo mais racional. Talvez eles possam assistir juntos a um vídeo do jogador em ação e discutir quais são suas qualidades e defeitos.

Uma coisa que impressionou Luke quando ele entrou no mundo dos esportes foi o interesse dos olheiros por qualquer tipo de informação. Como os matemáticos, eles são ávidos por dados. Luke tenta ajudá-los a organizar essas informações na forma de um modelo.

— Procuramos ser honestos em relação aos nossos modelos — observou Luke. — Deixamos bem claro quais são nossas premissas e o que nos propomos a avaliar. Com isso, temos uma base para futuras discussões.

Ele abastece o resto de sua organização com gráficos, tabelas, notícias de jornal e mais qualquer coisa que solicitem. Tenta não usar a palavra "dados" nas conversas, como é costume fazer em debates a respeito do conhecimento humano. Em vez disso, ele se vê como um fornecedor de informações. Luke me perguntou retoricamente:

— Quem não gosta de ter mais informações?

Fiquei surpreso com o modo como ele se considerava uma mera fonte de informações e não pude deixar de comentar:

— Do jeito que está falando, é como se você fosse menos importante que os olheiros ...

— Talvez seja, de certa forma — replicou Luke depois de pensar um pouco. — Não preciso ser a pessoa mais esperta dos Kings. Prefiro ser aquele que torna os outros mais espertos.

A modéstia é, em minha opinião, uma característica dos melhores matemáticos e estatísticos. Lembro-me da minha discussão com Sir David Cox. Quando conversamos sobre o conceito de gênio, ele ficou pensativo.

— Gênio é um termo que não costumo usar — disse ele. — É uma palavra muito forte.

Pensou mais um pouco e prosseguiu:

— Nunca ouvi alguém usar a palavra "gênio", exceto talvez com relação a R.A. Fisher.

Estava se referindo a um estatístico de Cambridge que é considerado o pai da estatística moderna.

— Mesmo assim — acrescentou —, acho que estavam sendo irônicos. Talvez os ingleses pensem diferente, mas considero este termo extremamente exagerado.

Sir David mencionou algumas poucas pessoas que, no seu entender, mereciam ser chamadas de gênios: Picasso, Mozart, Beethoven.

O termo "gênio" é frequentemente usado quando se fala em aplicações da matemática: o gênio de Albert Einstein na física, de John Nash na economia, de Alan Turing na ciência da computação. As contribuições desses indivíduos são certamente meritórias, mas o termo não reflete corretamente o modo como suas contribuições devem ser encaradas. Ele tende a fazer com que essas contribuições pareçam inacessíveis ao homem comum e transforma o matemático em um Sr. "My Way", que se considera mais esperto que o resto da humanidade.

Existem gênios no Barcelona. Eles são Lionel Messi, Sergio Busquets, Samuel Umtiti e alguns outros jogadores. Eles veem coisas que nenhum de nós consegue ver. Suas atuações criam uma arte que poucos são capazes de reproduzir.

Os membros da DEZ não são gênios. Produzimos ideias que podem ser reproduzidas e medidas. Classificamos e organizamos dados. Denunciamos o nonsense. E quando trabalhamos direito fazemos isso sem sermos reconhecidos.

5

A Equação do Influenciador

$$A \cdot \rho_\infty = \rho_\infty$$

Você já pensou na probabilidade de que você seja você e não outra pessoa? Não estou falando em alguém um pouquinho diferente — uma pessoa que não foi à Disneylândia ou não assistiu a todos os filmes de *Star Wars* — E, estou falando de alguém muito diferente: alguém que nasceu em outro país, talvez, ou que viveu em outra época.

Nosso planeta tem aproximadamente 8 bilhões de habitantes. Isso significa que, mesmo deixando de lado a possibilidade de você ter vivido em outra época, a probabilidade de que você seja você é de 1 em 8 bilhões. A probabilidade de acertar 6 números em uma loteria em que os números vão de 1 a 49, como a da Inglaterra, é de aproximadamente 1 em 14 milhões. A probabilidade de acertar na loteria com uma única aposta é 570 vezes *maior* que a probabilidade de que você seja você.

Às vezes eu imagino um universo no qual eu acordo todo dia como uma pessoa escolhida ao acaso. O cálculo acima mostra que podemos esquecer a possibilidade de acordarmos dois dias seguidos como sendo a mesma pessoa — a probabilidade de que isso acontecesse seria 1 em 8 bilhões, mas qual seria a probabilidade de que acordássemos na mesma cidade em que dormimos? A cidade sueca de Uppsala, onde eu moro, tem aproximadamente 200.000 habitantes. Em uma escala global, isso significa que a probabilidade de que eu acordasse aqui seria de apenas 1 em 40.000.

Se eu continuasse minha jornada, acordando como uma pessoa aleatória toda manhã durante os próximos cinquenta anos, a probabilidade de que eu acordasse novamente em Uppsala seria cerca de 50%. A probabilidade de ver novamente o sol nascer na cidade onde moro seria decidida em um jogo de cara ou coroa.

Na minha viagem aleatória, eu passaria um dia em Londres e um dia em Los Angeles a cada dois anos. Visitaria Nova York, Cairo e Mumbai quase uma vez por ano.[1] A grande Tóquio, com uma população de 38 milhões de habitantes, seria meu novo lar duas vezes por ano. Embora a probabilidade de acordar em uma cidade específica continue a ser pequena, seria muito mais provável que eu acordasse em uma região urbana densamente populada do que em uma área rural. O país mais provável seria a China, seguida de perto pela Índia. Se existe alguma estabilidade a ser encontrada em todo o ruído das transferências aleatórias, ela está nesses dois países. Como a China e a Índia, juntas, têm uma população de 2,8 bilhões de habitantes, eu passaria dois dias e meio da semana em um desses países. A África seria meu lar, em média, uma vez por semana, enquanto eu visitaria os Estados Unidos apenas pouco mais de uma vez por mês. Minha jornada, que muito provavelmente nunca me levaria de volta ao ponto de partida, serve para me lembrar de que sou ao mesmo tempo extremamente improvável e absolutamente insignificante.

Agora imagine que, em vez de acordar como uma pessoa escolhida ao acaso na população mundial, eu acorde como uma das pessoas que sigo no Instagram. Não sou um grande usuário da rede social de compartilhamento de fotos, e apenas sigo os poucos amigos que se deram ao trabalho de me procurar, de modo que vou acordar como um deles: talvez um ex-colega do curso secundário ou um amigo de outra universidade. Vou assumir esse corpo por um dia, descobrir como é ser como ele, talvez mesmo enviar uma mensagem para meu antigo eu antes de ir dormir na sua cama e acordar como outra pessoa escolhida ao acaso entre as pessoas que eu sigo.

Pode ser até que eu acorde novamente como David Sumpter. Os usuários típicos do Instagram tendem a seguir 100 a 300 pessoas, de modo que, supondo que eu tenha uma relação mútua (follow/follow back) com todas as pessoas que eu sigo, existe uma chance razoável (cerca de 1 em 200) de que eu volte a passar um dia como eu mesmo. Quer isso aconteça ou não, provavelmente passarei alguns dias viajando pelo meu círculo social, acordando na pele de amigos, amigos de amigos e outras pessoas parecidas comigo em termos de educação e cultura.

De repente, algo acontece que muda minha vida para sempre. Acordo como Cristiano Ronaldo. Bem, talvez não exatamente Ronaldo. Talvez seja Kylie Jenner, Dwayne "The Rock" Johnson ou, possivelmente, Ariana Grande. Embora a celebridade em questão possa variar, minha ascensão ao estrelato está garantida. Menos de uma semana depois de iniciar minha jornada, eu me tornei uma das pessoas mais conhecidas do Instagram. Como essas celebridades, com centenas de milhões de seguidores, são seguidas por quase todas as pessoas do meu círculo social, não vai demorar muito tempo para que eu acorde como uma delas.

Eu posso muito bem permanecer no mundo das celebridades por uma semana ou mais. Cristiano segue Drake, Novak Djokovic, Snoop Dogg e Steph Curry, o que pode me fazer passar de astros do esporte para rappers e vice-versa. De Drake, eu salto para Pharrell Williams e depois para Miley Cyrus. Ela me leva para Willow Smith e Zendaya. Agora estou navegando em um mar de cantores e astros do cinema.

Em seguida, depois de uma quinzena de fama, outra transformação acontece. É ainda mais chocante do que acordar como Snoop Dogg. Uma manhã, depois de passar o dia trabalhando em um filme de ação, acordo como um ex-colega de escola de Dwayne "The Rock" Johnson. A essa altura, eu me dou conta de uma terrível verdade. Estou perdido. A probabilidade de eu voltar a ser David Sumpter é praticamente zero. Não vai levar muito tempo para que eu esteja de volta ao círculo de celebridades, convivendo com os astros e postando fotos do meu corpo seminu. Esses períodos serão intercalados com passagens por artistas do segundo escalão e alguns curtos períodos nos corpos de pessoas comuns antes de retornar ao mundo faiscante do estrelato.

A probabilidade de que eu volte a ser eu mesmo é insignificante — talvez uma em um trilhão, e possivelmente ainda menor. Todas as jornadas pelo Instagram levam às celebridades.

*

A equação mais importante do século XXI é a seguinte:

$$A \cdot \rho_{\infty} = \rho_{\infty} \qquad \text{(Equação 5)}$$

Esqueça os lucros de bilhões de dólares que a regressão logística pode proporcionar nos jogos de azar. A Equação 5 é a base de uma indústria de trilhões de dólares. É a base do Google. É a base da Amazon, do Facebook, do Instagram. É a base de todos os negócios pela Internet. É a criadora das superestrelas e a supressora de tudo que é corriqueiro e trivial. É a padroeira dos influenciadores. É ela que coroa os reis e rainhas das redes sociais. É a causa da nossa necessidade permanente de atenção, da obsessão pela nossa autoimagem, pela nossa frustração e nosso fascínio pela moda e pelos drivers para a avaliação de celebridades. É graças a ela que nos sentimos perdidos em um mar de anúncios e produtos. Ela é responsável por tudo que fazemos online.

Ela é a equação do influenciador.

Você talvez esteja pensando que uma equação tão importante deve ser difícil de explicar ou de compreender. Nada disso. Na verdade, acabei de explicá-la quando imaginei que tinha me tornado Ronaldo, The Rock e Willow Smith. Tudo que precisamos fazer é relacionar os símbolos A (que representa a chamada matriz de conectividade) e ρ_t (um vetor que expressa a probabilidade de ser um dos membros de uma rede social no instante t) à viagem que acabamos de fazer pela população mundial.

Para visualizar as matrizes de conectividade, imagine uma planilha na qual as linhas e colunas são nomes de pessoas. As células desta planilha indicam a probabilidade de acordar no dia seguinte como uma pessoa diferente. Imagine um mundo com apenas cinco pessoas: eu mesmo, The Rock, Selena Gomez e duas pessoas desconhecidas que vou chamar de Wang Fang e Li Wei. Se eu supuser, como fiz no primeiro experimento deste capítulo, que vou acordar todo dia no corpo de uma pessoa escolhida ao acaso, a matriz A terá a seguinte forma:

$$
\begin{array}{c}
\quad\quad\;\; \text{DS} \quad\;\; \text{TR} \quad\;\; \text{SG} \quad\;\; \text{WF} \quad\;\; \text{LW} \\
A = \begin{pmatrix}
1/5 & 1/5 & 1/5 & 1/5 & 1/5 \\
1/5 & 1/5 & 1/5 & 1/5 & 1/5 \\
1/5 & 1/5 & 1/5 & 1/5 & 1/5 \\
1/5 & 1/5 & 1/5 & 1/5 & 1/5 \\
1/5 & 1/5 & 1/5 & 1/5 & 1/5
\end{pmatrix}
\begin{array}{l} \text{DS} \\ \text{TR} \\ \text{SG} \\ \text{WF} \\ \text{LW} \end{array}
\end{array}
$$

As legendas das linhas e colunas são as iniciais dos cinco habitantes do mundo. Todo dia, consulto a coluna da pessoa que estou ocupando, e os números das linhas indicam qual é a probabilidade de que eu seja essa pessoa no dia seguinte. O fato de que todos os números são 1/5 indica que no dia seguinte poderei ser qualquer uma das cinco pessoas (incluindo eu mesmo) com a mesma probabilidade.

Se, por outro lado, eu supuser, como no segundo experimento, que vou acordar no corpo de alguém que estou seguindo no Instagram, a matriz A será diferente. Para tornar esta história mais interessante, vamos supor que The Rock ficou atrapalhado com um problema difícil de matemática e decidiu me seguir no Instagram. Além disso, vamos supor que Selena Gomez encontrou Fang e Wei em uma de suas apresentações, achou que eles eram simpáticos (esqueci-me de dizer que eles são namorados) e começou a segui-los. Todo mundo segue Selena e The Rock, é claro. Agora temos:

$$\begin{array}{cc} & \begin{array}{ccccc} \text{DS} & \text{TR} & \text{SG} & \text{WF} & \text{LW} \end{array} \\ A = & \begin{pmatrix} 0 & 1/2 & 0 & 0 & 0 \\ 1/2 & 0 & 1/3 & 1/3 & 1/3 \\ 1/2 & 1/2 & 0 & 1/3 & 1/3 \\ 0 & 0 & 1/3 & 0 & 1/3 \\ 0 & 0 & 1/3 & 1/3 & 0 \end{pmatrix} \begin{array}{l} \text{DS} \\ \text{TR} \\ \text{SG} \\ \text{WF} \\ \text{LW} \end{array} \end{array}$$

Quando sou David Sumner, há apenas duas pessoas que posso ser amanhã: Selena ou The Rock. Assim, as células que lhes correspondem na minha coluna têm o valor 1/2. O caso de The Rock é semelhante, mas os outros podem se transformar em três pessoas diferentes. A diagonal da matriz é formada por zeros porque não podemos ser a mesma pessoa dois dias seguidos, já que ninguém se segue.

Note que eu usei a suposição de Markov (Equação 4 do Capítulo 4) para criar meu modelo. Supus que a pessoa que eu fui dois dias atrás não tem nenhuma influência sobre quem eu vou ser amanhã. Na verdade, a matriz A também pode ser chamada de cadeia de Markov, porque A nos diz qual será o próximo passo em uma cadeia de eventos que depende unicamente do evento presente.

Vamos agora deixar o tempo passar. Se suponho que, na primeira manhã, acordei como David Sumpter, posso calcular as probabilidades de quem eu vou ser na segunda manhã:

$$\begin{array}{ccccc} DS & TR & SG & WF & LW \end{array} \quad \text{Dia 1} \quad \text{Dia 2}$$

$$\begin{pmatrix} 0 & 1/2 & 0 & 0 & 0 \\ 1/2 & 0 & 1/3 & 1/3 & 1/3 \\ 1/2 & 1/2 & 0 & 1/3 & 1/3 \\ 0 & 0 & 1/3 & 0 & 1/3 \\ 0 & 0 & 1/3 & 1/3 & 0 \end{pmatrix} \cdot \begin{pmatrix} 1 \\ 0 \\ 0 \\ 0 \\ 0 \end{pmatrix} = \begin{pmatrix} 0 \\ 1/2 \\ 1/2 \\ 0 \\ 0 \end{pmatrix}$$

A multiplicação de matrizes é explicada com detalhes em uma nota,[2] mas o importante é notar a diferença entre os números que aparecem nas duas colunas entre parênteses dos dois lados do sinal de igualdade. Essas colunas são chamadas de vetores e cada elemento do vetor contém um número entre 0 e 1 que indica a probabilidade de que eu seja uma pessoa em particular em um determinado dia. No dia 1, eu sou David Sumpter, de modo que meu elemento é 1 e todos os outros elementos são zero. No dia 2, eu sou Selena Gomez ou The Rock (uma das duas pessoas que David Sumpter segue) e, portanto, os elementos do vetor são 1/2 para essas duas pessoas e zero para as outras três.

As coisas começam a ficar interessantes no dia 3. Agora temos:

$$\begin{array}{ccccc} DS & TR & SG & WF & LW \end{array} \quad \text{Dia 2} \quad \text{Dia 3}$$

$$\begin{pmatrix} 0 & 1/2 & 0 & 0 & 0 \\ 1/2 & 0 & 1/3 & 1/3 & 1/3 \\ 1/2 & 1/2 & 0 & 1/3 & 1/3 \\ 0 & 0 & 1/3 & 0 & 1/3 \\ 0 & 0 & 1/3 & 1/3 & 0 \end{pmatrix} \cdot \begin{pmatrix} 0 \\ 1/2 \\ 1/2 \\ 0 \\ 0 \end{pmatrix} = \begin{pmatrix} 1/4 \\ 1/6 \\ 1/4 \\ 1/6 \\ 1/6 \end{pmatrix}$$

Em nosso planeta de cinco pessoas, eu posso acordar como qualquer uma dessas pessoas. É mais provável que eu seja David Sumpter ou Selena Gomez, mas eu também posso, com uma probabilidade de 1/6 cada, ser The Rock ou um dos fãs chineses de Selena. Vamos multiplicar de novo para descobrir quais são as minhas probabilidades no dia 4.

$$\begin{matrix} DS & TR & SG & WF & LW \end{matrix} \quad \text{Dia 3} \quad \text{Dia 4}$$

$$\begin{pmatrix} 0 & 1/2 & 0 & 0 & 0 \\ 1/2 & 0 & 1/3 & 1/3 & 1/3 \\ 1/2 & 1/2 & 0 & 1/3 & 1/3 \\ 0 & 0 & 1/3 & 0 & 1/3 \\ 0 & 0 & 1/3 & 1/3 & 0 \end{pmatrix} \cdot \begin{pmatrix} 1/4 \\ 1/6 \\ 1/4 \\ 1/6 \\ 1/6 \end{pmatrix} = \begin{pmatrix} 6/72 \\ 23/72 \\ 23/72 \\ 10/72 \\ 10/72 \end{pmatrix} \begin{matrix} DS \\ TR \\ SG \\ WF \\ LW \end{matrix}$$

Agora começamos a ver que as celebridades estão levando vantagem. De acordo com os números do vetor para o dia 4, a probabilidade de que eu seja The Rock ou Selena Gomes é 23/72, quase quatro vezes maior que a probabilidade de que eu seja David Sumpter, que é 6/72.

Toda vez que multiplicamos o vetor pela matriz de conectividade *A*, avançamos um dia no futuro. A questão que motivou minhas viagens pela população do mundo foi a seguinte: quanto tempo, em longo prazo, eu vou passar no corpo de cada uma das cinco pessoas?

Esta é a questão respondida pela Equação 5. Para entender o motivo, substituímos as matrizes e vetores por símbolos. Já vimos que a matriz é chamada de *A*. Vamos chamar os vetores em dois dias sucessivos de ρ_t e ρ_{t+1}. Nesse caso, podemos escrever:

$$A \cdot \rho_t = \rho_{t+1}$$

Até agora, sabemos que

$$\rho_1 = \begin{pmatrix} 1 \\ 0 \\ 0 \\ 0 \\ 0 \end{pmatrix}, \rho_2 = \begin{pmatrix} 0 \\ 1/2 \\ 1/2 \\ 0 \\ 0 \end{pmatrix}, \rho_3 = \begin{pmatrix} 1/4 \\ 1/6 \\ 1/4 \\ 1/6 \\ 1/6 \end{pmatrix} \text{ and } \rho_4 = \begin{pmatrix} 6/72 \\ 23/72 \\ 23/72 \\ 10/72 \\ 10/72 \end{pmatrix}$$

Vamos agora voltar à Equação 5 que vou repetir aqui:

$$A \cdot \rho_\infty = \rho_\infty$$

Note que tanto o t como o $t+1$ foram substituídos pelo símbolo de infinito, ∞. Com isso estamos dizendo que, em longo prazo, não há diferença entre t e $t + 1$. Pense no que isso significa. A ideia é que, depois que eu tiver passado um número muito grande de dias mudando de corpo, as probabilidades de que eu me transfira para corpos diferentes serão sempre as mesmas, indicadas por ρ. Chamamos ρ_∞ de distribuição estacionária porque é uma distribuição que se tornou permanente.

A Equação 5 fornece a probabilidade de que vou acordar como uma pessoa em particular no futuro distante. A única coisa que resta fazer é resolver a equação. Para o universo de cinco pessoas em que eu resido atualmente, o resultado é o seguinte:

$$\begin{pmatrix} 0 & 1/2 & 0 & 0 & 0 \\ 1/2 & 0 & 1/3 & 1/3 & 1/3 \\ 1/2 & 1/2 & 0 & 1/3 & 1/3 \\ 0 & 0 & 1/3 & 0 & 1/3 \\ 0 & 0 & 1/3 & 1/3 & 0 \end{pmatrix} \cdot \begin{pmatrix} 8/60 \\ 16/60 \\ 18/60 \\ 9/60 \\ 9/60 \end{pmatrix} = \begin{pmatrix} 8/60 \\ 16/60 \\ 18/60 \\ 9/60 \\ 9/60 \end{pmatrix} \quad \begin{matrix} \text{David Sumpter} \\ \text{The Rock} \\ \text{Selena Gomez} \\ \text{Wang Fang} \\ \text{Li Wei} \end{matrix}$$

Note que os vetores do lado esquerdo e do lado direito do sinal de igual são idênticos. Isso significa que toda vez que eu multiplicar um desses vetores pela matriz de transição A vou obter o mesmo resultado. Estas são as probabilidades de que eu me torne, em longo prazo, cada uma das pessoas.

Qual é a conclusão? É duas vezes mais provável que acorde como The Rock que como David Sumpter e ainda mais provável que eu acorde como Selena Gomez. É também mais provável que eu acorde como Wang Fang ou Li Wei que como David, mas a diferença é muito pequena. Podemos virar essas probabilidades de cabeça para baixo a fim de ver quantos dias vou passar no corpo de cada pessoa; sessenta dias correspondem a aproximadamente dois meses; a distribuição estacionária me diz que a cada dois meses vou passar 8 dias como David, 16 como The Rock, 18 como Selena, 9 dias como Fang e 9 dias como Wei, o que quer dizer que, no futuro distante, vou passar mais da metade da minha vida como uma celebridade.

*

Obviamente não acordamos de manhã na cama de outras pessoas, mas o Instagram nos permite observar a vida de outras pessoas. Cada foto que baixamos é um momento na vida da pessoa que estamos seguindo, uns poucos segundos nos quais experimentamos como é ser alguém diferente de nós.

O Twitter, o Facebook e o Snapchat também nos permitem disseminar informações e influenciar as ideias e os sentimentos das pessoas que nos seguem. A distribuição estacionária, ρ_∞, mede esta influência, não apenas em termos de quem segue quem, mas também em termos de quão rapidamente um meme é disseminado entre os usuários. As pessoas com um número alto no vetor ρ_∞ são mais influentes e disseminam os memes mais depressa. As pessoas com um número baixo em ρ_∞ são menos influentes.

É por isso que a Equação 5, a equação do influenciador, tem sido tão valiosa para os gigantes da Internet. Ela mostra a eles quem são as pessoas mais importantes da rede sem que a empresa precise saber quem são essas pessoas ou o que fazem. Medir a influência das pessoas se reduz a uma operação de álgebra matricial que um computador executa de forma mecânica e imparcial.

A primeira empresa a usar a equação do influenciador foi o Google, com seu algoritmo PageRank, lançado pouco antes da virada do século. Ele calculava as distribuições estacionárias dos sites da Internet supondo que os usuários clicavam aleatoriamente nos links dos sites que visitavam para escolherem o site seguinte a ser visitado. Os sites com valores elevados de ρ_∞ eram colocados nas primeiras posições dos resultados de buscas. Mais ou menos na mesma época, a Amazon começou a montar uma matriz de conectividade A para seu uso próprio. Livros e mais tarde brinquedos, filmes, eletrodomésticos e outros produtos que eram comprados juntos eram associados por meio da matriz. Identificando ligações fortes na matriz, a Amazon podia gerar recomendações personalizadas para os usuários, as sugestões rotuladas como "Inspirado por suas compras". O Twitter usa a distribuição estacionária da sua rede para sugerir as pessoas que você deve seguir. O Facebook usa a mesma ideia para compartilhar notícias, e o YouTube para recomendar vídeos. Com o tempo, esta abordagem evoluiu e novos detalhes foram acrescentados, mas as ferramentas básicas para identificar os influenciadores nas redes sociais continuam a ser a matriz de conectividade *A* e a distribuição estacionária ρ_∞.

Durante as últimas duas décadas, isto levou a uma consequência inesperada. Um sistema que foi criado com o objetivo de medir influência passou a ser usado para *criar* influência. Algoritmos baseados na equação do influenciador decidem quais são as postagens que, devem aparecer com destaque nas redes sociais. A ideia é que se uma pessoa é popular, muita gente está interessada no que ela tem a dizer. O resultado é um feedback positivo. Quanto mais influente é uma pessoa, maior a prioridade atribuída a ela pelo algoritmo, o que aumenta sua influência.

Um ex-empregado do Instagram me contou que, no início, os fundadores da empresa se mostravam muito relutantes em usar algoritmos matemáticos em seu negócio.

— Eles viam o Instagram como uma rede pessoal ligada à arte e consideravam os algoritmos excessivamente frios — explicou.

A plataforma era para amigos trocarem fotografias. Isso tudo mudou quando o Instagram foi comprado pelo Facebook.

— Nos últimos anos, a plataforma mudou drasticamente. Um por cento dos usuários tem 90% dos seguidores — afirmou o meu contato.

Em vez de encorajar os usuários a seguir apenas os amigos, a empresa começou a usar a equação do influenciador na sua rede social. Ela passou a promover as contas mais populares. O feedback positivo entrou em ação e as contas das celebridades cresceram cada vez mais. A plataforma também cresceu, chegando a mais de 1 bilhão de usuários. Como todas as outras redes sociais, depois que o Instagram começou a usar a equação do influenciador, sua popularidade disparou.

*

A matemática usada em nossas redes sociais já existia muito antes da criação dos aplicativos. A equação do influenciador não foi inventada pelo Google, ela teve origem no trabalho de Markov, que usou sua suposição como forma de estudar cadeias de estados em que cada um depende apenas do anterior, como aconteceu em minha jornada aleatória pelo universo de cinco pessoas.

Quando eu resolvi a Equação 5 para meu pequeno mundo, fui um pouco preguiçoso. Cheguei à resposta — o tempo que eu passaria no corpo de cada pessoa em longo prazo — multiplicando o vetor ρ_t pela matriz A até que ele deixasse de variar. Foi assim que cheguei a ρ_∞. O método permite chegar à solução correta, porém não é muito elegante, além de não ser prático no caso de grande número de elementos do vetor ρ_∞. Há mais de cem anos, dois matemáticos, Oskar Perron e Georg Frobenius, mostraram que para toda cadeia de Markov gerada por uma matriz *A* existem uma e apenas uma distribuição estacionária ρ_∞. Assim, seja qual for a estrutura de uma rede social, sempre é possível calcular quanto tempo vamos passar com cada pessoa se navegarmos aleatoriamente pela rede. A distribuição estacionária pode ser obtida usando uma técnica chamada eliminação gaussiana, um método que, como a curva normal, é atribuído a Carl Friedrich Gauss, mas, na verdade, já era conhecido desde a antiguidade. Os matemáticos chineses vêm usando a eliminação gaussiana há mais de dois milênios. O método envolve escolher um pivô e mudar a ordem das linhas da matriz *A* para encontrar a solução ρ_∞, o que torna o cálculo rápido e eficiente, mesmo para redes com milhões de usuários.

Durante todo o século XX, a DEZ coletou resultados a respeito das propriedades de redes em um campo de pesquisa conhecido como teoria dos grafos. Já em 1922, Udny Yule descreveu a matemática que explica o aumento da popularidade do Instagram em termos de um processo que mais tarde foi chamado de "ligação preferencial": quanto mais seguidores uma pessoa tem, mais pessoas ela atrai e maior a chance de se tornar uma celebridade. No início do século XXI, pouco antes da criação do Facebook, a mesma área de pesquisa teve um grande desenvolvimento e ficou conhecida como ciência das redes: ela passou a ser usada para descrever a disseminação dos memes e das fake news, o modo como as redes sociais deram origem a um mundo no qual todas as pessoas estão ligadas no máximo por seis graus de separação e a tendência para a radicalização.[3]

A DEZ estava preparada. Seus membros estavam entre os fundadores e os primeiros empregados dos futuros gigantes das redes sociais. A equação do influenciador desempenhou um papel importante nesse tipo de negócio. Os salários oferecidos às pessoas com experiência na área eram suficientes para atrair até os membros mais idealistas da sociedade. Ainda mais importante era o fato de que esse tipo de ocupação lhes proporcionava a oportunidade de pensar de forma criativa, de imaginar novos modelos e testá-los na prática.

Os membros da DEZ logo receberam a missão de descobrir qual era o efeito das redes sociais sobre a população. Eles manipularam as mensagens do Facebook para verificar qual seria a reação dos usuários se recebessem apenas notícias negativas; criaram campanhas para estimular as pessoas a votar nas eleições; instalaram um filtro para que as pessoas vissem mais notícias relativos aos assuntos nos quais estavam interessadas. Eles passaram a controlar o que nós vemos, decidindo se vamos ver preferencialmente mensagens de amigos, notícias (falsas e verdadeiras), celebridades ou anúncios. Foram os membros da DEZ que se tornaram os influenciadores, não pelo que dizem, mas pelas decisões que tomam sobre o que chega até nós. Eles sabem mais a nosso respeito do que nós mesmos...

*

Seus amigos provavelmente são mais populares do que você. Não sei absolutamente nada a seu respeito como pessoa e não quero ser injusto, mas posso afirmar isso sem pestanejar.

De acordo com o teorema matemático conhecido como paradoxo da amizade, a maioria das pessoas em todas as redes sociais, incluindo o Facebook, o Twitter e o Instagram, são menos populares que os amigos.[4] Vou dar um exemplo. Suponha que removemos The Rock da rede social que discutimos há pouco. Agora temos quatro pessoas: eu, Selena Gomez, Fang e Wei — com 0, 3, 2 e 2 seguidores, respectivamente. Fang e Wei estão provavelmente se sentindo populares com apenas um seguidor a menos do que Gomez, mas tenho uma surpresa para eles. Peço a eles para contar o número médio de seguidores dos amigos de cada pessoa da rede. Sigo apenas Selena Gomez e ela tem 3 seguidores, de modo que o número médio de seguidores dos meus amigos é 3. Já Gomez segue 2 pessoas, ambas tendo 2 seguidores, de modo que o número médio dos seus seguidores é 2. Fang e Wei seguem um ao outro e seguem Gomez, de modo que o número médio dos seguidores dos seus amigos é 2,5. Assim, o número médio de seguidores de amigos nesta rede é (3 + 2 + 2,5 + 2,5)/4 = 2,5. Isso quer dizer que apenas Selena Gomez tem mais seguidores que seus amigos. Fang e Wei, como eu, estão abaixo da média.

O paradoxo da amizade tem origem na diferença entre escolher uma pessoa ao acaso e escolher uma relação de amizade ao acaso (veja a Figura 5). Vamos começar escolhendo uma pessoa totalmente ao acaso. O número esperado, ou número médio, de seguidores em uma rede é a soma dos números de seguidores de todas as pessoas dividido pelo número total de pessoas da rede. No Facebook, esse número é da ordem de 200. No caso da rede que estamos considerando, o número médio de seguidores é (0 + 3 + 2 + 2)/4 = 1,75. Vamos chamar este número de média de ligações de entrada para os nós (pessoas) do grafo (a rede social). Já mostramos que o número médio de seguidores de amigos para esta rede é 2,5, um número maior que 1,75, o número médio de seguidores.

O resultado continua a ser válido se colocarmos The Rock de volta na rede. Na verdade, ele se aplica até mesmo se Selena Gomez passar a me seguir. É fácil provar que o paradoxo da amizade é verdadeiro no caso em que cada membro da rede segue exatamente o mesmo número de pessoas. Escolha uma pessoa ao acaso na rede e escolha alguém que a pessoa segue. Agora raciocine. Ao escolher duas pessoas conectadas, o que estamos fazendo é escolher ao acaso uma ligação dentre todas as ligações entre as pessoas da rede. Na teoria dos grafos, essas ligações são chamadas de arestas do grafo. Como as pessoas populares têm (por definição) um número maior de arestas ligadas ao seu nó, existe uma probabilidade maior de encontrar uma pessoa popular em uma das extremidades de uma aresta escolhida ao acaso do que encontrar uma pessoa popular se tivéssemos simplesmente escolhido uma pessoa ao acaso. Assim, um amigo escolhido aleatoriamente de uma pessoa também assim escolhida (a pessoa do outro lado da aresta) provavelmente tem mais amigos que uma pessoa escolhida ao acaso, o que demonstra o paradoxo da amizade.[5]

Esta é a teoria matemática. Será que este resultado é confirmado na prática? Kristina Lerman, Professora Associada de Pesquisa da Universidade do Sul da Califórnia, decidiu investigar. Lerman e seus colaboradores examinaram a lista de usuários do Twitter em 2009 (época em que a rede social ainda estava começando e tinha apenas 5,8 milhões de usuários) e fez um levantamento das relações entre os seguidores.[6] Eles descobriram que as pessoas seguidas por um usuário típico do Twitter tinham, em média, dez vezes mais seguidores do que o usuário. Apenas 2% dos usuários eram mais populares do que as pessoas que seguiam.

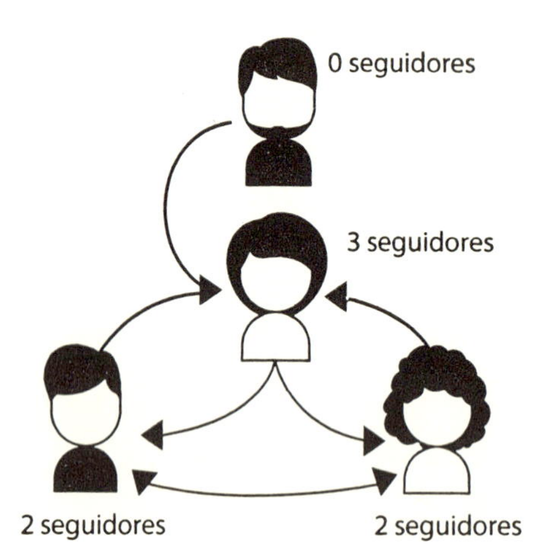

O número médio de seguidores é (0+3+2+2)/4 = 1,75.

O número médio de seguidores das pessoas seguidas é (3+2+2,5+2,5)/4 = 2,5.

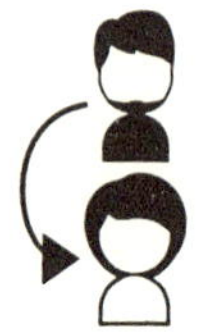

David segue Selena, que tem 3 seguidores.

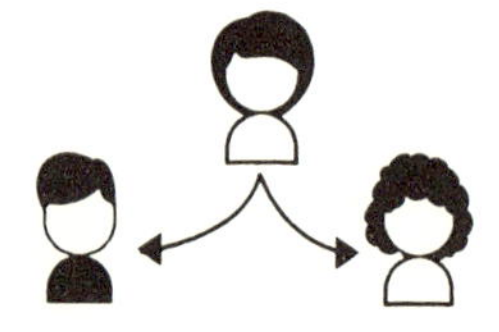

Selena segue Fang e Wei, que têm 2 seguidores cada um.

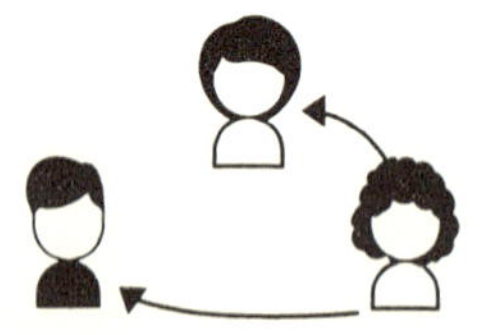

Fang segue Selena e Wei, que têm uma média de 2,5 seguidores.

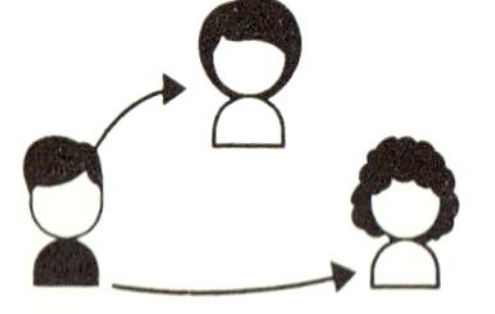

Wei segue Selena e Fang, que têm uma média de 2,5 seguidores.

Figura 5: O Paradoxo da Amizade para quatro pessoas.

Lerman e seus colaboradores descobriram outro fato que parece ainda mais contraintuitivo. Eles descobriram que os seguidores de um usuário do Twitter escolhido ao acaso tinham, em média, vinte vezes mais seguidores! Embora possa parecer razoável que as pessoas que seguimos sejam populares — muitas delas, afinal, são celebridades —, é muito mais difícil entender por que as pessoas que nos seguem são mais populares do que nós. Se elas estão seguindo *você*, como podem ser mais populares? Não parece justo.

A resposta está em nossa tendência de criar relações mútuas seguidor/seguido. Existe uma pressão social para seguir quem nos segue. Parece falta de consideração deixar de retribuir o interesse de alguém. Na média, as pessoas que seguem você no Instagram ou pedem para ser suas amigas no Facebook também enviam pedidos semelhantes a outras pessoas. O resultado é que essas pessoas estabelecem um número maior de ligações na rede social. Pior ainda. Os pesquisadores descobriram que seus amigos postam mais mensagens, conseguem mais curtidas e também mais compartilhamentos, além de terem mais seguidores do que você.

Uma vez que você aceite a inevitabilidade matemática de não ser popular, sua relação com as redes sociais deve melhorar. Você não está sozinho. De acordo com as estimativas de Kristina Lerman e colaboradores, 99% dos usuários do Twitter estão na mesma situação. Na verdade, as pessoas populares podem estar em uma situação ainda pior. Pense bem. Na busca incansável por uma posição melhor nas redes sociais, esses arrivistas estabelecem relações mútuas com pessoas mais bem-sucedidas. Quanto mais eles fazem isso, mas se veem cercados por pessoas mais populares. É um pequeno consolo, mas às vezes é bom saber que mesmo aqueles que parecem bem-sucedidos se sentem provavelmente como você. Com a possível exceção de Piers Morgan e J.K. Rowling, os outros 1% de usuários do Twitter são contas de celebridades gerenciadas por especialistas em relações públicas ou, provavelmente, pessoas que não fazem mais nada a não ser postar mensagens.

*

Não vou ser uma dessas pessoas que aconselham você a sair das redes sociais. O mantra do matemático é jamais desistir. Em vez disso, dividem o mundo em três componentes: dados, modelos e nonsense.

Recomendo que você comece hoje mesmo. A primeira coisa a fazer é examinar os dados. Verifique quantos seguidores ou amigos mútuos seus amigos têm no Facebook ou no Instagram. Acabo de fazer isso no Facebook e descobri que 64% dos meus amigos são mais populares do que eu. Em seguida, pense no modelo. A popularidade nas redes sociais é gerada por uma realimentação positiva na qual pessoas que já são populares buscam e conseguem novos seguidores. É uma ilusão estatística gerada pelo paradoxo da amizade. Finalmente, deixe de lado o nonsense. Não sinta pena de si mesmo ou ciúme dos outros: reconheça que nós todos somos parte de uma rede que distorce nossa autoestima de várias formas diferentes.

Os psicólogos escrevem e falam a respeito de distorções cognitivas, nas quais indivíduos ou sociedades experimentam uma realidade subjetiva que não está de acordo com os fatos concretos. A lista dessas distorções está crescendo: a falácia da maré de sorte, o efeito manada, o viés da sobrevivência e o da confirmação, o efeito contraste. Os membros da DEZ não negam a existência dessas distorções, mas, para eles, as limitações da psicologia humana não são o ponto mais importante. A questão é como remover o filtro e ver o mundo com mais clareza. Para isso, criam cenários hipotéticos. E se eu acordasse todo dia no corpo de outra pessoa? E se eu pudesse viajar pelo Snapchat como um meme da Internet? E se eu só lesse as notícias que aparecem no Facebook e visse apenas os filmes recomendados pelo Netflix? Que ideia eu faria do mundo? Qual a diferença entre esse mundo e um mundo mais próximo da realidade em que eu procuro diferentes fontes de informação?

A DEZ o convida a imaginar cenários insólitos, fantasiosos. Esses cenários podem se tornar modelos matemáticos. Cada modelo dá origem a um ciclo. O modelo é comparado com dados e os dados, são usados para refinar o modelo. Devagar, mas com segurança, os membros da DEZ removem o filtro e revelam nossa realidade social.

*

Lina e Michaela abrem suas contas no Instagram e me mostram os celulares.

— Isso aí é um anúncio ou selfie? — pergunto a Lina.

Lina está me mostrando a imagem de um empregado de uma padaria das vizinhanças segurando uma bandeja cheia de bolinhos em forma de coração. A ideia, obviamente, é atrair fregueses para a padaria. Ela responde que é um selfie, mas classificou a conta como sendo de uma empresa comercial.

Lina e Michaela estão trabalhando no projeto final do seu curso de graduação em matemática.[7] Elas estão estudando a forma como o Instagram apresenta a elas o mundo. Pouco antes de iniciarem o projeto, o Instagram atualizou — mais uma vez — o algoritmo que decide em que ordem as imagens devem ser apresentadas. A empresa afirmou que o enfoque tinha mudado no sentido de dar prioridade a fotos de amigos e da família.

Em consequência, muitos influenciadores se sentiram prejudicados. A instagrammer sueca e guru das redes sociais Anitha Clemence (quase 65.000 seguidores na época da impressão deste livro) declarou:

— É psicologicamente estressante ver meus seguidores desaparecerem. Tenho quase 40 anos; como deve estar sendo para os jovens influenciadores?[8]

Clemence argumenta que estava trabalhando duro "para [seus] seguidores", e o novo algoritmo estava impedindo que suas mensagens chegassem a eles. Para testar os limites, ela postou uma foto de si mesma com seu novo parceiro que podia ser interpretada erroneamente como se estivesse mostrando que ela estava grávida. A foto foi amplamente divulgada na plataforma antes que Clemence revelasse que seu objetivo era testar que tipo de fotos era encarado como sendo de alta prioridade. Uma mulher revelar que está grávida, aparentemente, era o tipo de comunicação considerada importante pelo algoritmo do Instagram.

Embora a reação a uma imagem de falsa gravidez não seja muita coisa, podemos dizer que Clemence executou um tipo de experimento. Kelley Cotter, da Universidade Estadual do Michigan, descobriu que muitos influenciadores do Instagram estão tentando compreender e manipular o algoritmo.[9] Eles discutem abertamente os custos e benefícios de curtir e comentar o maior número possível de postagens, escolher as melhores horas para postar e executar testes A/B de diferentes estratégias (lembre-se da equação do jogador). Alguns influenciadores desconfiam que o site está discriminando suas postagens, colocando-as no final das listas de mensagens dos seus seguidores. Quando o Instagram mudou seu algoritmo, muitos influenciadores entraram nas redes sociais para declarar #RIPInstagram.

Lina e Michaela estão planejando investigar mais a fundo o algoritmo do Instagram a partir de sua posição de usuárias típicas. No mês que vem, vão abrir suas contas apenas uma vez por dia, às 10 horas da manhã, verificar a ordem na qual as imagens são apresentadas e anotar o tipo de postagem e a identidade do remetente. Desta forma, podem testar a hipótese dos influenciadores de que estão sendo prejudicados pelo algoritmo.

— Acho que abrir o Instagram com menos frequência vai ser bom para nós — afirma Michaela, referindo-se ao fato de que decidiram coletar dados (ver as postagens) apenas uma vez por dia. Como muitos de nós, essas duas jovens costumam acessar as redes sociais mais do que gostariam.

O desafio está em submeter o algoritmo do Instagram a uma engenharia reversa: descobrir o que (se for o caso) o Instagram está escondendo do público. Na matemática, isto é chamado de problema inverso e é usado, por exemplo, na interpretação de radiografias. Na tomografia computadorizada (TC), o paciente fica deitado no interior de um tubo enquanto uma fonte giratória de raios X executa uma série de radiografias. Os raios X são absorvidos por substâncias densas, o que permite obter uma imagem dos ossos, dos pulmões, do cérebro e de outras estruturas internas do nosso corpo. O problema inverso no caso dos raios X consiste em combinar imagens obtidas para vários ângulos de incidência dos raios X de modo a obter uma imagem tridimensional de nossos órgãos internos. A técnica matemática envolvida neste processo, conhecida como transformada de Radon, converte uma sequência de imagens bidimensionais em uma imagem tridimensional extremamente precisa.

Não dispomos de uma transformada de Radon para redes sociais, mas podemos usar a Equação 5 para ter uma boa ideia de como as redes sociais absorvem e alteram as informações sociais. Para submeter o processo de triagem de dados do Instagram a uma engenharia reversa, Lina e Michaela usaram um método estatístico conhecido como método bootstrap. Todo dia, elas separavam as primeiras 100 mensagens enviadas pelo Instagram e as misturavam aleatoriamente para criar uma nova ordem. Repetiam a operação 10.000 vezes para criar uma distribuição semelhante à que teria ocorrido se a Instagram tivesse encaminhado as postagens do dia em ordem aleatória sem dar prioridade a nenhum tipo especial de postagem. Comparando a posição dos influenciadores no envio do Instagram com esses envios simulados, podiam verificar se os influenciadores haviam sido favorecidos ou prejudicados nos envios do Instagram.

Os resultados não confirmaram as queixas dos influenciadores. Não havia nenhuma indicação de que as postagens dos influenciadores tivessem recebido baixa prioridade. A posição de suas postagens nas listas fornecidas pelo Instagram não era estatisticamente diferente na posição das listas geradas aleatoriamente. O Instagram, aparentemente, estava tratando os influenciadores de forma imparcial. Por outro lado, ele priorizava fortemente algumas contas: as mensagens dos amigos e parentes eram colocadas no alto da lista. O Instagram não estava reduzindo a influência dos influenciadores, mas estava aumentando a influência dos amigos e da família, o que tinha como consequência deslocar as outras contas para posições inferiores, a não ser que pagassem como anunciantes.

O que foi mais revelador na campanha do #RIPInstagram foi a sensação de insegurança por parte dos influenciadores. De repente, eles perceberam que não tinham tanto controle quanto imaginavam sobre as suas posições sociais. Suas posições tinham sido criadas por um algoritmo que promovia a popularidade, e agora estavam sendo ameaçados por um novo algoritmo que privilegiava amigos e parentes.

Esta pesquisa revelou que os verdadeiros influenciadores das redes sociais não são aqueles que tiram fotos de suas comidas e seus estilos de vida, mas sim os programadores do Google, Facebook e Instagram que criam os filtros através dos quais vemos o mundo. São eles que decidem o que e quem é popular.

Para Lina e Michaela, o experimento foi terapêutico. Lina me disse que ele mudou seu modo de encarar o Instagram. Ela acha que agora está usando melhor o tempo que passa usando o aplicativo.

— Em vez de rolar a lista à procura de algo interessante paro depois de ver as postagens dos amigos. Sei que não há nada que preste no resto da lista — afirmou.

A equação do influenciador não se aplica a uma rede social em particular, mas a todas. O poder da equação está em revelar que forma a estrutura das redes afeta o modo de enxergarmos o mundo. Quando estamos procurando um produto na Amazon, somos incluídos na rede de popularidade "Inspirado por suas compras" na qual os produtos mais populares são mostrados primeiro. Quando você está no Twitter, a rede combina opiniões extremistas com uma chance de que suas opiniões sejam contestadas por pessoas do mundo inteiro. No Instagram, você é cercado por amigos e parentes e poupado de notícias e opiniões. Use a Equação 5 para descobrir quem e aquilo que o estão influenciando. Escreva uma matriz de conectividade para sua rede social e veja quem está em seu mundo da Internet e quem não está. Pense no modo como a rede afeta a sua autoimagem e controla as informações a que você tem acesso. Explore a Internet e veja como ela está afetando seus amigos e conhecidos.

*

Daqui a alguns anos, Lina e Michaela, que pretendem ser professoras de matemática, estarão explicando aos adolescentes como os algoritmos dentro do celular filtram a nossa visão do mundo. Para a maioria dos jovens, esta lição os ajudará a lidar com a rede social complexa na qual estão imersos. Entretanto, um pequeno grupo de estudantes verá outra possibilidade — uma carreira em potencial. Eles vão estudar com afinco, aprender muita matemática e mergulhar nos mistérios dos algoritmos usados pelo Google, Instagram e outros. Alguns desses jovens podem ir ainda mais longe e se tornar parte da elite rica e poderosa que controla o modo como a informação é apresentada à humanidade.

Em 2001, Larry Page, um dos fundadores do Google, teve uma patente aprovada para o uso da Equação 5 em buscas da Internet.[10] A patente pertencia originalmente à Universidade Stanford, onde Page estava trabalhando na época, e foi comprada pelo Google por 1,8 milhão de ações da empresa. A Stanford vendeu as ações por 336 milhões de dólares em 2005. Hoje em dia, elas valeriam dez vezes mais. A aplicação da Equação 5 é apenas uma das muitas patentes do Google, Facebook e Yahoo para aplicações da matemática do século XX à Internet. A teoria dos gráficos vale bilhões para os gigantes da tecnologia que aprenderam a usá-la.

O fato de que fórmulas matemáticas, escritas quase cem anos antes que essas patentes fossem depositadas, podem ser propriedade de uma universidade ou empresa parece não estar de acordo com o espírito da DEZ. Os membros sempre tiveram segredos, mas eles, em geral, foram compartilhados com qualquer um que estivesse interessado em aprendê-los. A sociedade não tem princípios que impeçam seus membros de ocultarem suas descobertas ou auferirem lucros excessivos a partir de conhecimentos industriosamente coletados?

A resposta a essa pergunta está longe de ser óbvia ...

6

A Equação do Mercado

$$dX = h \cdot dt + f(X)dt + \sigma \cdot \epsilon_t$$

A divisão do mundo em modelos, dados e nonsense proporcionou aos membros da DEZ uma sensação de segurança. Eles não precisavam mais se preocupar com as consequências; bastava colocarem em prática suas habilidades. Eles transformaram todos os problemas em números e dados. Deixaram claras as suposições. Responderam racionalmente a todos os questionamentos.

Inicialmente, os membros da DEZ trabalharam no serviço público e em órgãos de pesquisa do governo. Nas décadas de 1940 e 1950, continuaram o trabalho de Richard Price, formulando planos de seguro em vários países e assegurando serviços de saúde para todos. Foi nessa época que David Cox trabalhou na indústria têxtil, usando a matemática para fomentar o crescimento industrial. Nas décadas de 1960 e 1970, os membros da DEZ assumiram posições em institutos de pesquisa, como Bell Labs em Nova Jersey, e NASA, órgãos de defesa nacional em países dos dois lados da Guerra Fria e também em grandes universidades e think tanks, como a RAND Corporation. Vastas consolidações de conhecimentos aconteceram nesses grupos de elite. Durante as décadas de 1980 e 1990, a indústria financeira entrou em cena, recrutando membros da DEZ para gerenciar seus fundos.

Libertada do nonsense, a sociedade acreditava que poderia resolver sozinha os problemas no mundo. Os ricos e poderosos concordaram, pagando altos salários a quem administrava seus fundos de investimentos.

Os governos recorriam a membros da sociedade para planejar a questão econômica e social dos seus países. Órgãos intergovernamentais usaram seus serviços para prever mudanças climáticas e estabelecer metas de desenvolvimento.

Os matemáticos da DEZ, porém, tinham se esquecido de uma coisa, algo que A.J. Ayer deixara claro em *Language, Truth and Logic*, mas não tinha sido tão bem compreendido quanto outras ideias do positivismo lógico que estava comandando o progresso da sociedade. Quando Ayer usou o princípio da verificação para distinguir a matemática e a ciência do nonsense, descobriu que a categoria do nonsense era muito mais vasta do que os cientistas estavam dispostos a admitir. Ele mostrou que a moral e a ética também eram nonsense.

Ayer provou esta tese por etapas. Começou por classificar as verdades religiosas. Ele mostrou que a existência de Deus não podia ser verificada; não havia nenhum experimento capaz de revelar a presença do Todo-Poderoso. Ele escreveu que um crente pode afirmar que Deus é um mistério que transcende o conhecimento humano, que a crença é um ato de fé ou que Deus é um objeto de intuição mística. Para Ayer, não havia problema como essas alegações, contanto que a pessoa de fé estivesse disposta a admitir que pertencessem à categoria do nonsense. Os crentes não deviam nem podiam afirmar que Deus ou qualquer outra entidade sobrenatural desempenhava um papel no mundo observável. As convicções religiosas de um indivíduo e os ensinamentos de um profeta religioso não podem ser comparados com dados concretos e, portanto, não podem ser testados. Ou, se uma pessoa religiosa afirma que suas crenças podem ser verificadas, elas podem ser comparadas com dados concretos e (com alta probabilidade) consideradas falsas. A religião é nonsense.

Até este ponto, a maioria dos membros da DEZ compreendia e aceitava o discurso de Ayer, pois estava de acordo com suas convicções. Eles já haviam rejeitado milagres e não precisavam mais de um Deus. Mas Ayer foi mais longe. Ele lidou com os ateus que combatiam as crenças religiosas com a mesma isenção com a qual lidava com os crentes. Os ateus estavam lutando contra o nonsense e eles próprios podiam ser acusados de pregar o nonsense. As únicas afirmações empiricamente válidas a respeito das religiões envolviam uma análise dos aspectos psicológicos das pessoas de fé e/ou do papel da religião na sociedade. Combater as crenças religiosas era tão sem sentido quanto defendê-las.

A coisa não parou aí. Ayer rejeitou também o argumento utilitário, apresentado por outros membros do Círculo de Viena, de que devemos trabalhar em prol da felicidade geral. Ele sustentou que é impossível usar a ciência para decidir o que é "bom" ou "virtuoso" ou determinar, usando uma equação, qual é a melhor forma de equilibrar a felicidade presente com a prosperidade futura. Podemos modelar a taxa com a qual os cassinos tomam dinheiro de apostadores que se endividam cada vez mais, mas não podemos usar nosso modelo para dizer que é errado que os apostadores façam o que, quiserem com seu dinheiro. Um climatologista pode afirmar que "se não reduzirmos as emissões de CO_2, as gerações futuras terão de lidar com um clima instável e uma escassez de alimentos", mas isso não quer dizer que seja certo ou errado otimizar nossa vida hoje ou fazer sacrifícios em prol do bem-estar dos nossos netos. Para Ayer, todas as exortações que envolvem valores morais, como "devemos ajudar os outros", "devemos contribuir para o bem comum", "temos o dever moral de preservar o mundo para as futuras gerações" e "os resultados matemáticos não devem ser patenteados", são expressões de sentimentos que constituem a área de estudo dos psicólogos e podem ser consideradas nonsense do ponto de vista lógico.

Segundo Ayer, sentimentos individualistas, como "a ganância é uma coisa boa" e "cada um por si" também, não podem ser testados empiricamente. Assim, devem ser classificados como nonsense, embora seja um nonsense profundamente arraigado em nosso psiquismo. Não há meio de comparar essas afirmações com dados concretos, a não ser discutindo o sucesso financeiro e social das pessoas que seguem essas máximas. Podemos modelar os fatores que levam uma pessoa a ficar rica ou famosa. Podemos estudar a personalidade dessa pessoa. Podemos discutir se esses traços são uma consequência da seleção natural. O que não podemos é usar a matemática para provar que certos valores são intrinsecamente bons ou virtuosos. O princípio da verificabilidade, que tinha ajudado os membros da DEZ a modelar o mundo, se revelou inútil na hora de resolver questões morais.

Se a DEZ não tinha nenhuma resposta para o problema da moralidade, de onde vinha a certeza de que estava no caminho certo? Na ausência de uma diretriz moral, a que interesses estava realmente servindo? Será que estava mesmo trilhando o caminho proposto por Richard Price?

*

Eu estava sentado em uma mesa de um dos melhores restaurantes de Hong Kong olhando pela janela para a baía. Um dos maiores bancos de investimentos do mundo tinha me convidado para jantar com seus melhores analistas do mercado. Tudo era de primeira classe, desde o voo com minha mulher até o hotel de cinco estrelas e o jantar que estávamos desfrutando.

A discussão se voltou para uma das maiores tensões do mundo: a diferença de estratégia entre os investimentos a curto e longo prazo. Esses homens (e uma mulher) trabalhavam principalmente no longo prazo, gerenciando as aplicações de fundos de pensão. Sua decisão de investir em uma empresa se baseava em dados técnicos, como a solidez, a competência da administração, a idealização dos planos e a posição no mercado. Aquele era um mundo no qual se sentiam à vontade. Se não soubessem o que estavam fazendo, não estariam sentados em um restaurante com aquela vista espetacular.

Mas eles não se mostravam tão seguros a respeito do curto prazo. No passado recente, as negociações haviam se tornado algorítmicas e eles não tinham ideia do que os algoritmos estavam fazendo. Eles me perguntaram que linguagens de programação os novos contratados deviam conhecer, qual devia ser sua base matemática, quais eram as universidades com os melhores cursos de mestrado em processamento de dados.

Tentei responder a essas perguntas da melhor forma possível, mas enquanto fazia isso me dei conta de que havia cometido um erro essencial. Supusera, com base naquela vista espetacular e aquele jantar cinco estrelas no meu prato, que aquelas pessoas eram como eu, que viam o mundo pelo prisma da matemática e que essa era a razão pela qual eram tão ricos. Quando, no início da noite, contei a eles que estava usando a suposição de Markov para analisar as sequências de posse de bola nas partidas de futebol, eles fizeram que sim com a cabeça e pareceram estar entendendo. Usaram algumas palavras-chave, como inteligência artificial e bases de dados. Eu sabia, é claro, que eles não podiam conhecer todos os detalhes do meu trabalho, mas acreditei que estavam assimilando as ideias principais.

Eles não queriam dar o braço a torcer, mas agora, quando perguntaram quais as habilidades que os novos funcionários deviam ter, a máscara caiu. Não tinham a menor ideia do que eu estava falando. Não sabiam o que era uma equação. Não sabiam programar um computador e encaravam a estatística não como uma ciência, mas como uma lista de números que aparecia no apêndice dos relatórios anuais. Um deles me perguntou se um bacharel em matemática precisava saber cálculo.

Como eu podia ter sido tão ingênuo? Por que eu tinha levado tanto tempo para perceber? Na conferência daquela tarde, tínhamos assistido a uma palestra do autor de um livro que explicava por que as pessoas precisam "pensar devagar". Era tudo muito "inspirador". Ele pronunciava a palavra "devagaaar" bem devagar para passar a ideia de que devíamos pensar bem antes de tomar uma decisão. Disse que tinha conservado uma ação por um "looongo" tempo até ela subir e que seus investimentos levavam "muuuito" tempo para render lucros. Falou de uma discussão obviamente inventada com um cara que achava que era melhor fazer as coisas depressa. Um exemplo que ele usou para confirmar seu ponto de vista foi o de uma corretora cuja sede ficava na Califórnia e usava um programa de inteligência artificial para fazer transações. No day trade, o mesmo tempo que uma ordem de compra ou de venda leva para viajar da costa oeste para a bolsa de Chicago pode fazer diferença. Por isso, a corretora mudou de endereço e passou a funcionar mais perto da bolsa. O resultado, porém, foi que o desempenho do algoritmo piorou em vez de melhorar; ele tinha funcionado melhor quando estava mais longe.

A conclusão do palestrante de que a história confirmava que devagar é melhor não podia estar mais equivocada. Tudo que ela mostrava era que um algoritmo otimizado para uma dada situação deve ser recalibrado quando a situação muda, o que é óbvio. Quando muito, ela podia ser considerada uma demonstração do fato de que, se o seu algoritmo é calibrado para uma escala de tempo diferente da que os outros estão usando, isso pode ser vantajoso. Todas as corretoras que operavam nas vizinhanças da bolsa tinham calibrado seus algoritmos para explorar variações rápidas de preços, enquanto a corretora da costa leste explorava variações um pouco mais lentas. Isso até que a corretora se mudou para perto da bolsa. Mas não havia nada de especial em trabalhar com variações de preço mais lentas.

É claro que existem pesquisas sérias a respeito de decisões humanas tanto no campo da economia como no campo da psicologia, mas este palestrante não respeitava as boas práticas do método científico. Ele propunha opções de investimento com base em ideias vagas e usava uma falsa dicotomia em relação ao tempo para sustentar o que chamava de teoria. Mas o meu objetivo não é falar mal deste indivíduo. O que me incomodou foi a forma como suas histórias e as dos outros palestrantes foram bem recebidas pelo público: analistas de investimentos que não sabiam praticamente nada sobre algoritmos que sustentavam todo o seu negócio contando histórias uns para os outros que supostamente mostravam como eram espertos.

Eu tinha deixado que me envolvessem naquela encenação. Meu papel, ao que parecia, era contar outras histórias do mesmo tipo — apostas em times da Premier League, olheiros nos campos de futebol e algoritmos do Google — que confirmassem as pretensões dos meus anfitriões de que sabiam como funcionavam coisas como day trade e análises esportivas. O que me incomodava mais do que a falta de conhecimento a respeito do day trade era que havia lições genuínas a serem aprendidas com os algoritmos que aqueles corretores estavam usando. Eram lições práticas importantes que os ajudariam a aumentar as margens de lucro. Mas como eles viam os algoritmos como uma caixa-preta que permitia que um pequeno grupo de quants, cujos salários eles pagavam, fizesse os investimentos certos, não pareciam interessados em compreender o que os quants faziam e como poderiam melhorar seu desempenho.

Mais que isso: evitavam fazer perguntas, porque talvez não conseguissem compreender as respostas. Eu podia sentir o medo pairando na mesa e, devo confessar, fiz o que eles queriam. Em vez de dizer o que precisavam aprender, contei as histórias que esperavam ouvir: falei sobre minha estada em Barcelona, de Jan e Marius e do modo como os olheiros do futebol indicam aos clubes quais são os jovens promissores. Eles pareciam interessados e nós todos tivemos uma noite agradável. Eles também tinham muitas histórias para contar, algumas bem interessantes. Um deles tinha conhecido recentemente Nassim Taleb, por quem eu tenho uma profunda admiração. Outro tinha uma filha que estava estudando matemática em Harvard. Bebi vinho e absorvi a atmosfera.

Não me julguem. Nada me impede de apreciar a companhia de pessoas que não conhecem os detalhes matemáticos da corretagem. Essas pessoas podem ser uma companhia mais agradável que os nerds.

*

Aqui está o que eu poderia ter dito se não tivesse sido tão hipócrita.

Não é possível desvendar os segredos do mercado financeiro sem usar como ponto de partida esta equação fundamental:

$$dX = h \cdot dt + f(X)dt + \sigma \cdot \epsilon_t \qquad \text{(Equação 6)}$$

As equações simplificam o mundo condensando uma grande quantidade de conhecimento em um pequeno número de símbolos, e a equação do mercado é um excelente exemplo. Para revelar o conhecimento que a equação contém, precisamos examiná-la detalhadamente.

A equação descreve o modo como X, que representa o "sentimento" dos investidores a respeito do valor de uma ação, varia com o tempo. O sentimento pode ser positivo ou negativo. Assim, por exemplo, $X = -100$ significa uma avaliação muito negativa do valor de uma ação e $X = 25$ é uma avaliação positiva. Os economistas dizem que os mercados podem ser otimistas ou pessimistas. Em nosso modelo, um mercado otimista é positivo ($X > 0$) e um mercado negativo é pessimista ($X < 0$). Se quisermos ser mais concretos, podemos pensar em X como o número de pessoas otimistas menos o número de pessoas pessimistas. A esta altura seria prematuro falar em uma unidade para medir o valor de X. Em vez disso, vamos nos referir a X de modo genérico como uma forma de representar emoções. Em vez do sentimento de investidores, pode ser o sentimento geral da diretoria de uma empresa depois que é revelado que as vendas caíram ou qual a empresa recebeu uma grande encomenda.

Uma convenção da matemática é colocar as coisas que queremos calcular do lado esquerdo do sinal de igualdade e as coisas que conhecemos do lado direito. É exatamente o que fazemos neste caso. O símbolo do lado esquerdo da Equação 6 é dX. Na matemática, a letra d é usada para representar variação. Assim, dX significa "variação de sentimento". Note como a atmosfera da sala de reuniões fica pesada quando é anunciado que as vendas caíram. Depois dessa notícia, pode ser que $dX = -12$. Se, pelo contrário, for anunciada uma encomenda que pode aumentar consideravelmente a receita da empresa, pode ser que $dX = 6$. Uma encomenda ainda maior pode fazer com que $dX = 15$.

A unidade, a grandeza dos números que aparecem na equação, não é importante neste caso. Quando estudamos aritmética no curso primário, o professor usa, nos exemplos de adição e subtração, objetos concretos como maçãs e laranjas. Este caso é diferente. É claro que não existe algo como uma variação $dX = —12$ nas emoções das pessoas. Isso, porém, não nos impede de escrever uma equação que tenta capturar uma mudança no modo como um grupo se sente. O preço de uma ação, por exemplo, depende basicamente do modo como os investidores se sentem em relação ao valor futuro de uma empresa. O que temos em mente ao escrever a equação do mercado é calcular a variação da opinião geral a respeito de um negócio, candidato político ou produto comercial.

O lado direito da equação é a soma de três termos: $h \cdot dt$, $f(X)\,dt$ e $\sigma \cdot \varepsilon_t$. As partes mais importantes desses termos são, respectivamente, o sinal h, o feedback social $f(X)$ e o desvio padrão ou ruído, σ. Os fatores que multiplicam esses termos mostram que estamos interessados em variações (d) em função do tempo (t). O ruído é multiplicado por ε_t, que representa pequenas flutuações aleatórias que variam com o tempo. De acordo com este modelo, o sentimento é uma combinação de três elementos: sinal, feedback social e ruído. Antes de prosseguirmos em nossa discussão da equação do mercado, vamos consolidar as ideias envolvidas por meio de um exemplo concreto.

*

Você deve estar imaginando se vai poder usar a equação de mercado para decidir em que fundo de investimentos deve aplicar suas economias. Isso pode ficar para depois. No momento, há coisas mais importantes paras tratar, como por exemplo: vale a pena assistir ao filme mais recente da Marvel? Que tipo de fones de ouvido você deve comprar? Qual é o melhor lugar para você passar as próximas férias?

Considere, por exemplo, sua decisão de comprar um novo par de fones de ouvido. Você economizou 600 reais e agora está fazendo uma pesquisa de preços na Internet. Você entra no site da Sony e lê as especificações técnicas; consulta as resenhas da marca japonesa Audio-Technica; observa que artistas e esportistas famosos estão usando Beats. Que marca você deve escolher?

Em vez de fornecer uma resposta direta, vou ajudá-lo a investigar o assunto. Questões como essa podem ser resolvidas separando o sinal h, o feedback $f(X)$ e o ruído σ. Vamos começar pela Sony, usando a variável X_{Sony} para representar como os consumidores avaliam a marca. Meu primeiro par de fones de boa qualidade que comprei em segunda mão de Richard Blake em 1989 era da marca Sony. Eles são elegantes e confiáveis. Em termos da Equação 6, posso dizer que a Sony tem um valor $h = 2$ e vou tomar a unidade de tempo como sendo $dt = 1$ ano. Como a unidade de "sentimento" é arbitrária, o valor 2 sozinho não é importante; o que importa é o valor do sinal em comparação com o feedback social e o ruído. No caso da Sony, vamos supor que $f(X) = 0$ e $\sigma = 0$, ou seja, vamos considerar apenas o sinal.

Se começarmos com $X_{Sony} = 0$ em 2015, então, como $dX_{Sony} = h \cdot dt = 2$, em 2016 nós temos $X_{Sony} = 2$. Em 2017 temos $X_{Sony} = 4$ e assim por diante, de modo que, em 2020, $X_{Sony} = 10$. A avaliação positiva da marca Sony aumenta por causa do sinal positivo.

Você sabe muito menos a respeito dos fones de outra marca, a Audio-Technica. Eles foram elogiados em algumas resenhas que você encontrou no YouTube. O empregado de uma loja de eletrodomésticos do seu bairro diz que eles são a coisa mais quente dos últimos tempos entre os DJ japoneses, mas você desconfia que ele está exagerando. Existe um risco em agir com base apenas em um pequeno número de observações que é representado pelo ruído na equação do mercado. Como as recomendações dos fones da marca Audio-Technica não são muitas, vamos usar, neste caso, $\sigma = 4$, ou seja, um valor para o ruído duas vezes maior que o valor do sinal.

Supondo mais uma vez que $f(X) = 0$, a equação do mercado para os fones da Audio-Technica é $dX_{AT} = 2\,dt + 4\epsilon_t$. Podemos pensar no último termo, $4\epsilon_t$, como um termo que todo ano produz um número aleatório. Às vezes esse número vai ser positivo, às vezes vai ser negativo, mas, na média, $4\epsilon_t$ vai ser zero. Escolhendo valores aleatórios para ϵ_t entre -1 e 1, podemos simular a natureza aleatória das informações que recebemos a respeito da Audio-Technica. É o que fazem rotineiramente os quants financeiros para modelar as variações de preços das ações. Para um dado problema, eles executam milhões de simulações e estudam a distribuição de resultados.

Vou ilustrar como essas simulações funcionam "executando" uma simulação e usando números escolhidos ao acaso como valores aleatórios para ϵ_t. Suponhamos que em 2015, $\epsilon_t = -0{,}25$; nesse caso, $dX_{AT} = 2 - 4 \cdot 0{,}25 = 1$. Se no ano seguinte $\epsilon_t = 0{,}75$, $dX_{AT} = 2 + 4 \cdot 0{,}75 = 5$ e se em 2017 $\epsilon_t = 1{,}25$, $dX_{AT} = 2 - 4 \cdot 1{,}25 = -3$. A sua confiança na Audio-

-Technica aumenta com o tempo (de $X_{AT} = 0$ em 2015 para 1, 6 e 4 em 2016, 2017 e 2018, respectivamente), mas de forma muito mais errática que no caso da Sony.

Finalmente, temos um produto com feedback social: os fones Beats by Dr. Dre. O feedback social expressa o fato de que, quando uma celebridade aparece nos meios de divulgação usando uma determinada marca, outras pessoas a imitam. Quando influenciadores e outras celebridades fazem o mesmo, o produto se torna ainda mais popular. Em nosso modelo, podemos, por exemplo, fazer $f(X) = X$, de modo que a preferência pela marca Beats aumenta com o número de usuários da marca. Quanto mais as pessoas usam fones Beats, mais pessoas se sentem tentadas a usar a marca. Isso nos dá uma equação de mercado $dX_{Beats} = 2\ dt + X_{Beats}\ dt + 4\epsilon_t$: a popularidade da marca Beats é dada por 2 unidades de sinal, X_{Beats} de feedback social e 4 unidades de ruído.

Vamos imaginar que a Beats começa com um mau ano em 2015, em que o ruído é $\epsilon_t = -1$. Supondo, como nos outros casos, um valor inicial $X_{Beats} = 0$, obtemos, usando a equação do mercado, $dX_{Beats} = 2 + 0 - 4 \cdot 1 = -2$. Assim, no início de 2016, nossa confiança na marca Beats é negativa, $X_{Beats} = -2$. O ano seguinte é melhor em ternos de ruído, $\epsilon_t = 0{,}25$, mas o feedback social limita a melhora: $dX_{Beats} = 2 - 2 + 4 \cdot 0{,}25 = 1$. Assim, $X_{Beats} = -1$ no início de 2017. Durante 2018, $\epsilon_t = 1$ e o prestígio dos fones Beats aumenta consideravelmente: $dX_{Beats} = 2 - 1 + 4 = 5$. Agora $X_{Beats} = 4$, o feedback social faz o seu papel, e apesar de um ano mais fraco em 2019, $\epsilon_t = 0{,}0$, temos $dX_{Beats} = 2 + 4 + 0 = 6$ e a popularidade dos fones Beats sobre para $X_{Beats} = 10$. O feedback social amplifica tanto as boas quanto as más avaliações: pode tornar a vida difícil para um produto que está entrando no mercado, mas depois que ele se firma, a tendência é que a procura pelo produto aumente cada vez mais.

Estou, naturalmente, usando caricaturas da Sony, Audio-Technica e Beats. Antes que uma delas me processe, vou chamar atenção para a dificuldade real que nós, consumidores, temos de enfrentar. Quando fazemos pesquisas na Internet ou pedimos a opinião de amigos, o que estamos medindo são os sentimentos que as pessoas expressam a respeito de diferentes marcas de fones. No caso da nossa simulação, esses sentimentos são mostrados na Figura 6 que segue:

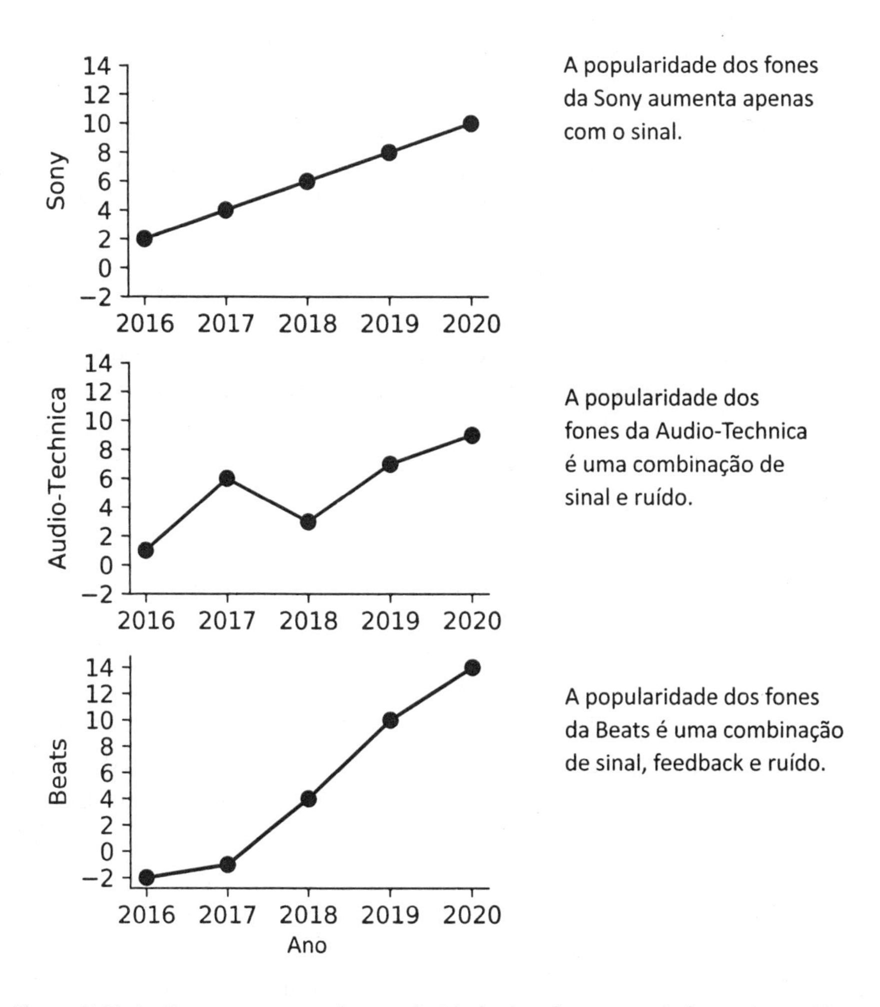

Figura 6: Variação com o tempo da popularidade de três marcas de fones de ouvido.

Como mostram os gráficos, a preferência do público pode mudar de um ano para o outro. Em 2016 e 2018, os fones da Sony foram considerados os melhores. Em 2017, os mais populares foram os da Audio-Technica. A partir de 2019 e 2020, os fones da Beats passaram a ser os mais procurados.

Observando os gráficos, o leitor pode se sentir tentado a concluir que deve optar pelos fones da Sony, cuja popularidade está sujeita a menos flutuações. Lembre-se, porém, de que, neste caso hipotético, o sinal h tem o mesmo valor, 2, para os três produtos, o que significa que eles são equivalentes em termos de qualidade. O que o lado direito da equação nos diz é que, muitas vezes, o sinal que retrata o verdadeiro valor de um produto pode ser mascarado por outros dois fatores: o ruído e o feedback social. O desafio para nós, consumidores, é separar o sinal do ruído e do feedback. O mesmo raciocínio se aplica a todos os produtos, de jogos de computador a tênis e sacolas de mão. Em geral, a informação de que dispomos é a popularidade do produto, mas o que nos realmente interessa é a qualidade.

No caso das ações, o problema é o mesmo. Muitas vezes conhecemos a valorização de uma ação, dX, mas o que realmente queremos saber é o sinal, ou seja, a solidez da ação. Será que existe muito feedback social que leve a uma demanda exagerada? Quais são as causas do ruído que tende a confundir as coisas?

*

Durante vários séculos, os membros da DEZ enxergaram apenas o sinal. Inspirado pela atração universal da gravidade newtoniana, o economista escocês Adam Smith descreveu uma mão invisível que conduzia o mercado para o equilíbrio. As trocas de bens se encarregariam de equilibrar oferta e demanda. O engenheiro italiano Vilfredo Pareto usou a matemática para descrever formalmente a teoria de Smith, descrevendo uma evolução contínua da economia em direção a um ponto de equilíbrio. A busca do lucro levaria deterministicamente a uma prosperidade estável. Pelo menos era o que pensavam.

Os primeiros sinais de instabilidade — a mania das tulipas na Holanda e a bolha da Companhia dos Mares do Sul na Inglaterra — foram poucos e muito espaçados, e por isso não chegaram a causar grandes preocupações. Foi apenas quando o capitalismo se espalhou por todo o planeta que os altos e baixos da economia passaram a exigir algum tipo de explicação. Da Grande Depressão de 1929 à quebra do mercado de ações de 1987, crises repetidas mostraram à sociedade que os mercados não eram perfeitos — que eles podiam ser imprevisíveis e estavam sujeitos a violentas flutuações. O ruído podia se tornar tão forte quanto o sinal.

No início do século XX, quando Einstein revolucionou a física de Newton, a matemática dos mercados também passou por uma grande transformação. Antes de publicar a teoria da relatividade, Einstein tinha explicado que o movimento errático do pólen na água era causado pelo choque de moléculas de água. O modo como a prosperidade econômica era bombardeada por eventos externos parecia ser perfeitamente descrito por esta nova matemática de eventos aleatórios, e os membros da DEZ começaram a formular uma nova teoria. Em 1900, Louis Bachelier, um matemático francês, publicou sua tese, *A Teoria da Especulação*, na qual descreve dois termos (o primeiro e o terceiro) do lado direito da Equação 6. Durante a maior parte do século XX, o ruído se tornou uma nova fonte de lucro. Extensões da teoria básica, como a equação de Black-Scholes, passaram a ser usadas para criar e precificar derivativos, futuros e opções de compra e de venda. Os membros da sociedade foram recrutados para formular e controlar esses novos modelos financeiros. Na verdade, eles foram encarregados de administrar as finanças mundiais.

A teoria da gravitação de Newton não tinha sido suficiente para explicar os mercados de forma satisfatória, mas a visão dos mercados bombardeados por ruído também era imperfeita, porque ignorava um elemento essencial: nós, os participantes do mercado. Ao contrário das partículas, que apenas obedecem às leis da física, somos agentes ativos movidos pela razão e pela emoção. Procuramos um sinal no meio do ruído e, ao fazê-lo, nos influenciamos, nos doutrinamos e nos manipulamos mutuamente. A complexidade humana não pode ser ignorada pelas teorias matemáticas.

Motivados por esta revelação, alguns membros da DEZ assumiram uma postura diferente. O Instituto Santa Fé, no estado americano do Novo México, reuniu matemáticos, físicos e outros cientistas do mundo inteiro. Eles começaram a formular uma nova teoria da complexidade que tentava levar em conta as interações sociais. A teoria previa grandes e imprevisíveis flutuações do preço das ações causadas pelo efeito manada. De acordo com o modelo, com o aumento da volatilidade dos ativos, devíamos esperar altos e baixos ainda mais pronunciados que os que já ocorreram. Os pesquisadores publicaram repetidas advertências em revistas científicas de alto nível.[1] Os segredos da DEZ foram, como sempre, publicados abertamente para quem quisesse conhecê-los. Infelizmente, poucos se interessaram.

J. Doyne Farmer, um dos pesquisadores do Instituto Santa Fé, saiu do Instituto para colocar essas ideias em prática. Ele mais tarde me contou que tinha sido um trabalho mais difícil do que imaginava, mas valera a pena. Durante a crise asiática de 1998, a bolha da Internet de 2000 e a bolha imobiliária de 2007, os investimentos de Farmer se mantiveram seguros, apesar da turbulência que derrubou instituições financeiras e governos e semeou insatisfação política na Europa e nos Estados Unidos.

Os matemáticos podem afirmar, com certa razão, que sabiam o tempo todo que crises financeiras estavam a caminho. Ao contrário da maioria, eles se prepararam para isso. Enquanto muitos sofriam, os membros da DEZ colhiam os lucros.

*

Estou me precipitando. O relato histórico da forma como os matemáticos passaram da análise dos mercados em termos de um simples sinal para um modelo que leva em conta o ruído e, mais tarde, o feedback social, é importante, mas deixa de lado um ponto crucial. Fica a impressão de que a ingenuidade humana em certo estágio do conhecimento foi corrigida por uma nova forma de pensar.

É verdade que os matemáticos aprenderam com os erros do século passado e estão à frente do resto da humanidade, mas, existe um ponto importante que precisa ser ressaltado: os matemáticos ainda não sabem como separar o sinal do ruído no mercado financeiro.

Como essa é uma afirmação ousada de minha parte, vou explicá-la com detalhes. O segredo dos sucessos iniciais da equação do mercado já foi discutido no Capítulo 3. O método usado pelos matemáticos que trabalhavam para o sistema financeiro na década de 1980 para separar o sinal do ruído consistia em colher o maior número possível de observações. A primeira versão da equação do mercado usada por Louis Bachelier não continha o termo $f(X)$; ela simplesmente descrevia o aumento da confiança em uma empresa e, consequentemente, o aumento do valor de suas ações como uma combinação de sinal e ruído. Esse conhecimento matemático permitia que as corretoras reduzissem o grau de incerteza a que os clientes estavam expostos. Isso lhes dava uma margem em relação aos que não entendiam as flutuações do mercado e que confundiam sinal e ruído.

Durante a década que precedeu a crise financeira de 2007, um grupo de físicos teóricos argumentou que uma equação do mercado baseada unicamente em sinal e ruído era perigosa. Eles mostraram que o modelo não previa uma variação suficiente nos preços das ações para explicar as grandes oscilações que tinham sido observadas nas bolsas de valores no século anterior. A bolha tecnológica e a crise asiática de 1998-1999 levaram a quedas no valor das ações muito maiores que qualquer modelo do mercado baseado apenas em sinal e ruído que seriam possíveis de prever.

Para ter uma ideia de como esses desvios foram grandes, pense em De Moivre e nos cálculos que ele fez para o jogo de cara ou coroa. Ele descobriu que o número de caras depois de n jogadas estava com alta probabilidade em um intervalo de largura proporcional a $\sqrt{n}$. O Teorema do Limite Central (TLC) generalizou o resultado de De Moivre ao mostrar que a mesma regra de $\sqrt{n}$ se aplica a todos os jogos e mesmo a muitas situações da vida real, como pesquisas de opinião. A hipótese-chave do TLC é que os eventos são independentes. Anotamos os resultados de muitos giros da roleta ou pedimos a opinião de muitas pessoas.

O modelo simples de sinal e ruído do mercado também supõe que as variações de preço são independentes. De acordo com o modelo, o valor futuro das ações deve seguir a regra $\sigma\sqrt{n}$ e a curva normal. Na prática, porém, não é isso que acontece. Como os físicos teóricos de Santa Fé e de outros centros de pesquisa mostraram, a variação do valor futuro das ações pode ser proporcional a potências maiores de n, como $n^{2/3}$ ou mesmo n.[2] Isso torna os mercados perigosamente instáveis e as previsões quase impossíveis. Uma ação pode perder todo o seu valor em apenas um dia; é como se De Moivre obtivesse 1.800 coroas seguidas jogando uma moeda.

A razão para essas grandes flutuações é que os acionistas não agem de forma independente. Nos cassinos, cada giro da roleta não depende do anterior, e o Teorema do Limite Central funciona. No mercado de ações, porém, um acionista que coloca ações à venda faz outro acionista perder a confiança e querer vender também, o que invalida uma das hipóteses básicas do Teorema do Limite Central e faz com que as flutuações dos preços das ações deixem de ser pequenas e previsíveis. Os acionistas são como uma manada, movimentando-se em bloco tanto nas altas como nas baixas.

Nem todos os matemáticos financeiros compreendiam que o Teorema do Limite Central não podia ser aplicado aos mercados. Quando conheci J. Doyne Farmer, em 2009, ele me falou de um colega de uma corretora que, ao contrário da empresa de Farmer, tinha perdido muito dinheiro na crise de 2007-2008. Ele se referiu ao colapso do banco de investimentos

Lehman Brothers como um "evento de doze sigmas". Como vimos no Capítulo 3, a probabilidade de um evento de um sigma é de 1 em 3, a de um evento de dois sigmas é de 1 em 20, e a de um evento de 5 sigmas é de 1 em três milhões e meio. A probabilidade de um evento de 12 sigmas é de 1 em, bem, eu não sei, porque minha calculadora se recusa a calcular probabilidades para mais de 9 sigmas, mas é um valor tão pequeno que um evento desse tipo não ocorreria se o modelo pudesse ser aplicado ao mercado de ações.

Os físicos teóricos podem ter descoberto a matemática que estava por trás das grandes oscilações, mas certamente não foram os únicos a descrever o comportamento de manada dos acionistas. Dois livros de Nassim Nicholas Taleb, *Fooled by Randomness* e *The black Swan*, oferecem uma análise divertidamente arrogante, mas surpreendentemente realista, do mundo financeiro pré-2007. O livro de Robert J. Shiller *Irrational exuberance*, escrito na mesma época, aborda o tema de forma mais acadêmica e profunda.[3] Quando físicos teóricos, investidores exigentes e economistas de Yale fazem as mesmas críticas a um modelo, é melhor prestar atenção.

Na virada do milênio, muitos físicos teóricos que foram trabalhar no setor financeiro descobriram uma margem no mercado. Eles mantiveram a margem durante a crise financeira e tiveram grandes lucros quando os mercados caíram. Acrescentando o termo $f(x)$ à equação do mercado, eles estavam preparados para eventos como o colapso do Lehman Brothers, enquanto as corretoras tinham adotado posições extremas e arriscadas.

Todos os matemáticos financeiros agora sabem que os mercados são uma combinação de sinal, ruído e feedbacks; os modelos mostram que as crises são inevitáveis e permitem que eles tenham uma boa ideia da sua gravidade. Entretanto, os matemáticos financeiros não sabem quando e por que essas crises vão acontecer, embora reconheçam que elas se devem ao efeito manada. Eles não compreendem as razões fundamentais dos altos e baixos. Quando eu estava no cassino online do Capítulo 3, sabia que o jogo estava viciado a favor do cassino. Eu sabia que o sinal era um prejuízo médio de 1/37 por aposta na roleta, porque a roleta pagava 36 vezes o que eu apostava, mas a roleta tinha 37 números, entre os quais o 0, no qual eu não podia apostar. No Capítulo 4, Javier, Luke e Doug examinaram a contribuição de cada jogador de basquete para os resultados do time com o objetivo de avaliar seu desempenho. Eles calcularam o sinal de desempenho combinando o conhecimento que tinham do jogo com suposições criteriosamente escolhidas. No Capítulo 5, quando Lisa e Michaela aplicaram engenharia reversa ao algoritmo do Instagram, elas começaram a perceber que sua visão do mundo estava sendo distorcida pelas redes sociais. Em todos esses exemplos, o modelo fornecia informações a respeito de como a roleta, o basquete e as redes funcionais operam. Por outro lado, a equação do mercado não fornece informações a respeito de como os mercados operam.

Os pesquisadores têm tentado, em várias ocasiões, dar um passo à frente e descobrir o verdadeiro sinal nos mercados. Em 1988, depois da Segunda-Feira Negra de 1987, David Cutler, James Poterba e Larry Summers, do Bureau Nacional de Pesquisa Econômica, escreveram um artigo intitulado "What moves stock prices?" (O que controla o preço das ações?)[4]. Eles descobriram que fatores como produção industrial, taxas de juros e dividendos, que afetavam diretamente a lucratividade das empresas, eram responsáveis apenas por um terço da variação dos índices das bolsas de valores. Eles investigaram se acontecimentos importantes, como guerras ou trocas de presidentes, desempenhavam um papel. Notícias desse tipo realmente podiam fazer os índices subirem ou caírem, mas havia também dias nos quais os índices das bolsas sofriam grandes variações sem nenhum motivo aparente. As flutuações das bolsas de valores não podiam ser explicadas, na grande maioria dos casos, por fatores externos.

Em 2007, Paul Tetlock, Professor de Economia da Universidade Columbia, criou um "fator de pessimismo da mídia" para a coluna "Abreast of the Market" (Acompanhando o Mercado) do *Wall Street Journal*, que é escrita logo depois do encerramento dos trabalhos da bolsa de Nova York.[5] O fator mediu o número de vezes que algumas palavras foram usadas na coluna e, portanto, a impressão geral do autor sobre o movimento da bolsa nesse dia. Tetlock descobriu que palavras pessimistas estavam associadas a quedas nos preços das ações no dia seguinte, mas as ações se recuperavam nos pregões subsequentes. Ele concluiu que "Abreast of the Market" não continha informações úteis a respeito de tendências do mercado em longo prazo. Outros estudos mostraram que boatos nas redes sociais da Internet ou mesmo o que os operadores da bolsa comentam uns com os outros podem indicar o volume dos negócios, mas não o sentido do movimento do mercado.[6] Simplesmente não existem regras confiáveis para prever o valor futuro das ações.

A essa altura existem duas coisas que eu quero deixar bem claro. Em primeiro lugar, essas observações não significam que o noticiário sobre uma empresa não afeta o valor das suas ações. As ações do Facebook caíram depois do escândalo da Cambridge Analytica. As ações da British Petroleum despencaram depois do acidente da plataforma Deepwater Horizon. Nesses casos, porém, os eventos que fizeram cair os preços das ações eram ainda menos previsíveis que o valor intrínseco das ações, o que significa que não tiveram utilidade para o investidor que estava em busca de lucros rápidos. No momento em que as notícias foram divulgadas, todos se apressaram a vender as ações das empresas, de modo que não houve margem para ninguém.

Em segundo lugar, quero chamar novamente atenção para o fato de que, apesar de tudo, modelos baseados na equação do mercado são úteis para o planejamento em longo prazo. Uma amiga matemática, Maja, trabalha em um banco importante. Ela usa a Equação 6 para avaliar os vários riscos a que o banco está exposto e contrata seguros para protegê-lo das inevitáveis flutuações do mercado. Segundo Maja, quem não é matemático não entende as limitações dos modelos a que ela recorre. A última vez que nos encontramos para almoçar, juntamente com seu colega Peyman, ele me disse:

— O maior problema das pessoas que não entendem de matemática é que elas acreditam literalmente nos resultados dos modelos.

Peyman concordou.

— Você mostra a eles um intervalo de confiança para alguma data futura e eles tomam isso ao pé da letra. Poucos entendem que nosso modelo se baseia em suposições bastante questionáveis.

O problema que Maja e Peyman têm de enfrentar é a ideia de que, se uma previsão está baseada na matemática, ela é infalível. A equação do mercado não funciona assim. O que ela indica é que devemos ser cautelosos, porque o futuro é extremamente incerto.

A ideia dos mercados financeiros de que podemos nos proteger contra flutuações do mercado, mas não podemos explicar por que elas acontecem, é compartilhada por muitas corretoras. Quando os mercados despencaram e depois se recuperaram no início de 2018, Manoj Narang, diretor executivo da corretora MANA Partners, declarou à *Quartz*, uma organização de notícias comerciais:

— Compreender por que algo aconteceu no mercado é apenas ligeiramente mais fácil do que compreender o sentido da vida. Muitas pessoas têm palpites a respeito, mas ninguém sabe ao certo.[7]

Se as corretoras, os bancos, os matemáticos e os economistas não sabem o que ocorre para os mercados subirem ou descerem, como você tem a pretensão de achar que sabe? O que o faz pensar que as ações da Amazon atingiram o pico ou que as ações do Facebook vão continuar a cair? O que o deixa tão confiante ao afirmar que está entrando no mercado de imóveis na hora certa?

No verão de 2018, eu fui convidado para visitar o estúdio do *Power Lunch* da CNBC, um dos mais importantes programas de notícias sobre negócios dos Estados Unidos. Eu já tinha estado em estúdios de televisão, mas este era diferente: um imenso salão, do tamanho de um estádio de hóquei, cheio de jornalistas correndo de um lado para o outro por entre as mesas. Havia telas por toda parte que mostravam escritórios imaculados em Seattle, supercomputadores subterrâneos na Escandinávia, grandes complexos de fábricas na China e imagens de um encontro de negócios na capital de um país africano. Meus anfitriões me levaram até a sala de edição para ver como essas informações eram processadas em tempo real. As cenas que chegavam de várias partes do mundo eram combinadas com letreiros rolantes que mostravam preços de ações e manchetes das últimas notícias.

O que a equação do mercado me ensinou é que quase tudo que aparecia naquelas telas não passava de ruído e feedback social. Nonsense. Não se ganha nada observando as variações diárias dos preços das ações ou vendo um suposto especialista em finanças explicar por que você deve ou não deve comprar barras de ouro. Existem muitos investidores, incluindo alguns que conheci em Hong Kong, que podem identificar boas aplicações investigando a fundo os fundamentos do negócio em que pretendem investir. Entretanto, com exceção de um estudo sistemático do modo como uma empresa é administrada e funciona internamente, todos os conselhos de investimentos não passam de ruído aleatório. Isso inclui as palestras motivacionais de gurus que já conseguiram ganhar dinheiro em outras épocas.

Esta incapacidade de previsão com base no passado se aplica a nossas finanças pessoais. Se você está comprando uma casa, não se preocupe com o modo como os preços de imóveis no bairro que escolheu se comportaram em anos recentes. Você não pode usar essa tendência de prever. Em vez disso, você deve estar ciente de que os preços dos imóveis estão sujeitos a grandes flutuações, tanto para cima como para baixo, de acordo com o "sentimento" do mercado. Você deve estar mental e financeiramente preparado para as duas possibilidades. Depois dessa preparação, compre a casa que mais lhe agradar e que seja compatível com o seu orçamento. Encontre um bairro simpático. Decida quanto tempo está disposto a investir reformando a propriedade. Investigue o seu tempo de viagem para o trabalho e o tempo de viagem das crianças para a escola. Os valores básicos, os fundamentos do mercado, é que são importantes, não o fato de sua futura casa estar em um bairro "da moda".

No caso da compra de ações, não pense demais. Procure empresas em que você confia, invista e veja o que acontece. Além disso, ponha algum dinheiro em um fundo de investimentos que aplica em ações de um grande número de empresas. Se possível, entre para um plano privado de aposentadoria. Você não pode fazer mais do que isso. Não se estresse à toa.

Para descobrir a verdadeira qualidade dos três fones de ouvido, a resposta é simples. Faça uma lista das suas dez músicas preferidas e escute-as usando os fones das três marcas, um de cada vez. Escute as músicas em ordem aleatória em cada par de fones. Depois faça sua escolha. Não dê ouvidos aos amigos ou às resenhas online. Escute o sinal.

*

Os matemáticos são ardilosos. Depois de garantirmos que tudo é aleatório, apresentamos a você uma margem nova e diferente. Quando chegamos à conclusão de que não é possível prever tendências em longo prazo no preço das ações usando a matemática, tomamos a direção oposta e passamos a nos concentrar no curtíssimo prazo. Encontramos uma margem em uma escala de tempo inacessível aos seres humanos.

Em 15 de abril de 2015, a Virtu Financial entrou no mercado de ações. A empresa, fundada sete anos antes pelos financistas Vincent Viola e Douglas Cifu, tinha desenvolvido novos métodos para transações de alta frequência: compra e venda de ações milissegundos após uma negociação ser realizada em uma bolsa de valores do outro lado do país. Até entrar no mercado de ações, a Virtu tinha mantido um segredo absoluto a respeito dos seus métodos e dos lucros que estava obtendo. Entretanto, para colocar suas ações na bolsa por meio de uma IPO (oferta pública inicial), precisava fornecer detalhes do negócio a um órgão de controle.

O segredo foi revelado. Durante cinco anos de operação houve apenas um dia em que a Virtu teve prejuízo. Visto sob qualquer aspecto, o resultado era assombroso. As corretoras estavam acostumadas a lidar com a incerteza; mesmo que obtivessem lucros em longo prazo, consideravam semanas ou meses de prejuízos como uma parte inevitável do negócio. A Virtu tinha praticamente eliminado a parte negativa do negócio e só trabalhava com a parte positiva. O valor de mercado das ações da Virtu foi fixado inicialmente em 3 bilhões de dólares.

Surpreso com a alegação da Virtu de que tivera lucro em praticamente todos os dias de operação, Greg Laughlin, Professor de Astronomia da Universidade de Yale, decidiu investigar de que forma o desempenho da Virtu podia ser tão consistente.[8] Douglas Cifu tinha admitido à *Bloomberg* que apenas "51% a 52%" das transações da Virtu tinham sido lucrativas.[9] Esta declaração deixou Laughlin intrigado: se 48% a 49% das transações tinham ficado na mesma ou dado prejuízo, o número de transações teria de ser imenso para que a Virtu saísse diariamente com lucro.

Laughlin examinou mais de perto como eram as transações realizadas pela Virtu. A margem da empresa estava em conhecer as variações de preços antes dos concorrentes. Os documentos da IPO mostravam que a empresa controlava uma companhia, a Blueline Communications LLC, que tinha desenvolvido uma tecnologia de comunicações por micro-ondas capaz de transmitir informações entre as bolsas de valores de Illinois e Nova Jersey em 4,77 milissegundos. Em seu livro *Flash Boys* a respeito de transações de alta frequência, escrito em 2014, Michael Lewis tinha descoberto que a ligação por fibra ótica entre as duas bolsas tinha um retardo de 6,55 milissegundos, o que queria dizer que a Virtu tinha uma margem de 1,78 milissegundo em relação às corretoras que usavam fibra ótica.

Em uma escala de tempo de 1 ou 2 milissegundos, o lucro ou prejuízo está por volta de 1 centavo de dólar por ação negociada. Ao supor que 51% das transações deram lucro, 24% deram prejuízo e 25% ficaram na mesma, Greg Laughlin calculou que o lucro médio por ação tinha sido

0,51 · 0,01 − 0,24 · 0,01 = 0,0027 = 0,27 centavo de dólar por ação. Como a Virtu declarou um lucro médio de 440.000 dólares por dia, isso significava que a Virtu tinha feito, em média, cerca de 160 milhões de transações por dia.[10] Isso corresponde a uma porcentagem entre 3% e 5% do total diário de transações nas bolsas de valores dos Estados Unidos. Eles estavam obtendo um pequeno lucro em uma parcela considerável das transações diárias. O lucro fantástico da empresa estava baseado em uma pequena margem associada a um número extremamente alto de transações diárias.

Enviei mensagens a Vincent Viola e Douglas Cifu solicitando uma entrevista. Nenhum dos dois respondeu. Por isso, liguei para meu amigo Mark,[11] um matemático que trabalha em outra grande corretora, e perguntei se ele podia me explicar como a Virtu e outras empresas do mesmo trabalhavam. Ele me explicou que havia pelo menos cinco formas de corretoras que executavam transações de alta frequência assegurarem uma margem. A primeira era dispor de comunicações rápidas, como a tecnologia de micro-ondas criada pela Blueline. Isso assegurava que a corretora conhecesse as tendências do mercado antes dos concorrentes. A segunda era dispor de computadores rápidos. Como carregar o cálculo de uma transação no processador central de um computador leva tempo, grupos de até cem operadores usam os processadores gráficos dos seus computadores para processar as transações.

A terceira margem, a mais usada por Mark e outros empregados da sua corretora, era inspirada na Equação 6. Uma forma popular de investimento nos últimos anos tem sido os exchange traded funds* (ETF), que são "cestas" de investimentos em diferentes empresas de um mercado maior como o S&P 500 (uma lista que mede o desempenho das ações das 500 maiores empresas dos Estados Unidos).

— Procuramos arbitragens entre os valores individuais das ações que compões um ETF e o valor das ações do próprio ETF — explicou Mark.

Uma arbitragem é uma oportunidade de ganhar dinheiro explorando diferenças de preços do mesmo ativo. Se, por um número suficiente de milissegundos, os valores individuais de todas as ações de um ETF não refletirem o valor do próprio ETF, os algoritmos de Mark podem executar uma série de compras e vendas que tiram partido dessas diferenças para extrair um lucro. A equipe de Mark identifica arbitragens não só no preço

* Em português, fundos negociados em bolsa (N. do T.)

das ações no momento, mas também no preço futuro. Uma variante da equação do mercado é usada para avaliar opções de compra e de venda de ações em um prazo de uma semana, um mês e um ano. Se Mark e sua equipe puderem calcular o valor futuro do ETF e de todas as ações individuais antes das outras corretoras, podem ganhar dinheiro com isso.

A quarta margem está associada ao tamanho da empresa.

— Quanto mais você investe, mas baratas se tornam as transações — explicou Mark. — Outra vantagem é dispor de capital ou empréstimos para cobrir investimentos que podem levar três ou quatro meses para dar resultados.

Basicamente, os ricos ficam mais ricos porque têm mais capital e menos custos.

A quinta margem possível é uma que Mark jamais tentou utilizar nos seus quinze anos de atividade em uma empresa com milhões de dólares de capital: tentar prever o valor real das ações que estão sendo negociadas. Existem corretores que investigam a solidez de diferentes empresas, usando a experiência e a intuição para tomar decisões de investimentos. Mark não trabalha assim.

— Suponho logo de saída que o mercado é mais competente que eu para avaliar as empresas e o que faço é investigar se os preços dos futuros e das opções estão de acordo com as avaliações do mercado.

Mark tinha voltado ao que eu acredito que seja a lição mais importante da equação do mercado, uma lição que se aplica não apenas aos investimentos econômicos, mas também aos investimentos em amizades, em relacionamentos amorosos, no trabalho e no lazer. Não acredite que você é capaz de prever o que vai acontecer na sua vida. Em vez disso, tome decisões que façam sentido para você, nas quais você acredite firmemente (para isso, naturalmente, você pode usar a equação do avaliador). Em seguida, use os três termos da equação do mercado para se preparar mentalmente para um futuro incerto. Não se esqueça do termo do *ruído*: vai ter de enfrentar muitos altos e baixos que estão fora do seu controle. Não se esqueça do termo *social*: não se empolgue demais com seus sucessos nem desanime quando a manada não compartilhar das suas ideias. E não se esqueça do termo do *sinal*: o verdadeiro valor do seu investimento está presente, mas que nem sempre você possa vê-lo.

*

A DEZ tem controlado as incertezas com confiança crescente nos últimos 300 anos, tomando dinheiro dos investidores incautos. Aqueles que não conhecem os segredos matemáticos veem uma ação aumentar, acham que é por causa de um sinal positivo e compram. Veem uma ação cair, acham que é um sinal negativo e vendem. Ou fazem o oposto, achando que podem enganar o mercado. Em nenhum desses casos percebem que foram guiados principalmente pelo ruído e o feedback.

A compreensão do jogo financeiro por parte dos leigos tem melhorado lentamente. Os membros da DEZ escutam pacientemente enquanto os jogadores de tempo parcial e os investidores amadores falam a respeito de sinal e ruído. Frases como "traído pelo acaso", "encontrar o sinal", "relação sinal-ruído" e "dois sigmas" são usadas corriqueiramente com muita segurança. Enquanto este discurso prossegue, a DEZ continua a procurar novas margens em escalas de tempo cada vez menores sem se preocupar um só instante com o sinal. Seus algoritmos tiram vantagem das arbitragens existentes na grande maioria das transações.

Greg Laughlin prestou mais atenção nas manobras da Virtu depois de ler o livro *Flash Boys*, de Michael Lewis, e um artigo do economista americano Paul Krugman a respeito do assunto que foi publicado no New York Times.[12] Por e-mail, Greg me disse que "a ideia (expressa no artigo de Krugman) é que corretores de alta frequência usam métodos sofisticados, moralmente condenáveis, de extrair dinheiro do mercado de ações". Entretanto, os dados da Virtu simplesmente não confirmam esta acusação: a empresa estava usando menos de 1% por transação para melhorar a eficiência geral do mercado.

— Se alguém tem uma razão legítima para comprar uma ação, ou seja, obter um rendimento em longo prazo baseado em fundamentos econômicos sólidos, então os custos da transação são extremamente baixos — afirmou. — Se alguém tenta ser mais esperto que o mercado em operações de day trade ou se uma pessoa entra em pânico e decide se desfazer de uma carteira em um momento de alta volatilidade, a corretagem de alta frequência pode tirar vantagem desses comportamentos.

Quando os praticantes do day trade começaram a usar o mercado de ações como se estivessem apostando em um cassino ou em um site de apostas esportivas, os matemáticos apareceram para explorar a falta de conhecimento dos novatos a respeito de eventos aleatórios. Como sempre, a DEZ ganhou dinheiro a partir de pequenas margens, anonimamente, sem alarde.

*

A questão moral foi a última coisa que eu discuti com Mark. Como se sentia ganhando dinheiro com as transações dos outros? Lembrei a ele que, quando sua equipe descobre uma arbitragem, os seus lucros vêm de fundos de pensão e investidores que não estão operando na bolsa com a mesma rapidez e precisão do que eles. Perguntei a ele como se sentia quando tirava dinheiro dos fundos de pensão e de investidores principiantes?

Estávamos falando pelo celular, Mark no jardim florido de sua casa, em um subúrbio de uma grande cidade europeia. Eu podia ouvir os pássaros cantando ao fundo enquanto ele estava pensando no que dizer. Senti-me envergonhado por ter feito uma pergunta que não tinha nada a ver com os aspectos técnicos do seu trabalho, ou seja, uma pergunta a respeito da sua contribuição para a sociedade. Um homem como Mark — que ganhava dinheiro anonimamente, sem alarde, aplicando equações — é honesto por natureza. Ele é forçado a analisar as suas contribuições com o mesmo rigor que analisa o mercado de ações, da mesma forma cuidadosa como analisa tudo. Eu sabia que tudo que ele dissesse seria a pura verdade.

— Em vez de pensar no aspecto moral de uma transação isolada, o que eu me pergunto é se minhas intervenções tornam o mercado mais ou menos eficiente — disse ele. — Antes que as transações de alta velocidade começassem, se você ligava para o corretor e perguntava qual era o preço de venda e qual era o preço de compra, a diferença entre os dois preços era muito maior que a atual.

Mark descreveu práticas duvidosas nas quais os corretores cobravam altas comissões para fazer transações na bolsa.

— Hoje existe um número muito menor de firmas muito mais sofisticadas que cobram apenas uma pequena comissão. Os corretores da antiga escola, que não sabiam calcular corretamente os futuros e por isso cobravam comissões maiores, saíram do mercado. Por isso, tenho a impressão de que os mercados hoje são mais eficientes que no passado, mas não posso ter certeza, porque o volume das transações também aumentou — disse ele.

Ele admitiu que não tinha dados suficientes para garantir que sua opinião estava correta, mas o que ele me contou estava de acordo com o que Greg Laughlin me dissera.

A resposta de Mark quanto ao efeito das transações não era definitiva, mas era honesta. Ele não recorreu a evasivas, desculpas, ideologia ou argumentos tortuosos. Ele se limitou a transformar uma questão moral em uma questão financeira. Foi uma resposta que A.J. Ayer teria aprovado. Foi a resposta de um membro da DEZ: imparcial e desprovida de nonsense.

7

A Equação do Anunciante

$$r_{x,y} = \frac{\sum_i (M_{i,x} - \overline{M_x})(M_{i,y} - \overline{M_y})}{\sqrt{\sum_i (M_{i,x} - \overline{M_x})^2 \sum_i (M_{i,y} - \overline{M_y})^2}}$$

A princípio, eu pensei que a mensagem de e-mail fosse um spam. Ela começava com a saudação 'Sr. Sumpter:'— e não é comum que uma mensagem de e-mail em inglês comece com dois pontos. Mesmo enquanto eu lia o texto, um convite amável da Comissão de Comércio, Ciência e Transportes, em Washington, D.C., para me fazer uma consulta, continuei desconfiado. O que eu achava estranho era o próprio fato de o convite ter sido enviado por e-mail. Não sei como esperava que uma Comissão do Senado entrasse em contato comigo, mas estranhei a combinação de um título longo e detalhado da comissão com um pedido informal de consulta. Não parecia certo.

Era verdade. A Comissão do Senado queria conversar comigo. Respondi afirmativamente e após alguns dias eu estava em uma videoconferência pelo Skype com os membros republicanos da comissão. Eles queriam saber a respeito da Cambridge Analytica, a empresa que Donald Trump tinha contratado para enviar mensagens a possíveis eleitores pelas redes sociais e que era suspeita de haver copiado dados de dezenas de milhões de usuários do Facebook. Já estavam circulando na mídia duas versões da história da Cambridge Analytica. Uma era a declaração evasiva de Alexander Nix, o diretor executivo na época, de acordo com o qual a empresa usava algoritmos para direcionar propaganda política. Do outro lado estava o acusador de cabelo extravagantemente pintado, Chris Wylie, que, segundo ele, tinha ajudado Nix e sua empresa a criar uma ferramenta de "guerra psicológica". Subsequentemente, Wylie se arrependera de ter ajudado Trump a ganhar a eleição, enquanto Nix estava expandindo seu negócio para a África a reboque do seu "sucesso".

Eu tinha pesquisado a fundo o algoritmo usado pela Cambridge Analytica, em 2017, um ano antes de o escândalo vir a público, e chegara à conclusão de que tanto a versão de Nix como a de Wylie não eram verdadeiras. Eu duvidava que a companhia pudesse ter influenciado o resultado da eleição para presidente dos Estados Unidos. Eles certamente tinham tentado, mas eu descobri que os métodos que afirmavam ter usado para direcionar a propaganda política tinham falhas.[1] Minhas conclusões me deixaram na estranha situação de pôr em dúvida os dois lados da questão. Era por isso que a comissão do Senado queria conversar comigo. Mais que tudo, os republicanos que participavam do governo de Trump na primavera de 2018 queriam saber o que fazer sobre o enorme escândalo que havia surgido em relação à propaganda nas redes sociais.

*

Senadores, precisamos compreender o modo como as empresas das redes sociais nos enxergam. Para isso, vou tratar as pessoas como dados (é o que fazem), começando pelos dados mais ativos e importantes: os adolescentes. Este grupo quer obter a maior quantidade de informação possível no menor tempo possível. Toda noite eles podem ser vistos — compartilhando um sofá ou, cada vez mais, sozinhos em seus quartos — clicando rapidamente e rolando mensagens nas plataformas das redes sociais preferidas: Snapchat e Instagram. Através da pequena janela dos seus celulares, podem ter uma visão incrível do mundo: anões caindo de skates, casais jogando Jenga Verdade ou Desafio, cães jogando o jogo eletrônico *Fortnite*, crianças pequenas enterrando os dedos lentamente em massa de modelar, meninas adolescentes tentando se maquiar com resultados duvidosos e histórias "vazadas" que consistem em diálogos de texto entre colegas de faculdade imaginários. Essas imagens se misturam a boatos envolvendo pessoas famosas, uma ou outra notícia autêntica e, naturalmente, uma enxurrada de anúncios.

Nos computadores do Instagram, do Snapchat e do Facebook é gerada uma planilha de informações sobre nossos interesses. A planilha é um arranjo retangular de números no qual as linhas representam pessoas e as colunas são os tipos de "posts" ou "snaps" nos quais estão clicando. Na matemática, esta planilha que mostra a atividade dos adolescentes é transformada em uma matriz chamada *M*. Aqui está um exemplo para ilustrar — em uma escala muito reduzida — o aspecto que teria uma matriz de uma rede social com apenas doze usuários.

Comida Maquiagem Kylie PewDiePie *Fortnite* Drake

$$M = \begin{pmatrix} 8 & 6 & 6 & 0 & 0 & 2 \\ 1 & 6 & 1 & 4 & 0 & 9 \\ 2 & 0 & 0 & 9 & 5 & 3 \\ 5 & 0 & 9 & 8 & 7 & 2 \\ 5 & 9 & 7 & 1 & 0 & 1 \\ 3 & 6 & 9 & 1 & 2 & 3 \\ 5 & 7 & 7 & 1 & 2 & 4 \\ 6 & 3 & 3 & 5 & 6 & 9 \\ 6 & 0 & 0 & 0 & 2 & 8 \\ 1 & 4 & 9 & 8 & 2 & 1 \\ 8 & 7 & 8 & 2 & 3 & 1 \\ 2 & 0 & 1 & 8 & 7 & 4 \end{pmatrix} \begin{matrix} \text{Madison} \\ \text{Tyler} \\ \text{Jacob} \\ \text{Ryan} \\ \text{Alyssa} \\ \text{Ashley} \\ \text{Kayla} \\ \text{Morgan} \\ \text{Matt} \\ \text{Jose} \\ \text{Sam} \\ \text{Lauren} \end{matrix}$$

Cada elemento de *M* é o número de vezes que um dos adolescentes clicou em um tipo particular de postagem. Assim, por exemplo, Madison viu 8 postagens sobre comida, 6 postagens sobre maquiagem e sobre a personalidade Kylie Jenner, nenhuma sobre o youtuber PewDiePie e sobre o jogo eletrônico *Fortnite* e 2 postagens sobre Drake, o rapper.

Podemos ter uma boa ideia, apenas olhando para a matriz, a respeito de Madison. Está convidado a imaginar como ela é e como são os outros jovens, usando como guia as suas postagens preferidas. Não se preocupe. Eles não são pessoas reais. Você pode criticá-los à vontade.

Existem outros adolescentes na matriz com perfis semelhantes ao de Madison. Sam, por exemplo, se interessa por comida, maquiagem e Kylie

Jenner, mas não se interessa muito pelas outras categorias. Outros são muito diferentes de Madison. Jacob adora PewDiePie e *Fortnite*. Alguns não se encaixam nesses dois estereótipos. Tyler, por exemplo, gosta de Drake e de maquiagem, mas também tem certo interesse por PewDiePie.

A equação do anunciante é uma forma matemática de estereotipar automaticamente as pessoas. Ela tem a seguinte forma:

$$r_{x,y} = \frac{\sum_i (M_{i,x} - \overline{M_x})(M_{i,y} - \overline{M_y})}{\sqrt{\sum_{i=1}^{n} (M_{i,x} - \overline{M_x})^2 \sum_{i=1}^{n} (M_{i,y} - \overline{M_y})^2}}$$

(Equação 7)

A Equação 7 é usada para medir a correlação entre as diferentes categorias de postagens. Assim, por exemplo, se a maioria das pessoas que gostam de Kylie Jenner também gostam de maquiagem, $r_{\text{maquiagem,Kylie}}$ é um número positivo. Neste caso, dizemos que existe uma correlação positiva entre Kylie e maquiagem. Por outro lado, se a maioria das pessoas que gostam de Kylie não se interessam por PewDiePie, então $r_{\text{PewDiePie,Kylie}}$ é um número negativo e dizemos que existe uma correlação negativa entre Kylie e PewDiePie.

Para compreendermos como a Equação 7 funciona, vamos examiná-la por partes, começando com $M_{i,x}$. Este é o valor do elemento que está na linha *i* e na coluna *x* da matriz *M*. Assim, $M_{\text{Madison,maquiagem}} = 6$, porque Madison assistiu a 6 postagens sobre maquiagem. A linha é i = Madison e a coluna é x = maquiagem. No caso geral, quando vemos $M_{i,x}$, simplesmente procuramos o elemento *i*, *x* na matriz *M*. Vamos agora considerar $\overline{M_x}$ Este símbolo representa o valor médio do número de postagens da categoria *x* que foram assistidas pelos adolescentes. Assim, por exemplo, o número médio de postagens sobre maquiagem assistidos pelos adolescentes foi $\overline{M_{\text{maquiagem}}} = 4$, já que (6 + 6 + 0 + 0 + 9 + 6 + 7 + 3 + 0 + 4 + 7 + 0)/12 = 4.

Ao subtrairmos o interesse médio por maquiagem do número de postagens sobre maquiagem assistido por Madison, obtemos $M_{i,x} - \overline{M_x} = 6 - 4 = 2$ Isso nos diz que Madison tem um interesse acima da média por maquiagem. Da mesma forma, o fato de que $\overline{M_{\text{Kylie}}} = 5$ significa que ela também tem um interesse (ligeiramente) acima da média por Kylie, já que $M_{i,y} - \overline{M_y} = 6 - 5 = 1$ para $i =$ Madison e $y =$ Kylie.

Os últimos dois parágrafos são apenas para definir a forma como registramos os dados ou, como dizem os matemáticos, definir a notação empregada na Equação 7. As coisas começam a ficar realmente interessantes quando calculamos os produtos $\left(M_{i,x} - \overline{M_x}\right) \cdot \left(M_{i,y} - \overline{M_y}\right)$ para determinar os interesses que os adolescentes têm em comum.

No caso de Madison, temos:

$$\left(M_{\text{Madison,maquiagem}} - \overline{M_{\text{maquiagem}}}\right) \cdot \left(M_{\text{Madison,Kylie}} - \overline{M_{\text{Kylie}}}\right) = (6-4) \cdot (6-5) = 2 \cdot 1 = 2$$

que indica uma correlação positiva entre os interesses de Madison por maquiagem e Kylie.

No caso de Tyler, a correlação entre maquiagem e Kylie é negativa, $(6-4) \cdot (1-5) = 2 \cdot (-4) = -8$ porque ele está apenas interessado em maquiagem. No caso de Jacob, a correlação é positiva, porque ele não está interessado nem em maquiagem nem em Kylie (veja a Figura 7, na página seguinte). Note uma sutileza aqui. A correlação é positiva tanto para Jacob como para Madison, embora os dois tenham preferências opostas em relação à maquiagem e Kylie. As preferências de Tyler fogem ao padrão, e a correlação entre suas preferências por maquiagem e Kylie é negativa.

Podemos fazer exatamente o mesmo cálculo para todos os adolescentes. É isso que expressa o numerador (parte de cima) do lado direito da Equação 7:

$$\sum_i \left(M_{i,x} - \overline{M_x}\right)\left(M_{i,y} - \overline{M_y}\right)$$

O símbolo Σ_i indica que o cálculo deve ser feito para todos os doze adolescentes. Quando somamos as preferências de todos os adolescentes pela maquiagem multiplicadas pelas preferências por Kylie, obtemos

$$2-8+20-16+10+8+6+2+20+0+9+16=69$$

Quase todos os números são positivos, o que mostra que existe uma forte correlação entre as duas preferências. Madison e Jacob estão entre os que contribuem com números positivos, 2 e 20, respectivamente. As exceções são Tyler, que gosta de maquiagem, mas não gosta de Kylie, e Ryan, que não gosta de maquiagem, mas gosta de Kylie. Esses dois são responsáveis pelo −8 e pelo −16, respectivamente.

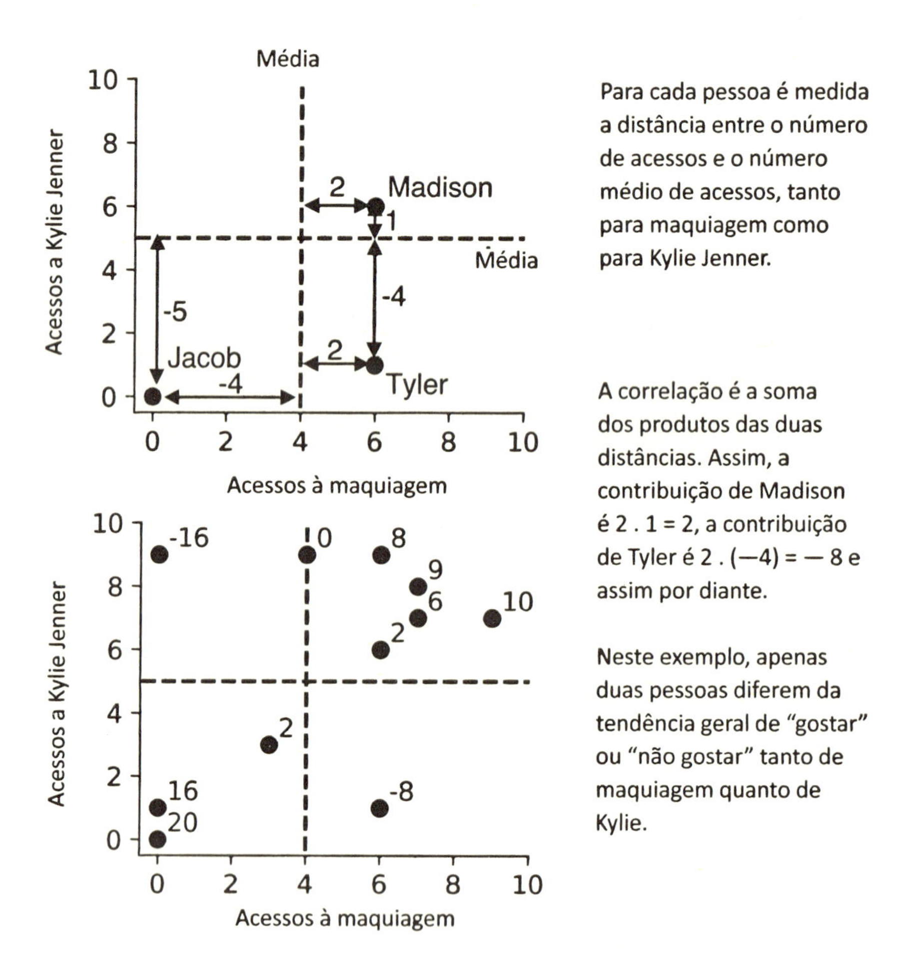

Figura 7: Cálculo da correlação entre maquiagem e Kylie.

Os matemáticos não gostam de números grandes, como 69. Preferimos trabalhar com números pequenos, de preferência entre 0 e 1. É para isso que serve o denominador (parte de baixo) do lado direito da Equação 7. Não vou entrar em detalhes, mas fazendo as contas descobrimos que

$$r_{\text{maquiagem,Kylie}} = \frac{69}{\sqrt{120 \cdot 152}} = 0{,}51$$

Isso nos dá um número entre 0,51, que indica a correlação entre maquiagem e Kylie. Um valor de 1 indicaria uma correlação perfeita entre as preferências pelos dois tipos de postagens, enquanto 0 indicaria uma total falta de correlação. Assim, o valor de 0,51 sugere uma correlação razoável entre gostar de maquiagem e gostar de Kylie Jenner.

Reconheço que já fizemos muitos cálculos, mas temos apenas um dos quinze números que precisamos conhecer a respeito da preferência dos adolescentes! Não queremos apenas saber qual é a correlação entre maquiagem e Kylie; queremos saber qual é a correlação entre todas as categorias: comida, maquiagem, Kylie, PewDiePie, *Fortnite* e Drake. Felizmente, agora que aprendemos a calcular uma correlação usando a Equação 7, é só introduzir pares de categorias na equação, um após outro. Foi exatamente o que eu fiz para obter a matriz abaixo, que é chamada de matriz de correlação e representada pelo símbolo *R*.

$$
\begin{array}{cccccc}
\text{Comida} & \text{Maquiagem} & \text{Kylie} & \text{Pew DiePie} & \textit{Fortnite} & \text{Drake}
\end{array}
$$

$$
R = \begin{pmatrix}
1,00 & 0,24 & 0.23 & -0,61 & -0,10 & -0,11 \\
0,24 & 1,00 & 0.51 & -0,63 & -0,74 & -0,26 \\
0,23 & 0,51 & 1.00 & -0,17 & -0,17 & -0,69 \\
-0,61 & -0,63 & -0.17 & 1,00 & 0,71 & -0,08 \\
-0,10 & -0,74 & -0.17 & 0,71 & 1,00 & 0,06 \\
-0,11 & -0,26 & -0.69 & -0,08 & 0,06 & 1,00
\end{pmatrix}
\begin{array}{c}
\text{Comida} \\ \text{Maquiagem} \\ \text{Kylie} \\ \text{PewDiePie} \\ \textit{Fortnite} \\ \text{Drake}
\end{array}
$$

Na interseção da linha "Kylie" com a coluna "maquiagem" você pode ver 0,51, a correlação que acabamos de calcular. As outras linhas e colunas são calculadas exatamente da mesma forma para diferentes pares de categorias. Por exemplo, *Fortnite* e PewDiePie têm uma correlação de 0,71. Outras correlações são negativas, como entre *Fortnite* e maquiagem, com –0,74, o que significa que os adolescentes que gostam de jogos eletrônicos em geral não se interessam por maquiagem.

A matriz de correlação ajuda a dividir as pessoas em estereótipos. Quando eu convidei você a imaginar como são esses jovens, sem receio de criticá-los, eu estava, na verdade, pedindo que você criasse uma matriz de correlação. A correlação Maquiagem/Kylie coloca pessoas como Madison, Alyssa, Ashley e Kayla em um estereótipo, e a correlação PewDiePie/*Fortnite* coloca Jacob, Ryan, Morgan e Lauren em outro. Outras pessoas, como Tyler e Matt, são difíceis de classificar.

Em maio de 2019, perguntei a Doug Cohen, cientista de dados do Snapchat, que tipo de informação sobre os usuários eles guardam nas matrizes de correlação.

— Na verdade, guardamos praticamente tudo que fazem no Snapchat — respondeu. — Com que frequência conversam com os amigos, quantos foguinhos têm, que filtros estão usando, quanto tempo passam consultando mapas, em quantos grupos de bate-papo estão envolvidos, quanto tempo passam lendo mensagens institucionais e postagens de amigos. Além disso, buscamos correlações entre essas atividades.

Como os dados são anônimos, Doug não sabe o que cada indivíduo está fazendo, mas essas correlações permitem que o Snapchat classifique os usuários em categorias que vão desde "auto-obcecados" e "documentaristas" até "divas da maquiagem" e "rainhas do filtro", para usar a terminologia empregada pela própria empresa em sua propaganda.[2]

Depois de investigar quais são as áreas de interesse dos usuários, a empresa procura fornecer a maior quantidade possível de material do mesmo tipo, para que eles não deixem de visitar o aplicativo, explicou Doug.

A essa altura não pude me conter.

— Espere aí — protestei. — Como pai, estou tentando limitar o uso de celulares pelos meus filhos e vocês estão trabalhando para aumentar o tempo que passam no Snapchat!

Doug se defendeu alfinetando os concorrentes.

— Nós não queremos aumentar o tempo que passam no aplicativo, como o Facebook costuma fazer — disse ele —, mas procuramos fidelizá-los. Ajudamos nossos usuários a manter contatos frequentes com os amigos.

O Snapchat não quer necessariamente que meus filhos passem o tempo todo no aplicativo, mas quer que voltem sempre. Posso garantir, por experiência, que esta tática funciona.

*

A maioria de nós quer ser respeitada como indivíduos e não ser enquadrada em estereótipos. A Equação 7 ignora totalmente nossos desejos. Ela nos reduz a correlações entre as coisas que apreciamos.

Os matemáticos que trabalham no Facebook perceberam a importância das correlações já nos primeiros estágios de desenvolvimento da plataforma. Toda vez que você curte uma página ou um comentário a respeito de um assunto, sua ação fornece dados ao Facebook sobre você como indivíduo. O modo como o Facebook usa esses dados tem mudado com o tempo. Em 2017, quando eu comecei a investigar o modo como os analistas estavam nos monitorando, as categorias tinham nomes engraçados: "Britpop", "casamentos reais", "rebocadores", "pescoço" e "classe média alta" eram algumas das classes em que os usuários eram enquadrados.

Essas categorias deixavam os usuários pouco à vontade e, o que era mais importante para a empresa, não tinham muito valor para os anunciantes. Em 2019, o Facebook passou a usar nomes mais relacionados aos produtos: relacionamento, criação dos filhos, veteranos de guerra e ambientalismo são algumas das centenas de categorias usadas pela empresa para descrever seus usuários.

Uma reação a ser estereotipado desta forma é dizer que isso é errado, "Eu não sou um dado, sou uma pessoa de verdade, um indivíduo." Perdão por decepcioná-lo, mas você não é tão único como imagina. O modo como você se comporta nas redes sociais acabou com essa ilusão. Existe outra pessoa com o mesmo conjunto de interesses, que usa o mesmo filtro de fotos, tira o mesmo número de selfies, segue as mesmas celebridades e clicam nos mesmos anúncios. Na verdade, não é só uma pessoa; são milhares, agrupados pelo Facebook, Snapchat e todos os outros apps que você usa.

Não adianta ficar zangado ou ofendido com o fato de ser um dado em uma matriz. Você deve agradecer por isso. Para que você entenda o motivo, é necessário que considere o agrupamento de pessoas de um ponto de vista diferente, como um modo menos atraente de dividir as pessoas em categorias.

Imagine que a matriz M contém os genes de Madison, Tyler e os outros adolescentes em vez de seus gostos pessoais. Os geneticistas modernos também nos tratam como dados: uma matriz de uns e zeros, que indica se possuímos ou não certos genes. Esta visão do mapa genético das pessoas como parte de uma matriz de correlação pode salvar vidas. Ela permite que os cientistas identifiquem a causa de doenças, receite remédios que estejam de acordo com o seu DNA e compreendam melhor certos tipos de câncer.

Ela também ajuda a descobrir muita coisa a respeito de nossos ancestrais. Noah Rosenberg, um pesquisador da Universidade Stanford, e seus colaboradores construíram uma matriz de 4.199 genes diferentes e 1.056 pessoas do mundo inteiro. Cada um desses genes era diferente em pelo menos duas pessoas do estudo. Este é um ponto importante porque todos os seres humanos têm muitos genes em comum (é graças a esses genes que somos seres humanos). Ele estava tentando associar diferenças genéticas à localização geográfica das pessoas. Quais são essas diferenças entre os africanos e os europeus? E entre os habitantes de diferentes países da Europa? As diferenças genéticas são explicadas pelo que vulgarmente chamamos de raça?

Para tentar responder a essas perguntas, Noah usou primeiro a Equação 7 para calcular correlações entre pessoas em termos dos genes que elas tinham em comum.[3] Em seguida, usou um modelo chamado ANOVA (do inglês analysis of variance, ou seja, análise de variância) para verificar se o lugar de origem explicava essas correlações. Não existe uma resposta para essa questão: tudo que o ANOVA fornece é uma porcentagem que pode variar de 0% a 100%. O leitor quer dar um palpite de que fração do nosso genoma está relacionada à nossa região de origem? 98%? 50%? 30%? 80%?

A resposta é a seguinte: entre 5% e 7%. Não mais que isso. Outros estudos confirmaram as observações de Noah. Enquanto alguns genes produzem diferenças visíveis, entre os quais estão certamente os genes que regulam a produção de melatonina, responsável pela cor da pele, o conceito da raça não faz sentido do ponto de vista científico. A origem geográfica dos nossos ancestrais simplesmente não explica as diferenças genéticas.

Pode parecer levemente paternalista chamar atenção para a falta de base da biologia racial em 2020, mas, infelizmente, algumas pessoas ainda acreditam que certas raças, por exemplo, são menos inteligentes que outras. Essas pessoas são chamadas de racistas e não poderiam estar mais erradas. Existem outras, as que dizem, "Eu não sou racista, mas ...", segundo as quais aceitar a igualdade entre as raças é algo imposto pelas escolas e pela sociedade. O professor aposentado com quem eu me correspondi, e que escrevia para a revista *Quilette* (veja o Capítulo 3), é uma dessas pessoas. Gente como ele acredita que evitamos discutir as diferenças entre as raças para ser politicamente corretos.

Na verdade, o local de origem de nossos ancestrais é responsável apenas por uma pequena parte das diferenças genéticas. Além disso, não são os genes que determinam o que somos como indivíduos. Nossos valores e nosso comportamento são moldados por nossas experiências e pelas pessoas que nos cercam. Nossa personalidade pouco ou nada tem a ver com a cor da nossa pele ou com o local de origem dos nossos ancestrais.

Os jovens de menos de vinte anos — como meus adolescentes imaginários Jacob, Alyssa, Madison e Ryan — pertencem à chamada Geração Z, que veio depois da Geração Y, também conhecida como Geração do Milênio. Serem vistos como indivíduos é extremamente importante para esta nova geração. Eles certamente não querem ser vistos em termos do seu gênero ou de sua sexualidade. Uma pesquisa de 300 indivíduos da Geração Z nos Estados Unidos revelou que apenas 48% se declaravam totalmente heterossexuais, com um terço deles preferindo se enquadrar em uma escala de bissexualismo.[4] Mais de três quartos deles concordaram com a afirmação de que "O gênero não define tanto uma pessoa como no passado". Muitos indivíduos do meu grupo etário, a Geração X, veem com ceticismo a "recusa" da Geração Z de reconhecer diferenças de gênero. Mais uma vez, existe a ideia de que os jovens estão tentando ser politicamente corretos e, no processo, ignoram fatos biológicos básicos.

Existe outra forma de encarar este choque de gerações. A Geração Z tem a seu dispor muito mais dados que as pessoas da minha idade tinham quando eram jovens. Enquanto os jovens da Geração X cresceram com um número limitado de estereótipos sendo mostrados na televisão e na sociedade, os jovens da Geração Z são bombardeados com imagens de diversidade e individualismo. Eles consideram este individualismo mais importante do que manter estereótipos de gênero.

O sucesso das categorias de anúncios do Facebook, baseadas nas correlações de nossos interesses, sugere que a visão que a Geração Z tem do mundo está estatisticamente correta. Douglas Cohen, que trabalhou em publicidade no Facebook antes de se transferir para o Snapchat, me contou que os anunciantes do seu antigo empregador competiam entre si na tentativa de concentrar sua propaganda nos pequenos grupos de interesse identificados na matriz de correlação da empresa. O preço de uma propaganda dirigida pode dobrar ou triplicar quando os anunciantes competem pelo direito de se dirigirem diretamente aos entusiastas do "faça você mesmo", aos fãs dos filmes de ação, aos surfistas, aos jogadores de pôquer e a muitos outros grupos de interesse. Para os anunciantes, a identidade dos indivíduos vale muito dinheiro.

Classificar as pessoas de acordo com suas preferências e atividades pode ser extremamente justo e eficaz. Assim como os cientistas usam correlações entre genes para determinar a causa de doenças, as correlações sociais podem nos ajudar a encontrar grupos com interesses e objetivos comuns.

*

As Casas do Parlamento podem ser um lugar intimidador para um jovem cientista de dados.

— Não faz muito tempo, as placas de Westminster se referiam aos membros do público como "outros" — afirmou Nicole Nisbett quando nos encontramos na Universidade de Leeds. — As coisas estão mudando e os parlamentares estão se mostrando mais acessíveis ao público e aos pesquisadores, mas essas placas revelam uma aversão histórica às pessoas de fora.

Nicole trabalha há dois anos em um projeto para sua tese de doutorado. Ela fica metade do tempo em Leeds e a outra metade na Câmara dos Comuns. Para isso, tem um passe que lhe dá acesso a "quase todas as áreas" da Câmara. Ela tem uma missão: melhorar as relações entre os Membros do Parlamento (MPs) e seus assessores e o mundo exterior. Antes de Nicole iniciar o projeto, muitos assessores que lidam com o dia a dia do governo achavam que os comentários que o público fazia no Facebook ou mesmo nos seus próprios foros de discussão eram muito numerosos para serem lidos.

— Havia também um consenso de que eles já sabiam o que o povo iria dizer — explicou Nicole —, e que não valia a pena ficar lendo tantas críticas e insultos.

A experiência de Nicole com ciência de dados lhe proporcionara uma outra perspectiva. Entendia que o número de mensagens no twitter e no facebook poderia ser sufocante para qualquer pessoa, mas ela também sabia como buscar correlações. Ela me mostrou um mapa que havia criado para resumir um debate a respeito da proibição de produtos com peles de animais e colocou todas as palavras usadas no debate em uma matriz, verificando se havia alguma correlação entre elas. Palavras que eram usadas juntas estavam ligadas por uma linha. "Pele" estava ligada a "venda", "comércio" e "indústria", que, por sua vez, estava ligada a "bárbara" e "cruel". Outro grupo ligava as palavras "sofrimento", "morte" e "beleza". Um terceiro grupo ligava "saúde", "leis" e "padrões". Cada um desses grupos de palavras mostrava uma faceta do problema.

Em um canto do mapa de Nicole, duas palavras estavam ligadas por uma linha grossa: "eletrocutar" e "ânus". Fiquei olhando para elas, tentando decifrar o que significava aquela associação.

— A princípio, pensei que essas palavras estivessem sendo usadas por extremistas — comentou Nicole.

Em qualquer debate existem sempre pessoas que defendem sua posição com veemência, chegando, às vezes, a usar palavras de baixo calão. Entretanto, nas manifestações agressivas não costuma haver esse tipo de correlação, já que pessoas diferentes também usam palavras diferenciadas para ofender os adversários. Quando Nicole leu as frases que continham aquelas palavras, descobriu que tinham sido escritas por um grupo de pessoas bem informadas que estavam discutindo um tema importante: o fato de que raposas e guaxinins em cativeiro estavam sendo mortos porque estavam introduzindo eletrodos em seus corpos e aplicando descargas de alta tensão. Isto acrescentou uma nova dimensão às discussões no Parlamento que jamais teria sido notada se não fosse o trabalho de Nicole.

— Evito fazer suposições a respeito do que o público vai escrever; meu trabalho é condensar milhares de opiniões para que o parlamento possa reagir com mais rapidez a temas polêmicos — explicou Nicole.

Sua análise inclui diferentes aspectos de uma questão, não porque seja "politicamente correto" considerar todos os lados envolvidos, mas porque é estatisticamente correto destacar opiniões importantes. As minorias são ouvidas porque contribuem genuinamente para a discussão. As correlações permitem que seja feita uma representação imparcial de todos os lados da uma questão sem uma posição política sobre qual é a melhor proposta.

— É apenas um começo. Não se pode resolver tudo usando a estatística — afirmou Nicole. — Nenhuma análise de dados pode ajudar no caso do Brexit! — acrescentou com um sorriso irônico.

*

Os cientistas sociais envidam grandes esforços no sentido de encontrar explicações estatisticamente corretas para os dados. Conheci Bi Puranen, pesquisadora do Instituto de Estudos Futuros em Estocolmo, quando viajamos juntos a São Petersburgo para participar de uma conferência sobre mudanças políticas. Os pesquisadores do instituto que visitamos eram financiados diretamente por um fundo criado por Dmitry Medvedev, presidente da Rússia na época em que Putin foi primeiro-ministro. Entretanto, os jovens estudantes de doutorado do instituto eram decididamente contra o governo. Eles ansiavam por mudanças a favor da democracia e se queixaram amargamente conosco do modo como suas ideias eram sufocadas. Fui testemunha, em primeira mão, do modo como Bi procurava atenuar os conflitos, mostrando simpatia pela posição dos estudantes ao mesmo tempo em que aceitava a realidade de conduzir um projeto de pesquisa dentro da Rússia de Putin.

Para Bi era vital que, independentemente de sua visão política, os pesquisadores russos com quem trabalhava executassem o World Values Survey exatamente na mesma forma que nos outros países (mais de cem) em que estava sendo aplicado. Ao fazerem a pessoas do mundo inteiro as mesmas perguntas, muitas das quais a respeito de temas polêmicos, como democracia, homossexualismo, imigração e religião, Bi e seus colaboradores queriam saber até que ponto a escala de valores dos cidadãos variava de país para país.[5] Mesmo os pesquisadores mais politicamente motivados tinham de admitir que era preciso colher os dados de forma imparcial.

Como a pesquisa tem 282 perguntas, as correlações eram uma forma de buscar, de forma sistemática, semelhanças e diferenças entre as respostas. Ronald Inglehart e Christian Welzel, dois colaboradores de Bi, descobriram que as pessoas que dão mais valor aos valores da família, ao orgulho nacional e à religião tendem a condenar o divórcio, o aborto, a eutanásia e o suicídio. Correlações nas respostas a essas perguntas levaram Inglehart e Welzel a classificar os cidadãos de diferentes países como tradicionalistas ou secularistas.[6] Países como Marrocos, Paquistão e Nigéria tendiam a ser tradicionalistas, enquanto Japão, Suécia e Bulgária tendiam a ser secularistas. Este resultado não queria dizer que todos os habitantes desses países tinham a mesma opinião, mas fornecia uma avaliação estatisticamente correta da visão predominante em cada país.

Chris Welzel descobriu que havia outra correlação entre as respostas. As pessoas que se preocupavam com a liberdade de opinião também valorizavam a imaginação, a independência e a igualdade de gênero na educação e se mostravam mais tolerantes em relação ao homossexualismo. As respostas a esses temas que Welzel chama de valores emancipatórios tinham uma correlação positiva. A Inglaterra, os Estados Unidos e a Suécia estão entre os países com altos valores emancipatórios.

Um ponto realmente importante é que *não existe* uma correlação entre o primeiro eixo, tradicionalismo/secularismo, com o segundo eixo, altos/baixos valores emancipatórios. Russos e búlgaros, por exemplo, têm altos valores secularistas, mas não valorizam a emancipação. Nos Estados Unidos, liberdade e emancipação são valorizadas por quase toda a população, mas o país é tradicionalista no sentido de que a religião e os valores de família são importantes para a maioria dos cidadãos. Os países escandinavos são exemplos de cidadãos com altos valores secularistas e emancipatórios, enquanto Zimbabwe, Paquistão e Marrocos estão no extremo oposto, valorizando a tradição e a obediência às autoridades.

A separação de valores em dois eixos independentes deu uma ideia a Bi Puranen. Ela queria saber como os valores dos imigrantes mudavam quando eles passavam a viver na Suécia. No ano de 2015, 150.000 imigrantes, a maioria proveniente da Síria, Iraque e Afeganistão, pediram asilo na Suécia. Este número representava aproximadamente 1,5% da população da Suécia, e todos eles chegaram em um período de apenas um ano, vindo de três países com valores culturais totalmente diferentes dos do novo lar.

Quando os nativos da Europa Ocidental olham para esses imigrantes, notam detalhes relacionados aos seus valores tradicionais, como o hijab ou uma mesquita recém-construída. Essas observações levam alguns a concluir que os muçulmanos, em particular, estão deixando de adaptar seus valores ao país em que passaram a viver. As aparências externas podem mostrar que os imigrantes estão tentando preservar suas tradições, mas a única forma estatisticamente correta de compreender seus valores internos é conversar com eles e perguntar o que pensam. Isto é exatamente o que Bi e seus colaboradores fizeram. Eles entrevistaram 6.501 pessoas que tinham chegado à Suécia nos últimos dez anos e as questionaram a respeito dos seus valores.

Os resultados foram surpreendentes. Muitos desses imigrantes tinham os mesmos pontos de vista de um europeu típico sobre a igualdade de gênero e a aceitação do homossexualismo, embora não adotassem a secularidade extrema dos suecos. Eles conservavam seus valores tradicionais — aqueles que são visíveis externamente, relacionados à importância da família e da religião. Na verdade, uma família iraquiana ou somali vivendo em Estocolmo tem valores muito parecidos com os de uma família tradicional americana vivendo em Houston, Texas.

Os muçulmanos não são o único grupo que não é visto de forma estatisticamente correta. Muitas vezes tenho visto, por exemplo, cristãos americanos acusados de serem contra o aborto e os homossexuais. Michelle Dillon, Professora de Sociologia da Universidade de New Hampshire, mostrou que alguns grupos de religiosos que condenavam o aborto apoiavam o casamento de pessoas do mesmo sexo, enquanto outros grupos religiosos tinham opiniões opostas em relação às duas questões.[7] Em geral, o aborto e os direitos dos homossexuais são considerados questões independentes pelos grupos religiosos.

*

Quando boa parte da nossa vida se mudou para a Internet, a quantidade de informações a nosso respeito aumentou consideravelmente: quem são nossos contatos no Facebook, quais são nossos gostos, aonde vamos, o que compramos; a lista é quase interminável. Tudo relacionado a cada interação social, a cada pesquisa e a cada compra é registrado pelo Facebook, Google e Amazon. Este é o mundo dos dados. Não somos mais definidos pela idade, gênero ou local de nascimento, mas por milhões da dados que indicam onde estivemos e o que pensamos.

A DEZ agiu rapidamente para enfrentar o desafio dos dados. Seus membros colocaram a população mundial em uma matriz. Eles estabeleceram ligações entre as pessoas com base nos seus interesses. Acharam que tinham mostrado que o racismo e o sexismo eram coisas do passado. Mediram o quanto a sociedade tinha evoluído no sentido de tornar o mundo um lugar mais tolerante — um lugar mais justo que respeitava a dignidade dos seres humanos. A DEZ estava sendo estatisticamente correta.

Boa parte da nova ordem era financiada por anúncios personalizados. Os anunciantes começaram a competir pelo direito de mostrar seus produtos a pequenos grupos seletos de usuários do Facebook. Mais cientistas de dados e estatísticos foram recrutados para ajudar a fornecer informações com maior precisão. Um novo campo de propaganda microdirecionada havia nascido. Clientes em potencial eram identificados e recebiam a informação exata no momento exato para maximizar seu interesse.

Os membros da DEZ tinham vencido novamente, acrescentando propaganda e marketing à lista de problemas resolvidos. Desta vez, parecia até mesmo que eles tinham certa forma de moralismo a seu favor. Entretanto, havia um problema. Não eram só os membros da DEZ que estavam tendo acesso aos números da matriz. E nem todos que observavam as correlações compreendiam corretamente o que viam ...

*

A pesquisa de Anja Lambrecht diz respeito ao uso adequado de dados. Como Professora de Marketing da London Business School, ela estudou como os dados são usados em muitas atividades, desde a promoção de roupas de grife até apostas esportivas. Ela me explicou em um e-mail que embora existam vantagens óbvias no uso de bases de dados na propaganda, é preciso também levar em conta as limitações.

— Os dados não são muito úteis para quem não sabe extrair informações relevantes — comentou.

Em um dos artigos científicos que publicou, do qual o exemplo a seguir foi extraído, Lambrecht, juntamente com a colega Catherine Tucker, explica o problema usando como cenário um site de compras online.[8] Imagine um varejista de brinquedos que usa uma tática chamada retargeting, na qual um cookie é instalado nos computadores de todos os clientes que visitam o site da loja. Isso faz com que os anúncios da loja sejam vistos novamente pelo cliente toda vez que ele faz uma busca por brinquedos. Depois de constatar que os clientes que viram mais vezes os anúncios da loja foram os que compraram mais brinquedos, o departamento de marketing da loja conclui que a campanha publicitária está funcionando.

Agora observe os anúncios de um ângulo diferente. Considere Emma e Julie, que não se conhecem, mas ambas têm sobrinhas com sete anos de idade. Elas veem anúncios da loja na Internet no último domingo antes do Natal. Da segunda-feira em diante, Emma enfrenta uma semana árdua de trabalho e não tem tempo para voltar à Internet. Julie está de férias e passa boa parte do tempo na Internet, escolhendo presentes de Natal. Depois de ver três ou quatro vezes o anúncio da loja, ela clica no *Jogo Clássico Connect 4* e efetua a compra. Emma passa por uma loja de brinquedos a caminho de casa no dia 23 de dezembro e compra uma Kombi de peças de Lego.

Julie viu o anúncio mais vezes que Emma, mas isso quer dizer que a tática de retargeting está sendo eficaz? Não. Não temos ideia do que Emma teria feito se tivesse tempo para voltar à Internet. Os funcionários do departamento de marketing estão confundindo correlação com causa e efeito. Como não sabemos se foi a repetição do anúncio que fez Julie comprar o jogo *Connect 4*, não podemos concluir que a tática de retargeting funcionou.

É difícil separar correlação de causa e efeito. Como a matriz de correlação que eu criei no início deste capítulo para Madison, Ryan e seus amigos se baseia em um número muito pequeno de observações, não podemos usar os resultados para tirar conclusões (lembra-se da equação da confiança?). Imagine, porém, que os dados da mesma matriz tenham sido obtidos para as preferências de um grande número de usuários do Snapchat e que os resultados mostrem que existe uma forte correlação entre PewDiePie e *Fortnite*. Podemos concluir que ajudar PewDiePie a conseguir mais assinantes aumentará o número de jogadores de *Fortnite*? Não, não podemos. Se fizéssemos isso, estaríamos mais uma vez confundindo correlação com causa e efeito. As crianças não jogam *Fortnite* *porque* gostam do youtuber PewDiePie. Uma campanha para aumentar o número de assinantes de PewDiePie teria exatamente este efeito (se fosse bem-sucedida), ou seja, aumentar o número de crianças que assistem aos vídeos de PewDiePie. Ela não faria as crianças jogar *Fortnite* depois de assistirem a um vídeo de PewDiePie.

E se *Fortnite* fizer anúncios no canal de PewDiePie? Isso talvez funcione. Pode ser que alguns jogadores de *Fortnite* tenham mudado para *Minecraft* e PewDiePie possa atraí-los de volta. Mas a estratégia pode fracassar. Talvez o interesse dos fãs de PewDiePie pelo jogo tenha atingido o ponto de saturação. Talvez fosse melhor convencer Kylie Jenner a aparecer na televisão jogando *Fortnite*!

Basta pensar um pouco para chegar à conclusão de que a correlação PewDiePie/*Fortnite* pode se prestar a falsas interpretações. Quando a revolução dos dados começou, porém, muitos desses problemas foram ignorados. As empresas foram informadas de que os dados eram extremamente valiosos para elas, porque agora elas sabiam tudo a respeito dos clientes. O que não era verdade.

*

A Cambridge Analytica é um bom exemplo de uma empresa que não soube usar corretamente os dados de que dispunha.

Os membros da Comissão do Senado ficaram escutando atentamente, enquanto eu me dirigia a eles pelo Skype.

— A Cambridge Analytica coletou uma grande quantidade de dados a respeito de usuários do Facebook, em particular os produtos e sites para os quais eles clicavam no botão "Curtir". O objetivo era usar essas curtidas para avaliar a personalidade dos usuários do Facebook. Eles estavam interessados em enviar aos indivíduos neuróticos mensagens a respeito de proteger a família com uma arma e a indivíduos tradicionalistas mensagens a respeito de passar armas de pai para filho. As mensagens seriam personalizadas de acordo com o perfil do eleitor.

Eu sabia que o grupo a quem eu estava me dirigindo (todos os republicanos) podia muito bem estar imaginando as vantagens de poder contar com uma ferramenta como aquela na próxima campanha eleitoral. Por isso, fui rapidamente ao ponto.

— Mas isso não podia funcionar, por várias razões — afirmei. — Em primeiro lugar, não é possível avaliar a personalidade das pessoas a partir de suas curtidas. Por isso, elas enviaram as mensagens para as pessoas erradas quase com a mesma frequência com a qual as enviaram para as pessoas certas. Em segundo lugar, o tipo de neurose que está presente nos usuários do Facebook, nos que gostam do Nirvana e do estilo de vida emo, é diferente da neurose associada a proteger a família com armas.

Abordei em seguida os problemas ligados à confusão de correlação com causa e efeito. Quando a Cambridge Analytica criou o algoritmo, a eleição ainda não tinha acontecido. Como eles podiam testar se as mensagens estavam surtindo o efeito desejado?

Falei da ineficácia das fake news como forma de influenciar eleitores, um tema que eu havia pesquisado para meu livro *Dominados pelos números.*[9] Também disse que, contrariamente à teoria da câmara de eco, os eleitores democratas e republicanos, na eleição de 2016, tinham ouvido todos os lados das notícias. Minha opinião era diferente de boa parte dos liberais da época, que viam a vitória de Trump como uma consequência da manipulação dos eleitores por meio de mensagens pela Internet. Os eleitores de Trump foram acusados de ingenuidade e de terem sofrido lavagem cerebral. A Cambridge Analytica passou a ser vista como um exemplo de como era possível usar as redes sociais para enganar a opinião pública. Eu não concordava com esta interpretação dos fatos.

A pessoa que estava coordenando os trabalhos disse:

— Vou suspender temporariamente a sua conexão enquanto discutimos o que acabamos de ouvir.

Eles levaram uns trinta segundos para chegarem a uma decisão.

— Gostaríamos que o senhor viesse a Washington para testemunhar perante a Comissão do Senado. Podemos contar com a sua presença?

Não respondi de imediato. Murmurei alguma coisa a respeito de compromissos já assumidos e disse que teria de pensar.

Naquele ponto, eu ainda não sabia se devia ir ou não. Depois de uma noite de sono, porém, achei que era melhor recusar o convite. Ao que tudo indicava, eles não queriam que eu fosse aos Estados Unidos para explicar causa e efeito e correlação aos senadores. Eles queriam que eu fosse para dizer que Trump não tinha sido eleito por causa da Cambridge Analytica e de fake news. Eles queriam ouvir apenas as minhas conclusões que garantiam a lisura das eleições, e não compreender os modelos que eu estava usando. Por isso, decidi não ir.

Entretanto, eu fui aos Estados Unidos naquele verão. Estive em Nova York e me encontrei com Alex Kogan, pouco depois que ele testemunhou na investigação do Senado. Alex, um pesquisador da Universidade de Cambridge, era um dos envolvidos no caso da Cambridge Analytica. Ele tinha baixado os dados de 50 milhões de usuários do Facebook e vendido esses dados para a Cambridge Analytica. Não tinha sido uma boa decisão e agora ele estava arrependido.

Alex e eu tínhamos entrado em contato quando comecei a investigar a eficácia dos métodos da Cambridge Analytica. Gostei de conversar com ele. Talvez tenha sido infeliz ao fazer negócio com aquela empresa, mas compreendia perfeitamente quais as circunstâncias em que os dados podem ou não ser usados. Ele realmente tinha tentado criar o que Chris Wylie chamava de ferramenta de "guerra psicológica" para influenciar eleitores, mas chegara à conclusão de que a arma simplesmente não podia ser criada. Os dados não eram suficientes.

Trabalhando na empresa, ele havia chegado à mesma conclusão que eu a respeito da Cambridge Analytica.

— Essa merda não funciona — ele me disse.

No depoimento ao Senado, disse a mesma coisa em termos mais polidos.

*

O "problema" básico do algoritmo da Cambridge Analytica é que ele não funcionava.

No início da era do "big data", muitos pretensos especialistas afirmaram que as matrizes de correlação podiam levar diretamente a um melhor conhecimento dos usuários e consumidores. Não é tão simples assim. Algoritmos baseados em correlações entre dados foram usados não só na propaganda política, como também para analisar álibis, avaliar o desempenho de professores e descobrir terroristas. O título do livro de Cathy O'Neil, *Algoritmos de destruição em massa*, descreve bem os problemas que isso causou.[10] Como as bombas nucleares, os algoritmos não escolhem as vítimas. Embora a expressão "anúncios personalizados" sugira um controle preciso de quem recebe os anúncios, esses métodos, na prática, limitam sua capacidade de classificar corretamente as pessoas.

No caso dos anúncios online, isto não chega a ser um grande problema. A vida de um jogador de *Fortnite* não vai ser arruinada se ele receber um anúncio de um produto de beleza. Entretanto, ser rotulado como criminoso, professor incompetente ou terrorista é outra questão. Carreiras e vidas podem ser arruinadas. Algoritmos que usavam correlações foram alardeados como sendo objetivos porque se baseavam em dados. Na verdade, como descobri quando estava escrevendo *Dominados pelos números*, meu livro mais recente, o número de erros cometidos por muitos algoritmos não chega a se igualar com o número de acertos.

Muitos problemas podem surgir quando criamos algoritmos usando matrizes de correlação. Por exemplo: o modo como o Google representa palavras no módulo de busca e nos serviços de tradução está baseado em correlações no uso de palavras.[11] A Wikipédia e bases de dados de artigos de jornal são também usadas para detectar a frequência com a qual certos grupos de palavras são empregados.[12] Quando eu investiguei o modo como esses algoritmos de linguagem tratavam meu nome, David, em comparação com Susan, o nome mais popular de mulheres da minha idade na Inglaterra, cheguei a algumas conclusões interessantes. Enquanto eu era "inteligente", "brilhante" e "esperto" como "David", o algoritmo classificava "Susan" como "despachada", "empertigada" e "sexy". Isso acontece porque os algoritmos se baseiam em correlações encontradas em textos históricos que estão carregados de estereótipos.

Os algoritmos usados para analisar os dados linguísticos encontram correlações, mas desconhecem o seu motivo, e, por isso, podem cometer erros desastrosos.

*

As consequências de exagerar a importância de "big data" podem ter sido complicadas, mas as causas são fáceis de explicar. Lembra-se de que os membros da DEZ dividiram o mundo em dados, modelos e absurdos? O que aconteceu foi que as empresas e o público ficaram fascinados pelos dados, mas não chegaram a discutir os modelos. Quando os modelos estão ausentes, o nonsense absurdos prevalece. Alexander Nix e Chris Wylie estavam falando absurdos a respeito de propaganda dirigida e ferramentas de guerra psicológica. As empresas que se propunham a avaliar o desempenho de professores e verificar a credibilidade de álibis por meio de programas de computador estavam falando absurdos a respeito da confiabilidade dos seus produtos. O Facebook estava reforçando falsos estereótipos com seus anúncios personalizados por afinidade étnica.[13]

Anja Lambrecht tem uma solução. Ela resolve o problema de causa e efeito apresentando um modelo — criando uma história — como o relato das atividades de Emma e Julie na Internet. Ao levarmos em conta o comportamento dos clientes em vez de considerar apenas os dados coletados, podemos melhor avaliar o sucesso de uma campanha publicitária. Embora ela não descreva a forma como está fazendo, Lambrecht usa modelos e dados para resolver o problema, a mesma estratégia adotada em todos os capítulos deste livro. Os dados, tomados isoladamente, nos dizem muito pouco, mas quando aplicados a um modelo, podem levar a conclusões importantes.

Esta abordagem básica para determinar causa e efeito é conhecida como teste A/B. Já descrevi o método no Capítulo 1 e agora vamos colocá-lo em prática. Na hora de fazer o retargeting, a loja de brinquedos deve submeter aos clientes dois anúncios diferentes: (A) o anúncio cuja eficácia deseja testar e (B) um anúncio de controle, um pedido de doação a uma instituição de caridade, por exemplo, que não tenha nenhuma referência à loja de brinquedos. Se a loja vender a mesma quantidade de produtos aos clientes que veem o pedido de doação e aos clientes que veem o anúncio de verdade, isso pode ser considerado um sinal de que a estratégia de retargeting não está funcionando como deveria.

A pesquisa de Anja Lambrecht inclui vários exemplos de como devemos abordar a relação de causa e efeito. Em um estudo, ela investigou a ideia, muito comum entre os publicitários, de que atrair a atenção de influenciadores iniciantes nas redes sociais pode ajudar os produtos a viralizar.[14] Se um anunciante usa como público-alvo pessoas que estão sempre buscando novas correntes, o anúncio deve ter um maior efeito. Parece lógico, não é?

Para testarem a ideia, Lambrecht e seus colaboradores compararam (A) um grupo de usuários que, rapidamente, compartilhou hashtags com as últimas correntes, como #RIPNelsonMandela e #Rewind2013, com (B) um grupo de usuários que demorou mais tempo para postar nas mesmas correntes. Os usuários do grupo A e do grupo B receberam um link patrocinado por um anúncio, e os pesquisadores verificaram se retuitavam (compartilhavam) ou clicavam no anúncio.

A teoria do "influenciador iniciante" se revelou falsa. O número de usuários do grupo A que compartilhou ou clicou em um anúncio foi menor que o de usuários do grupo B. Os resultados foram os mesmos independentemente do fato de o anúncio ser de uma doação para os sem-teto ou de uma marca conhecida. Os influenciadores são difíceis de influenciar, eles são influenciadores porque são parcimoniosos quanto ao que compartilham online. O fato de serem independentes e criteriosos pode ser muito bem parte da razão pela qual são seguidos por muitos usuários. Um usuário precipitado, sem muita noção do que está compartilhando, é apenas um spammer, e ninguém quer segui-lo.

No Snapchat, Doug Cohen e sua equipe fazem testes A/B o tempo todo. Quando conversei com ele, estava trabalhando com notificações, testando uma série de estratagemas para descobrir a melhor forma de induzir os usuários a abrir o app, porém, na hora de classificar os usuários é cauteloso.

— Você é uma pessoa diferente de manhã e à noite. Assim, podemos enquadrá-lo em uma categoria geral, mas você muda de acordo com o dia da semana, de acordo com o mês e até de acordo com o ano à medida que fica mais velho. — Ele também chamou a atenção para o fato de que as pessoas não querem ver a mesma coisa o tempo todo. — Podemos identificar que uma pessoa se interessa por esportes, mas isso não quer dizer que ela só esteja disposta a ver anúncios de shorts e tênis. — Os usuários ficam irritados quando desconfiam que um algoritmo os colocou em algum tipo de categoria.

A equação do anunciante mostra que a estereotipagem é uma consequência inevitável da necessidade de organizar uma grande quantidade de dados. Daí não fique ofendido por fazer parte de uma matriz de correlação. Ela é uma representação fiel de quem você é. Procure correlações com os interesses dos seus amigos e estabeleça ligações. Quando as correlações são genuínas (e não baseadas em estereótipos de raça ou de gênero), tornam mais fácil encontrar pontos de afinidade. Se existem exceções à regra, seja tolerante e ajuste seu modelo. Procure padrões nas suas conversas, como Nicole Nisbett fez nas discussões políticas, e use esses padrões para simplificar os debates. Respeite ideias que tenham sido ventiladas por outras pessoas. Esteja atento a pequenas concentrações de novos e originais pontos de vista e encare-os com respeito. Entretanto, não confunda correlação com causa e efeito. Quando convidar amigos para jantar na sua casa, faça um teste A/B. Não sirva pizza de novo só porque eles gostaram da última vez. Construa um modelo estatisticamente correto do seu mundo.

*

Atravessando Manhattan de metrô, depois de conversar com Alex Kogan, descobri uma coisa a respeito de mim mesmo. Não sabia mais qual era minha posição política. Sempre tive preferência pela esquerda e, depois de ler Germaine Greer quando tinha dezenove anos, tornei-me feminista. Sempre fui o que hoje é chamado de "woke". Ou, pelo menos, tão woke quanto pode ser um menino branco que cresceu em uma pequena cidade da classe operária da Escócia na década de 1980. Ser da esquerda, combater Donald Trump e denunciar a manipulação dos eleitores por meio das redes sociais para que ele vencesse a eleição foi visto por muitos como parte de um pacote. A própria mídia passou a rotular a oposição a Trump como parte de uma visão esquerdista do mundo.

Entretanto, a matemática me forçou a aceitar um modelo diferente. Fui forçado a reconhecer a vitória de Trump, porque o modelo revela que foi uma vitória merecida. Não aprovo suas ideias políticas, mas também não aprovo o modo como seus eleitores foram considerados estúpidos e facilmente manipulados. Isso não é verdade.

Em vez de procurar as verdadeiras razões para o surgimento de um sentimento nacionalista que levou Donald Trump ao poder, que causou o Brexit, que foi responsável pelas vitórias do movimento Cinco Estrelas na Itália, de Viktor Orbán na Hungria e de Jair Bolsonaro no Brasil, todo mundo parecia estar à procura de um vilão como nos filmes de James Bond, um gênio do mal que tivesse envenenado as águas da política. Esse Dr. No apareceu na forma de Alexander Nix e sua empresa, a Cambridge Analytica. De alguma forma, esse homem, com conhecimentos apenas modestos de modelos e dados, havia supostamente manipulado toda a democracia moderna.

O maior perigo que ameaça uma sociedade secreta é o perigo de ser descoberta. A Cambridge Analytica tinha sido descoberta e o perigo que ela representava para a democracia foi revelado. Era uma ameaça equivalente à de uma empresa de propaganda medíocre que recebera, no máximo, um milhão de dólares da campanha de Trump em uma eleição em que foram gastos 2,4 bilhões de dólares. O efeito foi mais ou menos proporcional ao investimento: minúsculo.

A teoria da conspiração à la James Bond não condiz com os fatos. Não existe uma única prova de que seja verdadeira. A DEZ, por outro lado, continua a operar sem alarde. Seus membros são donos de bancos e bookmakers. Eles são responsáveis pelos avanços tecnológicos e controlam as redes sociais. Em cada uma dessas atividades ficam com uma pequena porcentagem dos lucros, 2 ou 3 centavos de dólar nos jogos de azar, 1 centavo de dólar nas transações online e menos ainda quando postam um anúncio em combinação com os resultados de uma busca pela Internet. Com o tempo, essas pequenas quantias se convertem em enormes somas para os membros da DEZ. Em todos os setores da vida, os matemáticos estão suplantando aqueles que não conhecem as equações.

Sentado no metrô, a caminho do hotel, pensei nas pessoas que me procuram em busca de palpites para as partidas de futebol e no modo como os cassinos online oferecem a homens solitários a oportunidade de conversar com mulheres sedutoras enquanto perdem dinheiro no jogo. Pensei no prisma do Instagram através do qual vemos um estilo de vida baseado no consumismo e nas celebridades. Pensei nos anúncios de empréstimos por telefone, a juros muito altos, que são oferecidos às camadas mais pobres da sociedade.

As tensões da nossa sociedade, especialmente aquelas entre ricos e pobres, estão sendo ignoradas pelas pessoas que atribuem o resultado da eleição para presidente dos Estados Unidos e o Brexit à fake news e ao uso pela Cambridge Analytica de dados roubados do Facebook. Pessoas como eu, matemáticos e acadêmicos, também desempenharam um papel importante nesse movimento para tornar a sociedade menos justa. Os membros da DEZ estão tirando dinheiro dos pobres e ficando cada vez mais ricos. A ironia está no fato de que uma das teorias da conspiração é verdadeira. Os Illuminati existem; eles são a DEZ, mas ela está tão bem escondida que nem os co-conspiradores a conhecem.

8

A Equação da Recompensa

$$Q_{t+1} = (1-\alpha)Q_t + \alpha R_t$$

Passei os primeiros quinze anos de minha vida profissional investigando como os animais buscam e recebem recompensas. Não foi uma escolha deliberada — entrei nessa área por um capricho do destino.

Eamon e Stephen, dois amigos biólogos, me convidaram para ir com eles até Portland Bill, uma estreita península na costa sul da Inglaterra. Eles precisavam de mais formigas. Eamon me mostrou como sondar delicadamente pequenas fendas nas pedras onde achava que as formigas podiam estar se escondendo. Ele parecia ter um instinto infalível; sempre encontrava formigas nas pedras escolhidas. Eamon as sugava com um aspirador de pó improvisado e as guardava em um tubo de ensaio para serem estudadas no laboratório.

Levou tempo, mas finalmente peguei algumas depois de me afastar um pouco dos meus companheiros e me posicionar abaixo do farol. Foi com uma sensação de vitória que suguei as formigas usando um tubo de plástico laranja. Passamos cinco anos estudando como elas escolhiam um novo lar. Eu cuidava dos modelos e eles coletavam os dados.

As caminhadas que eu dei na charneca de Yorkshire com Madeleine, que na época estava fazendo um pós-doutorado em biologia em Sheffield, tinham um objetivo semelhante. Era para lá, a mais de 10 quilômetros da colmeia, que as abelhas melíferas voavam para colher pólen nas ricas urzes. Era ali, com as cabeças libertas do ar pesado do escritório, que eu tentava adaptar minhas equações às descrições de Madeleine do modo como as abelhas e formigas se comunicavam sobre as fontes de alimento. Trabalhamos juntos por mais de dez anos, observando de que forma diferentes espécies de insetos sociais escolhiam as fontes de alimento a serem exploradas.

Muitas discussões aconteceram em lugares menos glamorosos. Dora, que na época estava cursando o doutorado em Oxford e foi a primeira amizade que eu fiz quando me mudei para lá, me falou sobre seus pombos-correios quando estávamos sentados em um degrau de cimento perto de uma van de kebab. Alguns dias depois, estávamos no Jericho Café observando por GPS os movimentos dos seus pássaros. Um ano depois, estávamos acabando de escrever um artigo sobre como casais de pombos conciliavam seus trajetos na hora de voltar para casa.

Ashley construía laboriosamente labirintos em forma de Y para esgana-gatos. Iain e eu nos encontramos com ele em um pub e conversamos a respeito de como podíamos modelar suas decisões coletivas. Observamos, juntos, o modo como evitavam predadores e procuravam alimento.

Minhas viagens seguintes foram para fora da Inglaterra. Formigas-de-cabeça-grande na Austrália com Audrey. Formigas-argentinas com Chris e Tanya. Formigas-cortadeiras em Cuba com Ernesto. Pardais no sul da França com Michael. Gafanhotos no Saara com Jerome e Ian. Fungos no Japão com Toshi (e também com Audrey e Tanya). Cigarras em Sydney com Teddy.

Todos os meus colegas daquela época são atualmente professores em universidades espalhadas pelo mundo. Entretanto, isso nunca foi nosso único objetivo. Éramos (e ainda somos) pessoas que trocavam ideias, que aprendiam umas com as outras e resolviam problemas juntas. Colhemos pequenas recompensas por responder a perguntas e chegamos lentamente a uma melhor compreensão da natureza. Após quinze anos, eu sabia muita coisa a respeito do modo como os animais tomam decisões coletivas. Não estava muito claro em minha mente naquela época, mas hoje percebo que havia uma equação por trás de tudo que fizemos.

*

Os animais precisam de apenas duas coisas para sobreviver: comida e abrigo. E para se reproduzirem precisam de mais uma coisa: um parceiro.

Porém, para conseguirem esses três requisitos básicos necessitam de algo ainda mais fundamental: informação. Os animais obtêm informações a respeito de alimentos, abrigo e sexo a partir da sua própria experiência e das experiências de outros animais, e usam essas informações para sua sobrevivência e reprodução.

Um dos meus exemplos favoritos são as formigas. Muitas espécies usam feromônios, marcadores químicos, para mostrar às companheiras onde estiveram. Quando encontram um alimento rico em açúcar, voltam para o formigueiro deixando uma trilha de feromônio. Outras formigas seguem a trilha até o local do alimento e deixam mais feromônio. O resultado é um mecanismo de feedback, no qual a trilha se torna cada vez mais nítida, atraindo um número cada vez maior de formigas ao local onde está o alimento.

Os seres humanos também precisam de comida e abrigo para sobreviver e de um parceiro para sua reprodução. No passado, gastávamos muito tempo circulando pelas vizinhanças à procura de informações que nos permitissem obter e conservar esses três requisitos essenciais. Na sociedade moderna, a busca assumiu outras formas. Para uma boa parcela da população mundial, ela consiste em assistir na televisão a programas de culinária e anúncios de supermercados, entrar em sites de corretoras de imóveis na Internet e baixar aplicativos de relacionamento. Postamos fotos da esposa, do jantar, dos filhos e da casa. Mostramos uns aos outros aonde ir e o que fazer. A lista é quase interminável. Como as formigas, fazemos todo o possível para compartilhar nossas descobertas e aproveitar as descobertas alheias.

Sinto um pouco de vergonha de confessar até onde vai minha busca diária de informações. Entro no Twitter para verificar minhas notificações; abro o e-mail para ver se chegou alguma mensagem nova; leio as notícias políticas e as notícias esportivas. Entro na plataforma Medium de publicações online para ver se alguém gostou das minhas histórias e se há algum comentário interessante.

A forma matemática de interpretar meu comportamento nos leva de volta às máquinas caça-níqueis do Capítulo 3. Acessar cada um dos apps do meu celular é como puxar uma alavanca e ver se eu fui premiado. Puxo a alavanca do Twitter: sete retuítes! Puxo a alavanca do e-mail:

uma mensagem me convidando para dar uma palestra. Oba, isso mostra que eu sou popular. Puxo a alavanca de notícias: mais um boato sobre o Brexit e sobre a venda de um jogador de um clube famoso. Entro no Medium — mas ninguém curtiu minhas postagens. Paciência, não se pode ganhar tudo.

Vou agora colocar minha rotina diária com os apps caça-níqueis em uma equação. Suponha que eu abra o Twitter uma vez por hora. Provavelmente faço isso com mais frequência, mas precisamos começar com dados simples.

Vamos chamar de R_t a recompensa que eu recebo no instante *t*. Mais uma vez, para simplificar, vamos fazer $R_t = 1$ se alguém retuitou uma das minhas postagens e $R_t = 0$ se ninguém retuitou uma postagem minha. Podemos pensar nas recompensas no horário de expediente, de 9 da manhã às 5 da tarde, como uma sequência de uns e zeros como esta:

$$R_9 = 0,\ R_{10} = 1,\ R_{11} = 1,\ R_{12} = 0,\ R_{13} = 0,\ R_{14} = 1,\ R_{15} = 0,\ R_{16} = 1,\ R_{17} = 1$$

As recompensas modelam os retuítes do mundo exterior.

Vamos agora considerar o meu estado interno. Ao entrar no aplicativo, estou procurando obter uma sensação momentânea de prazer que apenas um retuíte ou uma curtida pode proporcionar. Chegou a hora de usarmos a equação da recompensa:

$$Q_{t+1} = (1-\alpha)Q_t + \alpha R_t \qquad \text{(Equação 8)}$$

Além do tempo *t* e da recompensa R_t, a equação tem outros dois símbolos: Q_t representa minha estimativa da qualidade da recompensa e α determina a rapidez com a qual minha satisfação diminui na ausência de uma recompensa. Esses símbolos exigem algumas explicações adicionais.

Quando eu escrevo $Q_{t+1} = Q_t + 1$, isso indica que estou aumentando Q_t em 1. Esta ideia é usada nas linguagens de programação de computadores no chamado "loop for"; o valor de Q_t aumenta em uma unidade cada vez que percorremos o loop. A ideia da equação da recompensa é parecida. Neste caso, em vez de somar 1 acrescentamos Q_t à soma de duas componentes. A primeira componente, $(1 - \alpha)Q_t$, reduz nossa satisfação. Assim, por exemplo, se $\alpha = 0,1$ cada vez que o tempo aumenta de uma unidade, nossa satisfação diminui para $1 - 0,1 = 90\%$ do valor anterior. Esta é a mesma equação que usamos para descrever como, por exemplo, o valor de revenda de um carro diminui com o passar do tempo ou, isto vai ser importante daqui a pouco, como os feromônios e outros produtos químicos evaporam. A segunda componente, αR_t, aumenta nossa satisfação. Se a recompensa é 1, somamos α a Q_{t+1}.

Juntando essas duas componentes, podemos ver como a equação funciona. Imagine que eu começo o dia de trabalho às 9 horas da manhã com uma satisfação $Q_9 = 1$. Acredito 100% que o Twitter pode me proporcionar a satisfação de um retuíte. Abro o aplicativo e descubro para minha decepção que $R_9 = 0$. Nenhuma recompensa. Nenhum retuíte. Uso a Equação 8 para atualizar minha satisfação para $Q_{10} = 0,9 \cdot 1 + 0,1 \cdot 0 = 0,9$. Estou um pouquinho menos confiante quando abro o Twitter às 10 da manhã, mas desta vez fico confiante: $R_{10} = 1$. Um retuíte! Minha satisfação não volta ao que era no início do dia, mas aumenta um pouco: $Q_{11} = 0,9 \cdot 0,9 + 0,1 \cdot 1 = 0,91$.

Em 1951, os matemáticos Herbert Robbins e Sutton e Monro provaram que a Equação 8 sempre fornece uma estimativa correta do valor médio da recompensa.[1] Para compreender a razão, suponha que a probabilidade de que eu receba uma recompensa (em forma de um retuíte) em qualquer hora do dia de trabalho é dada pelo símbolo $\overline{R}$ e vamos supor que $\overline{R}$ 0,6 (60%). Antes que eu entre no Twitter às 9 horas da manhã. Não sei qual é o valor de $\overline{R}$. Meu objetivo é estimar o valor de $\overline{R}$ a partir da sequência de valores obtidos ao longo do dia. Lembre-se de que as recompensas chegam como uma série de uns e zeros, como, por exemplo, 01100101 ... Se esta sequência continuasse indefinidamente, a frequência média do algarismo 1 seria $\overline{R} = 60\%$.

A Equação 8 faz com que o valor de Q_t mude rapidamente de acordo com as recompensas recebidas: $R_{11} = 1$, $Q_{12} = 0,919$; $R_{12} = 0$, $Q_{13} = 0,827$, e assim por diante, de modo que, no final do dia, temos $Q_{17} = 0,724$.[2] Cada observação me leva mais perto de estimar o verdadeiro valor de $\overline{R}$. Por esta razão, Q_t é chamada de variável de rastreamento: ela tende para o valor de $\overline{R}$. A Figura 8 ilustra o processo.

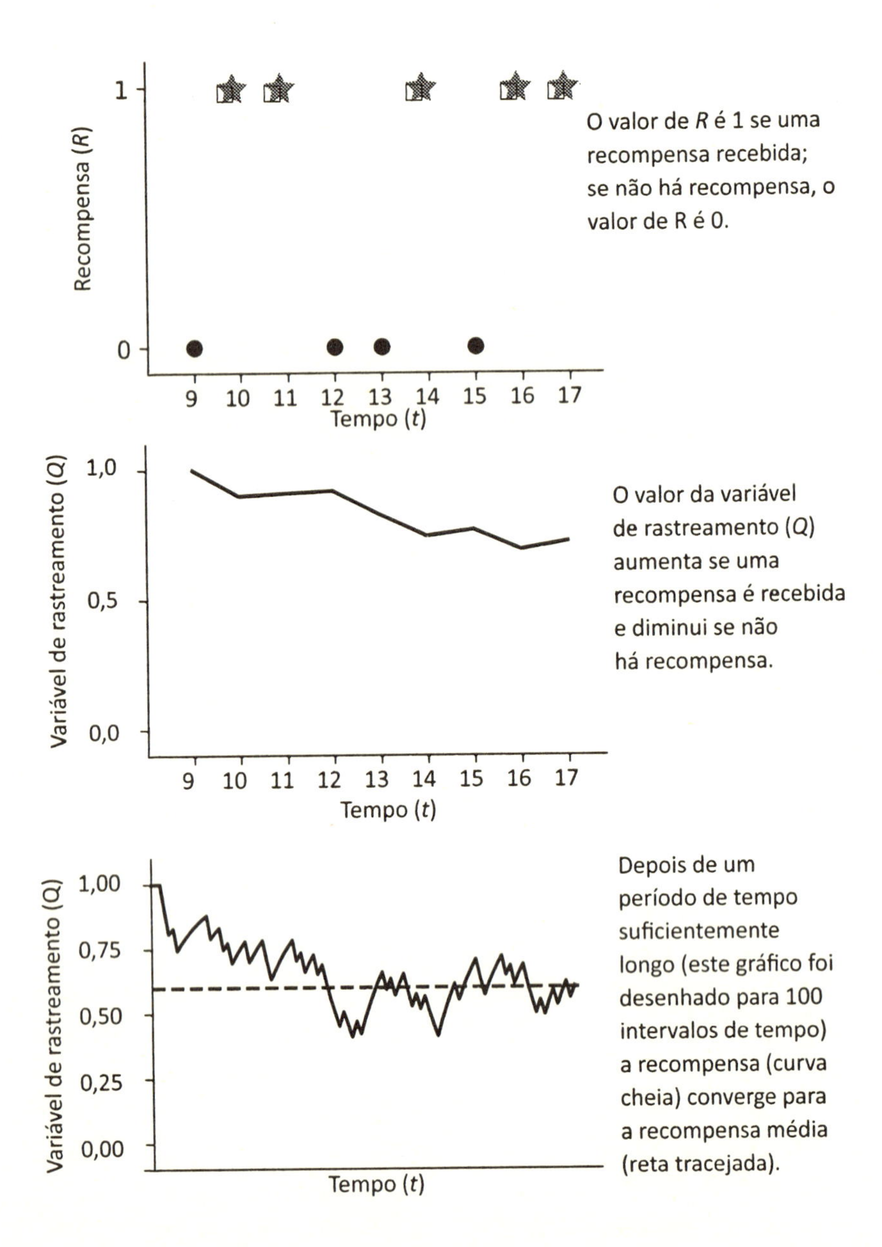

Figura 8: Como a variável de rastreamento rastreia as recompensas.

Robbins e Munro mostraram que para obter uma boa estimativa de $\overline{R}$ não é necessário guardar um registro de toda a sequência de algarismos 1 e 0. Tudo de que precisamos saber para calcular uma nova estimativa, Q_{t+1}, é a estimativa atual, Q_t, e o valor da nova recompensa, R_t. Se todos os cálculos anteriores tiverem sido executados corretamente, podemos apagar todos os valores anteriores de R e Q e guardar apenas os valores mais recentes.

Existem alguns cuidados a serem tomados. Robbins e Munro mostraram que precisamos diminuir muito gradualmente o valor de α. Lembre-se de que α é um parâmetro que controla a rapidez com a qual esquecemos nossa satisfação. Inicialmente não sabemos o que esperar e, portanto, devemos prestar atenção aos valores mais recentes da recompensa, o que corresponde a usar valores próximos de 1. Com o tempo diminuímos o valor de α para que as novas recompensas tenham menos influência sobre o valor acumulado de Q. Com isso, asseguramos que o valor de Q se aproxime cada vez mais do valor médio.

*

Imagine que você está sentado no sofá com tempo livre para ver televisão. Você começa a assistir a uma série da Netflix. O primeiro episódio é excelente (como sempre), o segundo é razoável e o terceiro é ligeiramente melhor. A questão é a seguinte: a quantos episódios você deve assistir antes de passar para outra série? Para o seu cérebro, tanto faz, mas você se importa; quer aproveitar ao máximo sua noite de folga.

A solução é usar a equação da recompensa. Para uma série de televisão, um bom valor para a perda de confiança é $\alpha = 0,5$. Para esse, o passado vai ser esquecido depressa, mas isso está de acordo com os parâmetros das série de TV. Uma boa série deve introduzir continuamente novos atrativos.

Para começar, atribua ao primeiro episódio uma nota de 0 a 10. Digamos que seja 9. Isso quer dizer que $Q_1 = 9$. Se você está assistindo a uma maratona da série, mantenha o número 9 na memória e assista ao segundo episódio. Dê uma nota ao episódio. Suponhamos que a nota seja 6. De acordo com a Equação 8, $Q_2 = 9/2 + 6/2 = 7,5$. Para tornar o cálculo mais simples, é melhor arredondar para um número inteiro, de modo que você pode fazer $Q_2 = 8$. Assista ao terceiro episódio. Suponhamos que, desta vez, a nota seja 7. Nesse caso, $Q_3 = 8/2 + 7//2 = 7{,}5$, que, mais uma vez, pode ser arredondado para 8.

Faça a mesma coisa para os episódios seguintes. A vantagem do método é que você não precisa se lembrar da nota que atribuiu aos episódios anteriores; basta guardar na memória o último valor de Q que você calculou. Você pode usar uma variável de rastreamento, Q_t, não só para a série de TV que está vendo no momento, mas também para vários tipos de eventos sociais, livros de diferentes autores e aulas de ioga. Este único número o ajuda a avaliar se vale a pena continuar praticando uma determinada atividade sem precisar se lembrar do dia em que se arrependeu de ter convidado um matemático para uma conversa em um bar ou da distensão que sofreu praticando ioga.

Quando você deve desistir de assistir à série? Para responder a esta pergunta, você precisa estabelecer um limite pessoal. Meu limite é 7. Quando uma série cai para 7, eu desisto. É uma regra muito rigorosa, porque significa que se minha série está em 8 e eu assisto a um episódio nível 6, isso me dá $8/2 + 6/2 = 7$ e sou forçado a parar de assistir à série. Mas acho que é justo. Quase todos os episódios de uma boa série devem ser de nível 8, 9 e 10. Se esse for o caso, a série terá condições de sobreviver a um 6 ou mesmo a um 5. Assim, por exemplo, se meu valor atual da série é $Q_t = 10$ e eu assisto a um episódio nível 5, $Q_{t+1} = 10/2 + 5/2 = 7{,}5$, que é arredondado para 8 e eu continuo a assistir à série. Entretanto, o episódio seguinte deve merecer pelo menos nota 7; caso contrário, a série não sobreviverá. Com base nesta regra, assisti à três temporadas e meia de *Suits*, duas temporadas de *Big Little Lies*, uma temporada e meia de *The Handmaid's Tale* e dois episódios da série *You*.

*

A maioria dos jogos de computador usa apenas um número — uma nota ou um nível — para mostrar o seu progresso. A nota é como Q_t na equação da recompensa: ela é uma indicação das recompensas que você recebeu. Você escolhe o que vai fazer em seguida — em que pista vai correr em *Mario Kart*, que adversário você vai perseguir e matar em *Fortnite*, que fila você vai deslocar em *2048*, que academia você vai explorar em *Pokémon Go* — e a contagem depende do grau de dificuldade da sua escolha.

Seu cérebro faz algo parecido. Uma substância química chamada dopamina faz parte do chamado "sistema de recompensas" do cérebro e às vezes ouvimos as pessoas dizerem que foram "recompensadas" com uma dose de dopamina. A simples ideia de recompensas, porém, não reflete a sutileza do sistema. Há mais de vinte anos, o neurocientista Wolfram Schultz investigou a produção de dopamina pelo cérebro e concluiu que "Os neurônios responsáveis pela produção de dopamina são ativados por eventos melhores que as previsões, não são afetados por eventos que estão de acordo com as previsões e são inibidos por eventos que são piores que as previsões."[3] Isso significa que a dopamina não é a recompensa R_t; na verdade, ela é a variável de rastreamento Q_t.[4] A dopamina é usada pelo cérebro para estimar recompensas; ela estabelece quantos pontos você já fez no jogo.

Os jogos satisfazem em muito as nossas necessidades psicológicas, como a de mostrar a competência na execução de tarefas individuais e a capacidade de trabalhar em grupo.[5] Uma das razões pelas quais somos atraídos pelos jogos de computador é o modo como eles medem nossas conquistas. A vida real é confusa. Quando tomamos decisões em casa e no trabalho, as consequências podem ser nebulosas e os sucessos e fracassos são difíceis de avaliar. Nos jogos, é muito mais simples: quando nos damos bem, ganhamos pontos; quando nos damos mal, perdemos pontos. Os jogos eliminam a incerteza e permitem que o nosso sistema de dopamina funcione do jeito que prefere: rastreando as recompensas. A simplicidade dos resultados positivos e negativo apresentados na forma de uma única variável de rastreamento emula, ou seja, compete com o funcionamento dos nossos sistemas biológicos de recompensas.

A indústria dos jogos de computador conhece as virtudes da equação da recompensa. Um estudo, no qual todo dia, depois do trabalho, executivos ingleses jogavam *Block! Hexa Puzzle*, um jogo parecido com *Tetris*, ou *Headspace*, um aplicativo de meditação, mostrou que os usuários de *Block!* se recuperavam melhor das tensões associadas ao trabalho. De acordo com Emily Collins, uma pesquisadora de pós-doutorado da Universidade de Bath que executou o estudo, "a meditação pode ser boa para relaxar, mas os jogos de computador proporcionam um conforto psicológico. Você recebe essas recompensas internas e se sente no controle total da situação."

A Niantic, uma firma de jogos de computador, usou o desejo de colher recompensas para criar jogos que nos mantêm ativos. *Pokémon Go*, seu jogo mais famoso, exige que os jogadores saiam para o mundo real com o objetivo de "colecionar" pequenas criaturas, os Pokémon, usando telefones celulares. O jogo encoraja os jogadores a caminha para encontrar Pokémon e chocar ovos de Pokémon, e também a trabalhar em equipe. Se você vê um grupo do lado de fora de uma igreja ou de uma biblioteca, teclando freneticamente nos seus celulares, provavelmente se trata de um grupo de caçadores de Pokémon preparando-se para "tomar de assalto" um ginásio Pokémon.

Agora vou contar a vocês um segredo íntimo. É sobre minha esposa. Lovisa Sumpter é uma mulher muito bem-sucedida. Ela é professora associada de ensino de matemática na Universidade de Estocolmo. Ela dá aulas para estudantes que um dia vão ensinar matemática nas escolas secundárias; organiza e apresenta trabalhos em grandes congressos internacionais; orienta dissertações de mestrado e teses de doutorado; escreve relatórios que ajudam a formular a política oficial de educação e dá palestras motivacionais para professores. Lovisa é também uma instrutora diplomada de ioga. Eu poderia escrever um livro inteiro sobre minha mulher, uma boa parte do qual seria sobre como ela aguentou ficar comigo todos esses anos e organizou nossa vida familiar.

Não é essa parte que é segredo. Quem conhece Lovisa, sabe que ela é uma pessoa maravilhosa. Sua inteligência e dedicação são reconhecidas por todos. O que muitos não sabem é que Lovisa conseguiu tudo isso enquanto sofria de dor crônica desde 2004. Em 2018 foi diagnosticada com fibromialgia, uma doença caracterizada por dores persistentes no corpo inteiro; trata-se, basicamente, de um problema do sistema nervoso. Seu corpo não para de enviar sinais de dor para o cérebro. O sistema de rastreamento da dor envia sinais de alerta em vez de recompensas. Toda pequena dor ou pontada é amplificada, o que torna difícil dormir, manter a concentração e ter paciência com os que a cercam. Não há cura conhecida. Foi por este motivo que *Pokémon Go* se tornou parte importante da vida de Lovisa: o jogo oferece a ela a oportunidade de receber algumas das recompensas que o corpo lhe nega.

O jogo permitiu que Lovisa se concentrasse em alguma coisa além da dor e também a incentivou a caminhar diariamente. Graças ao jogo, Lovisa fez novos amigos com os quais "conquista ginásios" e "participa de raids". Muitos dos seus companheiros têm profissões estressantes, como, por exemplo, a de médico ou enfermeiro em um hospital. Existem também professores, especialistas em tecnologia da informação e estudantes. Pelo menos um casal começou a namorar depois de entrar para o grupo de Lovisa. O grupo também conta com pessoas que viviam reclusas, como jovens desempregados que passavam o dia inteiro dentro de casa usando o Playstation até que o *Pokémon Go* os conduziu de volta ao mundo exterior.

Cada jogador de *Pokémon* tem uma história para contar a respeito de como o jogo o ajudou. Uma avó aposentada entrou para o grupo apenas para fazer alguma coisa com os netos, mas logo tomou gosto pelo jogo. Ela explica que foi como se tivesse entrado para um coral, como fazem muitas mulheres da sua idade.

— Você participa de um raid e faz o que pode. A vantagem é que tem liberdade para conversar com os outros ou ficar calada.

Outro companheiro de Lovisa tem uma esposa com câncer. O jogo é uma oportunidade de sair de casa e se distrair um pouco. Vários tinham sofrido de depressão crônica e se orgulhavam de ensinar o jogo aos novatos. Cecilia, a melhor amiga da Lovisa no grupo do *Pokémon*, tem síndrome de Asperger e TDAH, que leva as pessoas a guardar compulsivamente coisas como receitas e revistas.

— Agora eu posso organizar minhas coisas sem que isso se torne uma mania. E ao mesmo tempo faço exercício! — ela comentou com Lovisa.

Cecilia tem uma franqueza e senso de humor sem muita censura que ajudam Lovisa a processar seus próprios sentimentos.

O *Pokémon Go* trouxe estabilidade à vida de Lovisa e de muitos outros. As recompensas chegam constantemente, em momentos às vezes inesperados, mas não param de chegar.

— Não é uma cura. É uma forma de lidar com os sintomas — Lovisa me disse. — É um mecanismo de sobrevivência.

Lovisa e seus amigos são apenas um grupo entre os muitos fãs do *Pokémon* espalhados pelo planeta cujas vidas melhoraram desde que passaram a vagar pelas ruas recolhendo recompensas. Yennie Solheim Fuller, que é a gerente sênior responsável pelo impacto cívico e social da Niantic, contou-me de um jogador que estava sofrendo de transtorno de estresse pós-traumático depois que voltou de uma missão no exterior.

— Para progredir no jogo, ele teve de sair de casa e se concentrar em algo diferente do TEPT. Outro grupo grande é a comunidade autista — afirmou Yennie. — Em nossos almoços *Pokémon* conhecemos muitos casais cujos filhos têm uma sensibilidade exagerada a ruídos e coisas fora do lugar que os impedia de sair de casa. Agora estão em frente da escola de arte, fazendo raids e conversando com as pessoas.

Yennie tem recebido mensagens de pacientes de câncer agradecendo pelo jogo que os ajudou a superar tempos difíceis. Ela leu para mim uma carta do filho de um homem que tinha diabetes há quinze anos quando começou a jogar *Pokémon Go*.

— Ele chegou ao nível quarenta — escreveu o filho — e se tornou um dos jogadores da terceira idade mais sociáveis. O diabetes melhorou tanto que ele não precisa mais tomar injeções.

Esta foi apenas uma das muitas histórias que fizeram Yennie e suas colegas chorar, e quando ela as leu para mim comecei a chorar também. Lovisa chegou ao nível quarenta no verão de 2018. Enquanto para o mundo exterior esta talvez não pareça uma das suas realizações mais importantes, para mim é uma demonstração de como ela usou as recompensas para suportar a dor.

*

A demonstração de Herbert Robbins e Sutton Monro foi o ponto de partida de um ramo da matemática, usado para detectar sinais, que teve início nas décadas de 1950 e 1960. A variável de rastreamento Q_t, cujas propriedades eles haviam estudado, podia ser usada para avaliar danos ao meio ambiente. Mudanças, para melhor e para pior, podiam ser monitoradas. Em 1960, Rudolf E. Kalmán publicou um artigo importante no qual mostrava que o ruído das recompensas podia ser filtrado para revelar o sinal.[6] Sua técnica foi usada para estimar a velocidade e posição de objetos e a resistência de rotores,[7] um passo essencial para a criação de sensores automáticos.

A teoria de detecção de sinais foi combinada com o campo emergente da teoria do controle automático. Irmgard Flügge-Lotz já havia formulado a teoria do controle automático bang-bang, que propunha uma forma automática de criar respostas do tipo liga-desliga a variações da temperatura ou turbulência do ar.[8] Seu trabalho, juntamente com o de outros cientistas teóricos, permitiu que os engenheiros projetassem sistemas automáticos para monitorar e responder às mudanças no ambiente. A primeira aplicação foram os termostatos usados para regular a temperatura de geladeiras e residências. As mesmas equações também serviram de ponto de partida para o piloto automático dos aviões. Elas também foram usadas para alinhar os espelhos dos poderosos telescópios que investigam as profundezas do universo. Foi este tipo de matemática que controlou o foguete usado para frear o módulo lunar da *Apolo 11* durante o pouso na lua. Hoje em dia, é usado nos robôs das linhas de montagem da Tesla e da BMW.

A teoria do controle criou um mundo de soluções estáveis. Os engenheiros escreveram equações e exigiram que o mundo seguisse suas regras. No caso de muitas aplicações não havia problema. Entretanto, o mundo não é estável: ele está cheio de flutuações e eventos aleatórios, arbitrários.

Quando a década de 1960 terminou com uma nova contracultura que desfiava a ordem vigente, a DEZ também passou por uma revolução. O foco passou de sistemas estáveis, lineares, para sistemas instáveis, caóticos, não lineares. Foi esta matemática que me atraiu quando eu era um jovem estudante de doutorado no final da década de 1990. Passei a estudar teorias com nomes exóticos, como borboletas do caos, avalanche de montes de areia, tempestades de fogo em incêndios florestais, bifurcações de ponto de sela, auto-organização, leis de potência, pontos críticos ... Esses novos modelos ajudavam a explicar a complexidade do mundo à nossa volta.

Um conceito importante era o de que a estabilidade nem sempre é desejável. Os novos modelos matemáticos estudavam a evolução de sistemas ecológicos e sociais que em certas circunstâncias, após sofrerem um abalo, em vez de voltarem a um estado estável, passavam a oscilar entre estados diferentes. Eles descreviam o modo como as formigas formavam trilhas na direção de alimentos, como os neurônios disparavam em sincronismo, como os peixes nadavam em cardumes e como as espécies interagiam em um ecossistema. Eles descreviam o modo como os seres humanos tomam decisões, tanto em termos dos processos internos do cérebro, como em consequência de negociações entre indivíduos ou grupos. Graças a esses conhecimentos, os membros da DEZ puderam assumir posições em departamentos de biologia, química e fisiologia.

Esta foi a matemática que eu apliquei aos dados colhidos pelos biólogos com quem trabalhei.

*

Além do Twitter, tenho vários outros aplicativos no meu celular que eu abro e atualizo de vez em quando. Da mesma forma, as formigas e abelhas não têm apenas uma fonte de alimento, mas inúmeras outras. A máquina caça-níqueis possui muitas alavancas e não precisamos puxar todas de uma vez. O problema é decidir que alavanca puxar. Sabemos que se puxarmos várias vezes a alavanca, vamos ter uma boa ideia das recompensas disponíveis nessa máquina. Entretanto, se ficarmos o tempo todo puxando a mesma alavanca, jamais saberemos o que as outras têm para nos oferecer. Este é o dilema entre usufruir e explorar. Quanto tempo devemos passar usufruindo o que conhecemos em vez de explorar outras opções menos familiares?

As formigas usam um feromônio para resolver o problema. É lembrado que a quantidade de feromônio reflete o valor Q_t que as formigas atribuem a uma fonte de alimento. Imagine que as formigas dispõem de duas fontes de alimento ligadas ao formigueiro por diferentes trilhas de feromônio. Para escolher que trilha devem seguir, as formigas comparam a quantidade de feromônio nas duas trilhas. Quanto mais feromônio existe na trilha, maior a probabilidade de que a formiga siga essa trilha.

As escolhas sucessivas de várias formigas têm um efeito cumulativo: quanto mais formigas seguem uma trilha e conseguem uma recompensa, mais formigas decidem segui-las. Trilhas com muito movimento prévio são reforçadas; outras são abandonadas. Esta observação pode ser formulada em termos da Equação 8, com um fator adicional que inclui as escolhas das formigas.[9] Aqui está a equação modificada:

$$Q_{t+1} = (1-\alpha)Q_t + \alpha \left[\frac{(Q_t + \beta)^2}{(Q_t + \beta)^2 + (Q_t' + \beta)^2} \right] R_t$$

O novo fator indica a preferência da formiga por uma das trilhas. A variável Q_t pode ser interpretada como a quantidade de feromônio na trilha que leva a uma das fontes de alimento, enquanto Q_t' é a quantidade de feromônio na outra trilha. Agora temos duas variáveis de rastreamento (Q_t e Q_t'), uma para cada fonte de alimento: ou, se estivermos modelando o uso de redes sociais, uma para cada app do meu celular.[10]

Quando estamos diante de uma equação nova e complicada com muitos parâmetros, o segredo é examinar primeiro uma versão mais simples. Vamos considerar o novo fator sem os quadrados:

$$\frac{Q_t + \beta}{Q_t + \beta + Q_t' + \beta}$$

Para β = 0, esta é simplesmente a importância relativa da variável de rastreamento Q_t. Nesse caso, a probabilidade de que a formiga receba uma recompensa é proporcional à variável de rastreamento dessa recompensa. Considere agora o que acontece se β = 100. Como Q_t é sempre um valor entre 0 e 1, muito menor que 100, podemos afirmar que a razão acima é aproximadamente igual a 100/(100 +100) = 1/2. A probabilidade de que as formigas recebam uma recompensa é aleatória: 50%-50%.

O problema de escolher entre usufruir e explorar se transformou na opção de se escolher o melhor grau de reforço das trilhas, ou seja, de determinar o melhor valor de β. Se o reforço for excessivo (se β for muito pequeno), as formigas sempre seguirão a trilha com mais feromônio. Em pouco tempo, as formigas deixarão de visitar a outra fonte de comida, e, mesmo que a quantidade de comida aumente nesse lugar, elas nunca vão saber. Em consequência, as formigas vão passar a depender apenas da fonte de comida que parecia inicialmente ser a melhor, mesmo que as condições mudem. Se, por outro lado, o reforço for muito fraco (se β for muito grande), as formigas terão o problema inverso. Passarão a explorar indiscriminadamente as duas fontes de comida sem tirar partido de que uma é melhor que a outra.

A resposta ao problema de usufruir/explorar leva a uma reviravolta inesperada. Acontece que a solução do problema do melhor grau de reforço está relacionada a outro conceito que surge, em geral, em um contexto totalmente diverso: o dos pontos críticos.

Vou explicar. Os pontos críticos acontecem quando uma variável excede certo valor e o sistema muda de estado. Isso acontece, por exemplo quando uma moda decola depois que certo número de influenciadores passa a mencioná-la ou um tumulto começa depois que certo número de agitadores começa a desafiar a polícia.[11] Nesses exemplos, e em muitos outros, um feedback positivo leva a uma brusca mudança de estado. Um fenômeno semelhante pode ser observado no caso das formigas. Podemos pensar na preferência da formação de uma nova trilha de feromônio como algo que acontece quando um ponto crítico é atingido: uma trilha começa quando certo número de formigas decide seguir a mesma rota na direção da comida.

Aqui está a conclusão surpreendente: a melhor forma de conseguir o equilíbrio entre usufruir e explorar é que as formigas permaneçam o mais perto possível do ponto crítico para as duas trilhas. Se as formigas passarem muito do ponto crítico em uma das trilhas, ela será usada com exclusividade e a outra tenderá a desaparecer mesmo que as condições mudem. Se, por outro lado, se as duas trilhas estiverem abaixo do ponto crítico, as formigas não darão preferência à que leva à comida mais abundante. As formigas têm de encontrar a solução ideal que corresponda a uma solução de compromisso entre usufruir e explorar.

A seleção natural fez com que as formigas não se afastem muito do ponto crítico. Um dos meus exemplos favoritos deste fenômeno foi descoberto pela bióloga Audrey Dussutour em uma espécie conhecida como formiga-de-cabeça-grande (porque elas têm uma cabeça muito grande em relação ao corpo). Essas formigas têm motivo para se orgulhar: elas colonizaram boa parte do mundo tropical e subtropical, suplantando outras espécies nativas. Audrey descobriu que elas depositam dois feromônios: um que evapora lentamente e produz um reforço relativamente fraco e outro que evapora rapidamente, mas produz um reforço muito maior.[12]

O matemático Stam Nicolis e eu formulamos um modelo com duas equações de recompensa: uma para o feromônio fraco, mas de longa duração, e outra para o feromônio forte, mas de curta duração. Nós mostramos que a combinação dos dois feromônios assegurava que as formigas permanecessem perto do ponto crítico. Em nosso modelo, as formigas conseguiam manter duas trilhas ativas, usando mais aquela que, naquele momento, permitia obter comida de melhor qualidade. Audrey confirmou nossas previsões por meio de experimentos: sempre que ela mudava a qualidade das fontes de alimento, as formigas-de-cabeça-grande se adaptavam à nova situação para dar preferência ao alimento de melhor qualidade.

Não são apenas as formigas que passam a vida perto de um ponto crítico. Para muitos animais, a vida é um permanente cassino de máquinas caça-níqueis. Existe um predador atrás daquele arbusto? Será que ainda existe comida no mesmo lugar de ontem? Onde vou encontrar abrigo para passar a noite? Para sobreviver em ambientes hostis, a evolução levou os animais à vizinhança de pontos críticos. Este foi o fenômeno com o qual me deparei repetidas vezes nos quinze anos que passei estudando o comportamento dos animais: gafanhotos marchando em concentrações que permitem que mudem rapidamente de direção; cardumes de peixes que se expandem quando um tubarão ataca; revoadas de estorninhos que mudam de direção em uníssono para fugir de uma águia. Agindo de forma cooperativa, as presas confundem o predador.

Os animais evoluíram de modo a que permanecessem próximos de um ponto crítico. Eles estão em um estado de constante vigilância coletiva — mudando de uma solução para outra; altamente suscetíveis a mudanças no ambiente. Para eles, é uma questão de sobrevivência.

E quanto a nós humanos? Também estamos perto de um ponto crítico? Se estamos, será que é bom para nós?

*

Em 2016, Tristan Harris atacou violentamente as redes sociais. Nos três anos anteriores, ele havia trabalhado no Google como especialista em design ético, mas agora, ao que parecia, decidira dar um basta. Ele saiu do Google e procurou a plataforma Medium de publicações online, onde postou sua denúncia. O título afirmava que "a tecnologia está sequestrando sua mente" e o texto de vinte minutos explicava como isso era feito.[13]

A analogia que Harris escolheu para as redes sociais já deve ser familiar para o leitor: a máquina caça-níqueis. Ele afirma que os gigantes da tecnologia colocaram máquinas caça-níqueis no bolso de bilhões de pessoas. Notificações, tuítes, e-mails, fotos no Instagram e arrastadas no Tinder estão sempre nos convidando a "puxar a alavanca" e verificar se fomos premiados. Eles interrompem nosso dia com lembretes constantes e nos ameaçam com a perda de informações essenciais. Eles nos estimulam a buscar a aprovação dos amigos e a curtir e responder a suas mensagens. Tudo isso faz parte de uma estratégia dos gigantes da tecnologia para nos induzir a ver anúncios e acessar links patrocinados. O Google, a Apple e o Facebook criaram uma gigantesca máquina caça-níqueis online e estão colhendo os lucros. A razão pela qual nossas máquinas caça-níqueis de bolso são tão viciantes é que elas nos colocam num constante dilema entre usufruir e explorar. Os meios sociais não são uma máquina caça-níqueis qualquer; eles têm milhares de alavancas que precisam ser puxadas para saber o que está acontecendo.

Os cientistas conhecem há muito tempo as dificuldades que um excesso de alavancas representa para o cérebro dos animais. Em 1978, John Krebs e Alex Kacelnik realizaram um experimento com chapins-reais em Oxfordshire.[14] Eles colocaram dois poleiros à disposição dos passarinhos. Os poleiros foram construídos de tal forma que às vezes liberavam comida quando os passarinhos pousavam neles. A probabilidade de liberar comida era maior em um poleiro do que no outro. O que Krebs e Kacelnik descobriram foi que, quando a diferença era muito grande, os passarinhos logo aprendiam a dar preferência ao poleiro que fornecia mais comida. Quando, porém, a diferença era pequena, os passarinhos ficavam confusos. Eles escolhiam os poleiros ao acaso, sem ter certeza de qual era o melhor. Na minha terminologia, eles estavam muito próximos do ponto crítico.

O matemático Peter Taylor mostrou que a equação da recompensa é totalmente compatível com os resultados deste experimento. Quanto mais difícil decidir qual é a maior recompensa, mais provável será que todas as opções sejam testadas repetidamente. Nós agimos como os chapins-reais, mas com um número muito maior de opções. Abrimos app após app. O problema não está na variedade de opções, mas na indecisão do nosso cérebro entre usufruir e explorar. Queremos estar seguros de que não perdemos nenhuma oportunidade. Somo atraídos para a "beira do ponto crítico".

Existe uma grande diferença entre usufruir apenas de uma fonte de recompensas e recorrer a várias delas. Quando você lê um livro, joga *Mario Kart* ou *Pokémon Go*, assiste a uma maratona de *Game of Thrones*, joga tênis com um amigo ou vai à academia de ginástica, está usufruindo de apenas uma fonte de recompensa. Você extrai prazer do número de itens recolhidos ou de voltas completadas. Sua equação de recompensa converge para um estado estável. Esta é a equação de recompensa da década de 1950 para a qual Robbins e Monro provaram que a convergência era inevitável. Você aprende o que esperar da atividade e, de forma lenta, porém mas segura, sua expectativa se alinha com a recompensa que a atividade oferece. É esta estabilidade que garante o prazer.

Quando você está usando as redes sociais, está, por outro lado, usufruindo e explorando diferentes fontes de recompensa. Na verdade, você não está realmente colhendo recompensas; tudo que você faz é explorar um ambiente desconhecido. Lembre-se de que a dopamina não é uma recompensa e, portanto, você não está extraindo prazer da sua atividade. Você está no modo de sobrevivência, coletando o máximo possível de informação. O problema não está necessariamente na disponibilidade ilimitada de recompensas, é a necessitada de monitorar todas as fontes de recompensas em potencial que torna sua vida difícil. Você está mantendo seu cérebro em um ponto crítico — na beira no caos, de uma mudança de estado. Não me admira que você fique estressado.

Não é apenas o seu cérebro que está no ponto crítico; é toda a nossa sociedade. Somos como formigas circulando freneticamente, tentando nos manter atualizados em todas as fontes de informações. E essas fontes de informações estão mudando constantemente, algumas caindo de qualidade e às vezes desaparecendo totalmente. O que podemos fazer para resolver este problema?

A organização que Tristan Harris ajudou a fundar, o Centro de Tecnologia Humanitária, oferece alguns conselhos que podem ajudá-lo a assumir o controle e se afastar do ponto crítico. Você deve desligar todas as notificações do seu celular para não estar submetido a constantes interrupções. Deve mudar a configuração da tela para tornar os ícones menos coloridos e assim evitar que atraiam desnecessariamente a sua atenção.

Eu concordo em grande parte com as recomendações de Harris. Elas se baseiam no bom senso. Entretanto, existem alguns ensinamentos menos óbvios e possivelmente ainda mais úteis que podem ser extraídos do modo como as formigas usam a equação da recompensa.

Em primeiro lugar, é preciso reconhecer o incrível poder que resulta do fato de nosso cérebro e a sociedade como um todo estarem à beira de um ponto crítico. Não é coincidência que formigas mais bem-sucedidas sejam aquelas que usam os feromônios de modo mais eficiente. O mesmo se aplica aos seres humanos. Embora possa causar estresse aos indivíduos, uma sociedade à beira de um ponto crítico é capaz de produzir e disseminar novas ideias com mais rapidez. Pense nas avalanches de ideias que resultaram dos movimentos #MeToo e #BlackLivesMatter. Essas campanhas deixaram o público mais consciente de graves problemas e podem produzir mudanças positivas. Ou, se você tem outra visão política, considere a eleição de Trump e o movimento #MakeAmericaGreatAgain. Pense no modo como as ideias da direita se espalharam e no modo como as pessoas reagiram a elas para apoiá-las ou criticá-las.

Hoje em dia, estamos mais engajados em debates políticos. No terreno das causas políticas, os jovens estão mais ativos do que nunca, tanto online como em manifestações de rua.[15] Somos como um bando de estorninhos em uma revoada ao anoitecer. Somos um cardume de peixes mudando de forma quando um predador se aproxima. Somos um enxame de abelhas voando para um novo lar. Somos uma colônia de formigas vagando pela floresta em busca de comida. Somos uma multidão navegando na Internet à cata de notícias.

Dirija-se ao ponto crítico e desfrute da liberdade que esse lugar lhe concede. Clique em artigo após artigo. Colha informações, absorva novas ideias e siga os seus interesses. Enquanto eu escrevia este livro, "perdi" muitas horas no Google Scholar, consultando artigos científicos, verificando quem citava quem e decidindo quais eram as questões científicas mais importantes. Converse com pessoas online. Discuta com elas se for necessário. Envie um e-mail para um ex-professor sem noção que publica artigos na *Quillette*. Engaje-se, participe do fluxo de informações. Depois de você passar uma hora no ponto crítico, vou falar a respeito da segunda coisa que aprendi observando as formigas.

Posso ter dado a impressão de que as formigas são insetos hiperativos viciados em máquinas caça-níqueis. Isso é verdade quando estão trabalhando e algumas formigas trabalham realmente pesado. Entretanto, muitas são decididamente preguiçosas. A maior parte do tempo, a maioria das formigas não está fazendo absolutamente nada.[16] Enquanto uma minoria corre de um lado para outro, procurando e transportando comida, a maioria das companheiras está simplesmente descansando. Parte desta inatividade está ligada ao fato de que as formigas trabalham em turnos; nem todas as formigas estão ativas ao mesmo tempo. Entretanto, as colônias também abrigam muitas formigas que não fazem quase nada, raramente saem do formigueiro e também não ajudam a manter o formigueiro limpo. Ninguém sabe por que a evolução permitiu que houvesse tantas formigas indolentes, mas, se vamos apreciar a minoria pela sua grande atividade, também devemos dar crédito à maioria por sua atitude relaxada diante da vida.

Assim, depois de passar algum tempo no ponto crítico, transforme-se em uma formiga preguiçosa. Desligue. Deixe o *Game of Thrones* funcionando no autoplay. Veja de novo todos os episódios de *Friends*. Passe uma semana ou um mês colecionando Pokémon. Naturalmente, eu me sinto no dever de acrescentar atividades moralmente superiores como dar um passeio, sentar na varanda e pescar. Mas o principal é que você deve relaxar — sem o seu celular. Não preste atenção nas notícias e ignore a torrente de e-mails repassados. Não se preocupe. Alguém vai ler. Não precisa ser você.

A equação da recompensa diz que você deve se concentrar no presente em vez de ficar remoendo o passado. Mantenha a noção de onde você está usando um único número na cabeça. Quando as coisas derem certo, vá em frente; quando não derem, diminua um pouquinho as expectativas. Tome cuidado para não confundir as recompensas estáveis, que são sempre positivas (embora apareçam esporadicamente), faça você o que fizer com as recompensas instáveis que podem se transformar em prejuízos a qualquer momento. Recompensas estáveis podem ser encontradas em amizades e casamentos, livros, filmes, séries de televisão, longas caminhadas, pescarias, *2048* e *Pokémon Go*. Recompensas instáveis são encontradas em redes sociais, buscas de um parceiro no Tinder, a maioria dos empregos e muitas vezes (quer admitamos ou não) na vida familiar. Não tenha medo de usufruir e explorar essas situações, mas lembre-se de que você está obtendo o máximo dessas recompensas quando está perto do ponto crítico. Assim, antes que recompensas instáveis o levem para o lado onde você não deseja estar encontre o caminho de volta para a estabilidade.

9

A Equação do Aprendizado

$$\sigma' = -\frac{d(y-y_\theta)^2}{d\theta}$$

Você provavelmente ouviu falar que a tecnologia do futuro será dominada pela inteligência artificial (IA). Já existe um computador capaz de derrotar o campeão mundial (humano) de *Go* e carros sem motorista estão sendo testados. Está certo que eu explico algumas equações importantes neste livro, mas uma coisa ficou faltando, não é? Vocês não gostariam que eu revelasse os segredos por trás da IA usada pelo Google e o Facebook? Não estão interessados em saber como é possível programar computadores que pensem como nós?

Pois vou contar a vocês algo que não combina com a narrativa de filmes como *Ela* e *Ex Machina*. Também não está de acordo com os receios de Stephen Hawking nem com o entusiasmo de Elon Musk. Tony Stark, o super-herói Homem de Ferro da Marvel Comics, não ficaria feliz com o que eu vou dizer. A IA em sua forma atual é nada mais (ou nada menos) que as Dez Equações combinadas pelos engenheiros de uma forma engenhosa. Mas antes de explicar como a IA funciona está na hora de um intervalo comercial.

*

Mais ou menos na época do "Gangnam Style", o YouTube estava com um problema. O ano era 2012 e embora centenas de milhões de pessoas clicassem em vídeos e visitassem o site, não permaneciam nele. Vídeos inovadores como "Charlie Bit My Finger", "Double Rainbow", "What Does the Fox Say?" e "Ice Bucket Challenge" prendiam nossa atenção por trinta segundos antes que voltássemos para a TV ou outras atividades. Para atrair mais anunciantes, o YouTube precisava se tornar um site no qual as pessoas permanecessem mais tempo.

O algoritmo usado pelo YouTube era parte do problema. O sistema para recomendar vídeos usava como base a equação do anunciante que foi discutida no Capítulo 7. Uma matriz de correlação foi montada para os vídeos que os usuários tinham visto e elogiado. Entretanto, o algoritmo não levava em conta o fato de que os jovens queriam vez os vídeos mais recentes. Também não captava até que ponto as pessoas se envolviam com um vídeo; simplesmente mostrava os vídeos que tinham sido mais vistos. Em consequência, o exército norueguês dançando o "Harlem Shake" aparecia toda hora na lista dos vídeos recomendados e os usuários abandonavam o site.

O YouTube chamou os engenheiros do Google.

— Ei, Google, como podemos ajudar a garotada a encontrar os vídeos que eles gostam? — perguntaram (provavelmente).

Os três engenheiros — Paul Convington, Jay Adams e Emre Sargin — que foram encarregados da tarefa perceberam logo que a maior necessidade do YouTube era aumentar o tempo de permanência dos usuários no site. Se o YouTube conseguisse que os usuários assistissem ao maior número possível de vídeos durante o maior tempo possível, poderia introduzir anúncios a intervalos regulares e ganhar mais dinheiro. Vídeos curtos e originais eram menos importantes que youtubers que criassem canais de comunicações, fornecendo um suprimento contínuo de vídeos mais longos. O desafio era encontrar um meio de identificar esse tipo de vídeo em uma plataforma em que horas e horas de vídeo eram carregadas a cada segundo.[1]

A resposta dos engenheiros veio na forma de um "funil", um dispositivo que tomava centenas de milhões de vídeos e os reduzia a uma dúzia de recomendações apresentadas em uma barra lateral do YouTube. Cada usuário receberia um funil personalizado com os vídeos de sua preferência.

O Funil é uma rede neural, uma série de neurônios interligados que aprende quais são as nossas preferências. As redes neurais podem ser vistas como uma coluna de neurônios de entrada do lado esquerdo e uma coluna de neurônios de saída do lado direito. No meio estão camadas de neurônios interconectados, conhecidos como neurônios ocultos (veja a Figura 9, na página 222). Um circuito neural pode ter dezenas ou mesmo centenas de milhares de neurônios. Essas redes não são reais do ponto de vista físico; são instruções de computador que simulam as interações dos neurônios. Entretanto, a analogia com o cérebro é útil, porque é a intensidade das conexões entre os neurônios que permite as redes neurais aprenderem quais são as nossas preferências.

Cada neurônio codifica aspectos do modo como a rede responde aos dados de entrada. No Funil, os neurônios captam relações entre diferentes itens dos vídeos e canais do YouTube. Assim, por exemplo, pessoas que assistem aos vídeos do comentarista da direita Bem Shapiro também costumam assistir aos vídeos de Jordan Peterson. Sei disso porque, depois de completar minha pesquisa do Capítulo 3 a respeito da equação da confiança, a ideia de me oferecer vídeos de Shapiro se tornou uma obsessão para o YouTube. Em algum lugar do Funil existe um neurônio que representa uma ligação entre esses dois ícones da "dark web intelectual". Quando um neurônio recebe uma entrada dizendo que estou interessado em vídeos de Peterson, ele responde que posso também estar interessado em vídeos de Shapiro.

Podemos compreender como os neurônios artificiais "aprendem" estudando o modo como as conexões são formadas dentro da rede. Os neurônios codificam as relações em termos de parâmetros, valores ajustáveis que medem a intensidade das relações. Considere o neurônio responsável por avaliar quanto tempo os usuários passam assistindo aos vídeos de Ben Shapiro. Dentro desse neurônio existe um parâmetro chamado θ que relaciona o tempo que o usuário passa assistindo aos vídeos de Shapiro ao número de vídeos de Jordan Peterson a que a pessoa assistiu. Podemos dizer, por exemplo, que o número de minutos que um usuário passa assistindo aos vídeos de Shapiro, representado por y_θ, é igual a θ multiplicado pelo número de vídeos de Peterson a que a pessoa assistiu. Assim, se $\theta = 0{,}2$, a previsão é a de que uma pessoa que assistiu a dez vídeos de Peterson assistirá aos vídeos de Shapiro durante $y_\theta = 0{,}2 \cdot 10 = 2$ minutos. Se $\theta = 2$, a previsão é a de que a mesma pessoa assistirá a vídeos de Shapiro durante $y_\theta = 2 \cdot 10 = 20$ minutos. O processo de aprendizado envolve o ajuste do parâmetro θ para prever melhor o tempo que pessoa vai passar assistindo aos vídeos de Shapiro.

Vamos supor que o valor inicial desse parâmetro do neurônio é θ = 0,2. Entro no YouTube e depois de assistir a dez vídeos de Peterson passo $y = 5$ minutos assistindo aos vídeos de Shapiro. A diferença ao quadrado entre a previsão (y_θ) e a realidade (y) é, portanto,

$$(y - y_\theta)^2 = (5-2)^2 = 3^2 = 9$$

Já nos referimos à ideia de elevar as diferenças ao quadrado no Capítulo 3, quando falamos da variância. Calculando o valor de $(y - y_\theta)^2$, obtemos uma medida da qualidade da previsão da rede neural. Neste caso, a diferença entre a previsão e a realizada é 9, uma grande diferença, indicando que a previsão não foi boa.

Para aprender, o neurônio artificial precisa saber o que fez de errado quando previu que eu passaria apenas dois minutos assistindo a vídeos de Shapiro. Como o parâmetro θ controla a intensidade da relação entre o número de vídeos de Peterson assistidos e o tempo que o usuário vai passar assistindo a vídeos de Shapiro, aumentar o valor de θ aumenta o tempo previsto y_θ. Assim, por exemplo, quando aplicamos a θ um pequeno incremento $d\theta = 0{,}1$, obtemos $y_{\theta+d\theta} = (\theta + d\theta) \cdot 10 = (0{,}2 + 0{,}1) \cdot 10 = 3$ minutos. A nova previsão está mais próxima da realidade:

$$(y - y_{\theta+d\theta})^2 = (5-3)^2 = 2^2 = 4$$

É este melhoramento que a Equação 9, a equação do aprendizado, utiliza.

$$\sigma' = -\frac{d(y - y_\theta)^2}{d\theta} \qquad \text{(Equação 9)}$$

De acordo com esta expressão devemos investigar o modo como uma pequena variação $d\theta$ de θ aumenta ou diminui o quadrado da diferença $(y — y_\theta)^2$. No caso específico do nosso exemplo, temos:

$$-\frac{d(y - y_\theta)^2}{d\theta} = -\frac{(y - y_{\theta+d\theta})^2 - (y - y_\theta)^2}{d\theta} = -\frac{4-9}{0{,}1} = 50$$

O valor positivo (50) mostra que, quando aumentamos o valor de θ, a qualidade da previsão melhora, ou seja, o valor previsto se aproxima do valor observado.

A grandeza matemática dada pela Equação 9 é chamada de derivada ou gradiente em relação a θ. Ela indica se uma variação de θ aumenta ou diminui o erro da previsão e se esse aumento ou diminuição é grande ou pequeno. O processo de atualizar θ com base no gradiente é frequentemente chamado de subida do gradiente, inspirada na imagem de uma pessoa escalando uma montanha. Seguindo o gradiente, podemos aumentar a precisão do neurônio artificial (Figura 9).

O Funil não atua em um neurônio de cada vez, mas em todos ao mesmo tempo. Inicialmente, os parâmetros recebem valores aleatórios e a rede neural faz previsões a respeito do tempo de permanência que estão longe da realidade. Em seguida, engenheiros começam a fornecer dados a respeito dos tempos de permanência dos usuários do YouTube aos neurônios de entrada (neurônios que estão na coluna da extremidade esquerda). Os neurônios de saída (neurônios que estão na coluna da extremidade direita) fornecem a previsão do tempo que o usuário vai permanecer no YouTube. A princípio, os erros continuam a ser muito grandes. Por meio de um processo chamado retropropagação, no qual os erros de previsão medidos na saída da rede são realimentados para as colunas anteriores do Funil, cada neurônio pode medir o gradiente e melhorar seus parâmetros. De forma lenta mas segura, os neurônios escalam o gradiente e o erro diminui. Quanto mais dados a respeito dos usuários do YouTube são fornecidos à rede neutral, melhores são as previsões.

O neurônio Shapiro/Peterson do exemplo previamente citado não está codificado no interior da rede desde o início do processo. Na verdade, a principal vantagem das redes neurais é que não precisamos dizer a elas que relações devem buscar nos dados; a rede descobre essas relações durante o processo de escalar o gradiente. Como a relação entre Shapiro e Peterson contribui para reduzir o erro na previsão do tempo de permanência, mais cedo ou mais tarde um neurônio ou um pequeno grupo de neurônios, começa a fazer uso dessa relação. Esses neurônios passam a interagir intensamente com outros neurônios relacionados a outras celebridades da "Dark Web Intelectual" e mesmo a ideologias mais radicais da direita. Desta forma, a rede cria uma representação estatisticamente correta do tipo de pessoa que provavelmente vai passar muito tempo assistindo aos vídeos de Jordan Peterson.

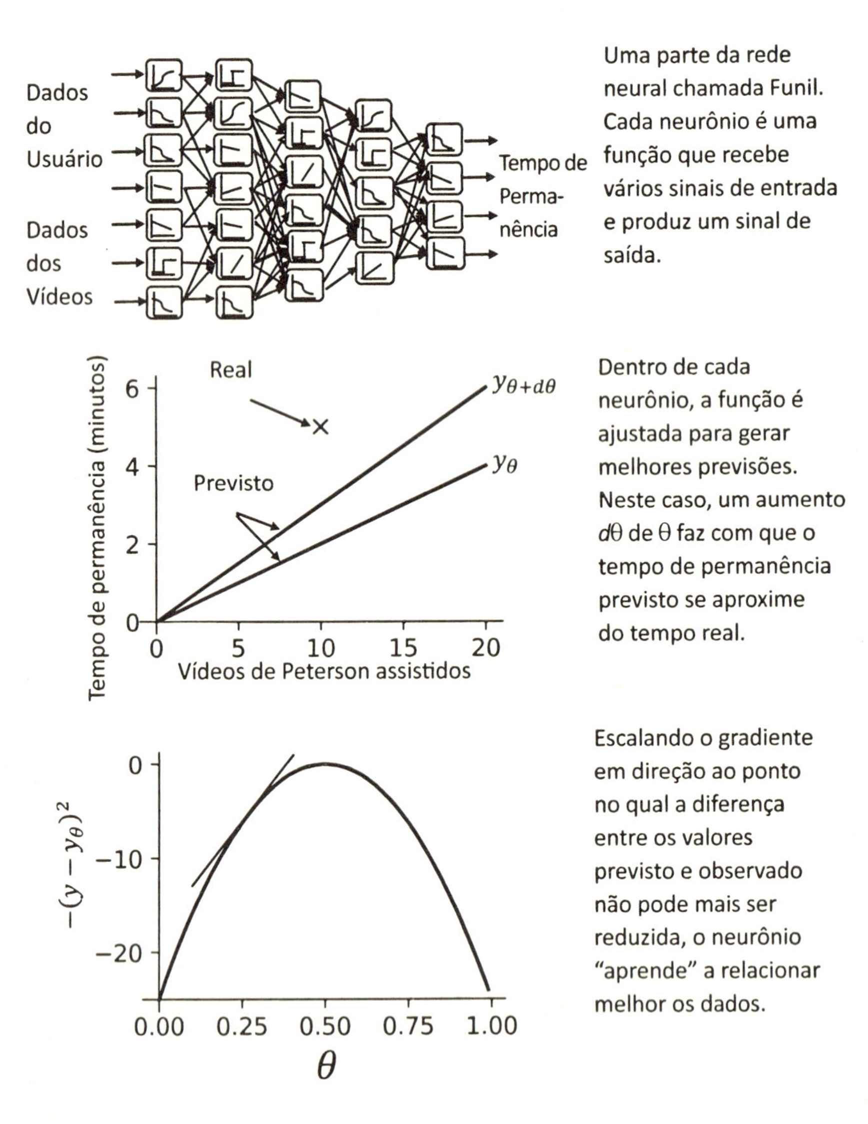

Figura 9: Modo como uma rede neural aprende.

A Equação 9 é a base de um conjunto de técnicas conhecidas pelo nome de aprendizagem mecânica. O ajuste gradual de parâmetros usando a escalada de um gradiente pode ser visto como um processo de "aprendizado": a rede neural (a "máquina") "aprende" gradualmente a fazer previsões cada vez melhores. Depois de receber certa quantidade de dados — e dados não faltam ao YouTube — a rede neural aprende quais são as relações entre os dados. Depois desse período de "aprendizado", o Funil se torna capaz de prever quanto tempo um usuário do YouTube vai passar assistindo a vídeos. O YouTube colocou esta técnica em ação. Tomou os vídeos com os maiores tempos de permanência previstos e colocou-os na lista de vídeos recomendados para o usuário. Quando o usuário não escolhia um novo vídeo, o YouTube simplesmente colocava para rodar o vídeo que, de acordo com a rede neural, agradaria mais ao usuário.

O sucesso do Funil foi espantoso. Em 2015, o tempo que os usuários entre 18 e 49 anos passaram assistindo a vídeos no YouTube aumentou 74% em relação ao ano anterior.[2] Em 2019, ele teve vinte vezes mais vídeos assistidos do que antes de os pesquisadores do Google começarem o projeto, sendo 70% desses vídeos entre os recomendados.[3] Doug Cohen, cientista de dados do Snapchat, não se cansa de elogiar a iniciativa.

— O Google resolveu para nós o dilema entre usufruir e explorar — ele me disse.

Em vez de acessar diferentes sites para encontrar os melhores vídeos ou esperar até que alguém lhe envie um link interessante, você agora pode ficar horas no YouTube vendo os vídeos indicados como "Próximo" ou clicando em uma das opções da lista que aparece no lado direito da tela.

Se pretendia fazer uma escolha criteriosa no YouTube, mas acaba clicando nos vídeos sugeridos, não está sozinho. O Funil transformou o YouTube em uma televisão convencional, na qual não é você que escolhe a programação. No caso do YouTube, ela é selecionada por uma IA. E ela funciona; muitos de nós passam horas sem conseguir sair do YouTube.

*

Noah gostaria de ser mais popular no Instagram. Muitos dos seus amigos têm mais seguidores e Noah olha para eles com inveja enquanto acumulam curtidas e comentários de outras pessoas. Ele consulta a conta do amigo Logan: ele tem por volta de 1.000 seguidores e cada postagem que faz recebe centenas de curtidas. Noah queria ser como Logan e estabelece como meta chegar a $y = 1.000$ seguidores. Com sua estratégia atual, conseguiu apenas $y_\theta = 137$ seguidores. Ele tem um longo caminho pela frente.

Na semana seguinte, Noah aumenta gradualmente o número de postagens, achando que quanto mais postar, mais pessoas irão segui-lo. Ele tira fotos da comida do jantar, dos sapatos novos e das cenas que vê a caminho da escola, mas não faz nenhum esforço para melhorar a qualidade das imagens. Noah se limita a fotografar tudo que vê e colocar na rede. Em termos da Equação 9, o parâmetro θ que ele está ajustando é a razão entre a quantidade e a qualidades dos seus posts. Ele está aumentando o número de posts e $d\theta > 0$.

Os amigos não reagem bem.

"Vc está mandando spam", escreve a amiga Emma abaixo de uma das suas fotos, acrescentando ao texto um emoji com cada de espanto. Alguns conhecidos de Noah param de segui-lo. Sua popularidade diminui: $y_{\theta+d\theta} = 123$, uma queda de 14. A distância para o objetivo aumentou. Ele está descendo o gradiente em vez de subir. Nos meses seguintes, Noah diminui a quantidade e passa a se concentrar na qualidade. Algumas vezes por semana, ele fotografa um amigo saboreando um sorvete ou seu cachorro em uma pose engraçada. Ele capricha no enquadramento e usa um filtro para melhorar a aparência dos amigos. Enquanto faz a mudança de quantidade para qualidade, ele observa o que acontece com y_θ. A princípio, o número de seguidores aumenta lentamente. Depois de seis meses, ele tem 371 seguidores. No sétimo mês, porém, o número para de aumentar.

Agora chegamos a uma lição importante da Equação 9: Noah deve se conformar e desistir da meta de chegar a 1.000 seguidores. A despeito do fato de que $(y - y_\theta)^2 = (1.000 - 371)^2 = 395.641$ ainda é um número muito grande, Noah já chegou ao pico da montanha:

$$-\frac{d\left(y - y_\theta\right)^2}{d\theta} = 0$$

A equação diz a Noah para não mudar de estratégia e se contentar com o que já conquistou. Não faz sentido se comparar com Logan; Noah já atingiu seu máximo de popularidade.

Quando estamos usando a Equação 9, devemos conservar em mente nosso objetivo, mas ser guiados principalmente pelo progresso em direção à meta. Como dizem os antigos, quando você está no alto da montanha, deve apreciar a vista. A matemática confirma este dito popular.

A diferença entre o tipo de otimização criado por algoritmos de aprendizagem mecânica como o Funil e a otimização realizada por Noah é que, enquanto ele estava tentando aumentar o número de seguidores, a aprendizagem mecânica está tentando aperfeiçoar a precisão de suas previsões. No caso do Funil, y_θ são previsões de quanto tempo os usuários vão permanecer assistindo a vídeos e y é o tempo que eles realmente passam assistindo aos vídeos. O YouTube está interessado em determinar as preferências dos usuários com a maior precisão possível, mas sabe que essas previsões nunca serão perfeitas. O Funil se dá por satisfeito quando o erro deixa de diminuir.

O segredo para usar a equação do aprendizado é ser honesto na hora de avaliar se suas ações aumentam ou diminuem a diferença entre seus objetivos e a realidade. Algumas pessoas podem acusar Noah de ser "falso" ou "superficial" por tentar ativamente aumentar seu impacto nas redes sociais. Não concordo. Trabalhar com influenciadores que executam sua função longe dos holofotes, como Kristian Icho, um colega que assessora um site de moda, me fez pensar o oposto. Kristian usa as ferramentas de análise de dados do Google para estudar a influência da razão entre a qualidade e a quantidade dos posts sobre o fluxo de clientes, mas também compreende que seus dados são a respeito de pessoas. Quando um jovem de dezessete anos postou um selfie usando uma camiseta com uma estampa que ele mesmo havia criado, o rosto de Kristian se iluminou. Ele deu à postagem uma curtida e um comentário: Muito bom! Ele estava sendo sincero. Não há nenhuma contradição entre aprender a partir dos dados e ser 100% sincero a respeito de quem você é e o que você faz.

Usada com critério, a equação do aprendizado ajuda a organizar sua vida. Quer você esteja tentando ser popular nas redes sociais ou estudar para um exame, sempre procure escalar o gradiente com calma. Estabeleça uma meta, mas não se concentre na distância a que você está do objetivo. Não se preocupe com as pessoas que são mais populares do que você ou que têm notas maiores. Em vez disso, concentre-se nas medidas que está adotando para melhorar. Preste atenção no gradiente: nos amigos novos, nos assuntos que você está começando a dominar. Se você descobrir que não está progredindo, reconheça isso. Você chegou ao pico da montanha e está na hora de apreciar a vista. Esteja ciente, porém, de que não existe uma forma segura de ter certeza de que você chegou ao alto da montanha. Às vezes você se vê estacionado em uma altura que não o satisfaz. Nesse caso, está na hora de mudar alguma coisa e começar de novo, seja procurando outra montanha, seja encontrando um novo parâmetro para ser ajustado.

*

Em 2019, Jarvis Johnson pediu demissão do emprego de engenheiro de software. Seu canal no YouTube, onde ele exibia vídeos de sua vida de programador, estava atraindo cada vez mais assinantes. Ele achou que estava na hora de se dedicar em tempo integral à carreira de "pessoa da Internet", como gosta de ser chamado.

São necessárias duas coisas para ter sucesso como youtuber: postar vídeos interessantes e ter um profundo conhecimento do processo do Funil. Jarvis atende os dois requisitos e seus vídeos combinam os dois elementos com um humor autorreferente. Ele investiga o modo como alguns canais do YouTube estão usando o algoritmo para proveito próprio, manipulando o Funil de tal forma que ele aponte todas as recomendações em sua direção. Em seguida, transforma suas descobertas em vídeos interessantes e instrutivos na própria plataforma.

As investigações de Jarvis se concentraram em um grupo de publicação chamado The Soul Publishing. Eles se descrevem como "um dos maiores publicadores de mídia do mundo" e afirmam que sua missão é "engajar, inspirar, entreter e esclarecer". Jarvis começou observando um dos canais mais populares do TheSoul: 5-Minute Crafts (Dicas de 5 Minutos). Ele oferece dicas no estilo "faça você mesmo" para afazeres domésticos. Em um vídeo, com 179 milhões de acessos, o site afirmou que uma marca de caneta permanente podia ser apagada de uma camiseta esfregando com uma escova de dente uma mistura de desinfetante, fermento em pó e suco de limão. Jarvis decidiu testar a receita. Escreveu a palavra NERD na frente de uma camiseta branca e seguiu as instruções. O resultado foi que a palavra NERD mesmo depois que a camisa foi lavada em uma máquina de lavar continuou intacta. Jarvis experimentou várias outras dicas e descobriu que todas eram triviais ou não funcionavam. Os conselhos oferecidos por 5-Minute Crafts eram inúteis.

Um dos outros canais do TheSoul, Actually Happened (Realmente Aconteceu) se propunha supostamente a encenar fatos da vida real de seguidores. Jarvis descobriu que as histórias eram criadas por "roteiristas" que inventavam histórias plausíveis que despertariam o interesse de adolescentes americanos, usando o Reddit e outras redes sociais como fonte de inspiração. Jarvis me explicou que Actually Happened estava inicialmente copiando outro canal, Storybooth, que produz encenações de histórias pessoais genuínas envolvendo crianças e adolescentes. Este último canal muitas vezes convida as próprias crianças a narrar suas histórias, o que ajuda a apresentá-las de forma honesta e convincente.

— O algoritmo do YouTube é incapaz de reconhecer a diferença entre o Storybooth e o Actually Happened — afirmou Jarvis quando o entrevistei em maio de 2019. O canal Actually Happened usa os mesmos títulos, descrições e palavras-chave que o Storybooth e o Funil os vê como mais ou menos equivalentes e começa a fazer links entre os dois sites. — O Actually Happened inundou o Mercado com histórias. Eles contrataram fornecedores abaixo do preço do mercado que produziam um vídeo por dia — prosseguiu Jarvis — e depois de algum tempo atingiram uma velocidade de fuga na qual não precisavam mais copiar o Storybooth. — Depois que eles conquistaram um milhão de assinantes, o Funil decidiu que o Actually Happened era um canal que as crianças gostavam de ver. O algoritmo passou a considerá-lo o alto da montanha para os usuários.

Jarvis acha que a questão de ética que envolve os canais do The Soul é complicada.

— Já fiz vídeos parecidos com os de outras pessoas na esperança de compartilhar um público, mas fazer isso em massa e de forma tão desavergonhada é algo que eu não teria coragem de fazer. O que vai impedir essa empresa de fazer a mesma coisa com todos os estilos da plataforma?

A limitação do algoritmo do YouTube é que ele não leva em conta o conteúdo dos vídeos que promove nem o trabalho necessário para produzi-los. Experimentei esse efeito pessoalmente quando o YouTube chegou à conclusão de que eu estava interessado em Bem Shapiro. Qualquer um que coloque crianças pequenas em frente ao YouTube durante uma hora vai observar o modo como eles são atraídas para um estranho mundo de vídeos de crianças desembrulhando presentes, copos de sorvete coloridos feitos de massinha e quebra-cabeças de cabeça trocada com personagens da Disney. Dê uma olhada em "PJ Masks Wrong Heads for Learning Colors": parece que levou meia hora para fazer e já teve mais de 200 milhões de acessos. Os vídeos recomendados pelo Funil não são apenas de baixa qualidade, também podem ser pouco recomendáveis. Em 2018, a revista *Wired* denunciou vídeos em que cachorros da PAW

Patrol/Patrulha Canina tentaram se matar e a *Peppa Pig* come bacon sem querer.[4] Uma investigação do *New York Times* revelou que o YouTube estava recomendando vídeos familiares de crianças nuas brincando em piscinas infantis a usuários interessados em pedofilia.[5]

O YouTube pode nos dar uma visão de funil. Seu objetivo pode ser o de descobrir as melhores recomendações para cada usuário, mas a Equação 9 se limita a encontrar a melhor solução para os dados disponíveis. Ela escala o gradiente de aprendizado até chegar ao cume e deixar você apreciar a vista, qualquer que seja. O Funil comete erros e é nossa responsabilidade encontrá-los e corrigi-los, O YouTube nem sempre se mostrou à altura do desafio.

*

Algumas pessoas podem ter a impressão de que os membros da DEZ são como Tony Stark, o Homem de Ferro: empresários e engenheiros talentosos que estão usando a tecnologia para transformar o mundo. Mas, se os membros da DEZ fossem escolher um super-herói da Marvel para representá-los, seria provavelmente Peter Parker, o Homem-Aranha. Eles não têm um plano, uma agenda moral — são apenas como um adolescente tentando manter controle sobre o corpo enquanto ele se desenvolve de forma inesperada.

A tensão entre os membros da DEZ pode ser observada de vários ângulos. Seus membros são como o ingênuo Mark Zuckerberg no filme *A rede social* ou o Mark Zuckerberg, que mais parecia um robô quando depôs nas comissões Judiciária e Comercial do Senado dos Estados Unidos? Eles são como o Elon Musk, que fuma maconha na TV ou o que pensa que nosso futuro está em uma viagem a Marte?

Por um lado, as equações oferecem aos membros da DEZ condições de planejar mudanças globais para a nossa sociedade. Elas permitem uma abordagem científica que ajuda a adquirir confiança nos modelos comparando-os com dados experimentais. Elas nos conectaram de formas inesperadas. Elas otimizam o desempenho. Elas trazem eficiência e estabilidade. Por outro lado, os membros usam uma equação de recompensa segundo a qual devem usufruir o que puderem no presente sem se preocuparem com o passado. Para isso, eles dispõem de uma margem em relação ao resto da humanidade.

Isto é exatamente o que A.J. Ayer nos disse em 1936: que a ética e a moral hoje não têm lugar na matemática; se acaso tiveram no passado, esse lugar foi perdido. A invisibilidade dos membros da DEZ significa que não podemos nem mesmo usar a analogia do super-herói. Os membros da DEZ são apenas adolescentes ingênuos, cientes, como Peter Parker, que com grandes poderes vêm grandes responsabilidades, ou são maníacos deslumbrados pelo poder que querem controlar o mundo "para o seu próprio bem"? Ou chegarão ao extremo do supervilão Thanos, dispostos a matar metade da humanidade para torná-la mais eficiente?

Seja o que for que eles pensam que são, precisamos saber o que pretendem, porque têm poder suficiente para mudar o nosso futuro.

*

Quando observamos exemplos modernos de inteligência artificial (IA) como a rede neural DeepMind do Google, que se tornou o melhor jogador de Go do planeta, ou a IA, que aprendeu a jogar *Space Invaders* e outros jogos do Atari, devemos considerá-los prodígios da engenharia. Uma equipe de matemáticos e cientistas de computação se encarregou de juntar as peças. Não existe uma equação isolada por trás da IA.

Por outro lado — e isto é importante para meu projeto de revelar as Dez Equações — os componentes da IA envolvem *nove* das Dez Equações. Assim, como meu truque final, vou explicar de que forma o DeepMind se tornou um campeão de um dos jogos mais difíceis do mundo.

Imagine uma cena na qual um grande mestre do xadrez está de pé no meio de um círculo de mesas. Ele vai até uma mesa, estuda o tabuleiro e move uma peça. Em seguida, passa para a mesa ao lado e faz a sua jogada. No final da simultânea, venceu todas as partidas. Inicialmente, pode parecer incrível que o grande mestre seja capaz de manter na memória tantas partidas de xadrez ao mesmo tempo. Como ele consegue se lembrar do desenrolar de cada partida até aquele ponto para decidir o que fazer em seguida? É aí que você se lembra da equação do desempenho.

O estado de uma partida de xadrez pode ser visto imediatamente a partir da posição das peças no tabuleiro: o arranjo defensivo dos piões, a proteção do rei, a liberdade da dama para atacar e assim por diante. O grande mestre não precisa conhecer o andamento do jogo; ele precisa apenas olhar para o estado do tabuleiro e decidir qual é a melhor jogada. O desempenho do grande mestre pode ser avaliado pelo modo como ele parte do estado atual do tabuleiro e o converte em um novo estado por meio de uma jogada válida. O novo estado aumenta ou diminui a probabilidade de que ele ganhe o jogo? A Equação 4 (a suposição de Markov) se aplica como uma luva ao desempenho dos jogadores de xadrez. Os grandes mestres não precisam saber (muitas coisas) a respeito da história de um jogo para fazer a jogada certa a partir da posição das peças no tabuleiro.

"Muitos jogos de informação perfeita, como xadrez, damas, *Othello*, gamão e *Go*, podem ser definidos como jogos markovianos." Esta é a primeira sentença da seção de métodos de um artigo de David Silver e outros pesquisadores do Google a respeito das vitórias da rede neutral DeepMind sobre o campeão mundial de *Go*.[6] Esta observação simplifica imensamente o problema de desenvolver estratégias para o jogo, porque elas podem se basear na posição em que as peças se encontram no momento sem necessidade de levar em conta as jogadas anteriores.

Já analisamos a matemática de um neurônio isolado no Capítulo 1. A Equação 1 toma a cotação do momento para o resultado de um jogo de futebol e a transforma em uma decisão a respeito de apostar ou não nesse resultado. Este é um modelo simplificado do que faz um neurônio do nosso cérebro. Ele recebe sinais externos — de outros neurônios e do mundo exterior — e os transforma em uma decisão sobre o que deve ser feito. Esta suposição simplificadora foi a base dos primeiros modelos de redes neurais, e a Equação 1 foi usada para modelar as respostas dos neurônios. Hoje em dia, é uma de duas equações muito parecidas que são usadas para modelar neurônios em quase todas as redes neurais.[7]

Em seguida, vamos a uma versão da equação da recompensa. Na Equação 8, Q_t era a nossa estimativa da qualidade de uma série da Netflix ou dos retuítes em uma conta do Twitter. Em vez de avaliar apenas um filme ou uma conta do Twitter, agora queremos que nossa rede neural avalie $1{,}7 \times 10^{172}$ diferentes estados em um jogo de *Go* ou 10^{72} diferentes combinações de vídeos do YouTube e usuários. Escrevemos $Q_t(s_t, a_t)$ para representar a qualidade do estado do mundo s_t, dado que pretendemos realizar uma determinada ação a_t. No jogo de *Go*, o estado s_t é um tabuleiro quadrado 19×19, nas quais cada interseção da malha pode estar em três estados diferentes (vazia, ocupada por uma peça branca ou ocupada por uma peça preta). As ações possíveis a_t são as posições nas quais uma peça pode ser colocada. A qualidade $Q_t(s_t, a_t)$ indica o grau de confiança que depositamos na ação s_t, sabendo que o tabuleiro está no estado e_t. No caso dos vídeos do YouTube, o estado são todos os usuários que estão online e todos os vídeos que estão disponíveis. A ação é mostrar um dado vídeo a um dado usuário, e a qualidade é o tempo que usuário passa assistindo ao vídeo.

A recompensa $R_t(e_t, a_t)$ é o prêmio por executar a ação a_t a partir do estado e_t. No caso do *Go*, a recompensa só acontece no fim do jogo. Podemos atribuir 1 ponto a uma jogada ganhadora –1 a uma jogada perdedora e 0 a todas as outras jogadas. Note que uma jogada pode ser muito boa do ponto de vista estratégico e mesmo assim valer apenas 0 ponto. Isso acontece, por exemplo, se uma jogada deixa o competidor próximo da vitória, mas não é decisiva.

Quando o DeepMind usou a equação da recompensa para os jogos do Atari, contava com um componente adicional: o futuro. Quando executamos uma ação a_t (colocamos uma peça no tabuleiro no jogo de *Go*), passamos a um estado s_{t+1} (um tabuleiro no qual o lugar onde a peça foi colocada está ocupado). A equação de recompensa do DeepMind acrescenta uma recompensa de valor $Q_t(s_{t+1}, a)$ para a melhor ação neste novo estado. Isto ajuda a IA a planejar as jogadas durante o jogo.

A Equação 8 oferece uma garantia. Ela diz que se seguirmos a lógica da equação e atualizarmos constantemente a qualidade das nossas jogadas aprenderemos gradualmente melhores estratégias. Não só isso; usando a equação, encontraremos, mais cedo ou mais tarde, a melhor estratégia para o jogo, seja ele jogo da velha, xadrez ou *Go*.

Entretanto, existe um problema. A equação não diz quanto tempo precisamos jogar para conhecer a qualidade de todos os estados. O jogo *Go* tem $3^{19\times19}$ estados, o que corresponde à por volta de $1{,}7 \times 10^{172}$ configurações diferentes das peças. É necessário um tempo proibitivamente longo para examinar todas essas configurações, mesmo usando um computador extremamente rápido, e para que nossa função de qualidade convirja precisamos passar muitas vezes pelo mesmo estado. Encontrar a melhor estratégia é possível na teoria, mas impossível na prática.

A inovação que os pesquisadores do Google introduziram no DeepMind consistiu em representar a qualidade $Q_t(s_t, a_t)$ por uma rede neural.

Em vez de tentar descobrir como uma IA deveria jogar quando estivesse em um dos $1,7 \times 10^{172}$ estados do *Go*, a estratégia da IA foi representada por uma entrada de 19×19 posições aplicada a uma rede neural, seguida por várias camadas de neurônios ocultos e neurônios de saída que decidiam qual seria a jogada seguinte. Depois de formular o problema como uma rede neural, os pesquisadores podiam usar a escalada do gradiente de subida — a Equação 9 — para aperfeiçoar a resposta.

No que foi talvez a melhor demonstração do sucesso desta abordagem, a rede neural AlphaZero do Google sem nenhuma experiência de xadrez levou apenas quatro horas para aprender a jogar no mesmo nível que os melhores programas de xadrez do mundo já muito à frente dos melhores jogadores humanos. A partir daí, AlphaZero continuou a aprender, jogando contra si mesmo para descobrir estratégias que nenhum ser humano e, na verdade, nenhum outro computador havia utilizado.

Todas as equações que discutimos até agora aparecem no estudo das redes neurais. Já mencionamos as Equações 1, 4, 8 e 9. A Equação 5 aparece quando estudamos as ligações entre os neurônios. O modo como os neurônios estão ligados determina o tipo de problema que a rede é capaz de resolver. O nome "Funil" vem da estrutura no circuito neural usado pelo YouTube com um grande número de neurônios de entrada e um pequeno número de neurônios de saída. No caso de outras aplicações, os pesquisadores descobriram que outras estruturas funcionam melhor. Para reconhecimento fácil e jogos em geral, uma estrutura ramificada conhecida como rede neural convolucional funciona melhor.[8] No caso de processamento de linguagem, uma rede neural com laços, conhecida como rede neural recursiva, é a melhor opção.[9]

As Equações 3 e 6 são usadas quando estamos tentando estimar o tempo de treinamento de uma rede neural necessário para que ela produza resultados satisfatórios. A Equação 7 é a base de um método chamado aprendizado não supervisionado que pode ser usado quando temos milhões de vídeos, imagens ou textos para analisar e queremos saber quais as características mais importantes para fins de classificação. A Equação 2 é a base das redes neurais bayesianas, que são as mais indicadas para jogos que envolvem incerteza, como o pôquer.

Assim, em apenas nove equações, podemos encontrar a essência da inteligência artificial moderna. Aprenda-as e você poderá contribuir para a criação da inteligência artificial do futuro.

*

A maioria das pessoas não sabe que as melhores pesquisas na área da IA estão à disposição de qualquer um que esteja interessado no assunto e conheça as novas equações tão bem como você conhece agora. Os artigos são publicados em revistas de acesso livre, e bibliotecas de programas de computador podem ser usadas por aqueles que se dispuserem a criar seus próprios modelos. O segredo às claras continua a se expandir, da doutrina de De Moivre e os cadernos de notas de Gauss, passando pela explosão da ciência no século passado e chegando aos arquivos do GitHub, onde os gigantes da tecnologia carregam e compartilham os programas mais recentes.

Em vez das narrativas de terror ou promessas exageradas a respeito de IAs que se tornam humanas, a história que as pessoas precisam conhecer é a história do Google. Esta empresa, fundada por dois estudantes na Califórnia, estimulou e financiou pesquisas de alto nível e colocou quase tudo que faz à disposição do público em geral. Existe, naturalmente, o perigo de que os melhores cérebros deixem as universidades para trabalhar no Google, no Facebook e em outras empresas. Entretanto, muitos de nós continuamos aqui, em nossas torres de marfim, e estamos aprendendo (quase) tanto com o Google quanto ele aprendeu conosco no passado.

Os segredos da DEZ não são as equações em si, mas saber aplicá-las e combiná-las. Usadas cegamente, as equações não servem para nada.

O risco para a humanidade não é de que uma IA hostil passe a governar nosso mundo: um "Edwin Jarvis" dos Vingadores da Marvel fora de controle ou a IA "Samantha" que seduz todos os homens do planeta no filme *Ela*. A inteligência artificial não tem competência para isso; ela não pode ir além de suas soluções limitadas. O risco está no aumento cada vez maior da distância entre aqueles que têm poder sobre os dados e aqueles que não têm. O pequeno grupo de homens que conhecem as equações possui uma inteligência nunca vista em nosso planeta.

Humanos matematicamente aperfeiçoados estão assumindo o controle. Dois alunos de doutorado criaram o sistema de buscas do Google a partir da equação do influenciador (Equação 5). Três engenheiros do Google criaram uma rede neural que mantém centenas de milhares de pessoas hora após hora presas a vídeos inexpressivos intercalados com anúncios. Este padrão de dispor de um pequeno grupo de programadores, empresários ou jogadores usando a matemática para dominar o resto dos mortais está se repetindo cada vez mais; em outras palavras, um pequeno grupo de elite de matemáticos controla a vida dos que não podem ou não querem aprender a senha.

Sem que possa ser responsabilizada por seus atos, a DEZ está transformando o mundo. Sem se preocupar com suas limitações, ela procura a melhor solução para cada problema, podendo ignorar a própria existência, mas as provas de que existe são inegáveis.

Agora que sabemos como funcionam as nove das dez equações e conhecemos as virtudes e limitações de cada uma, podemos finalmente responder a questão mais importante de todas. Esta sociedade matemática secreta que controla nosso mundo é uma força do bem ou do mal?

Eu, pessoalmente, me tornei mais rico, mais esperto e mais bem-sucedido adotando as ideias da DEZ, mas será que me tornei uma pessoa melhor?

10

A Equação Universal

Se ... então ...

Eu digitei a pergunta no meu celular: "Quem jogou melhor nesta temporada: Cristiano Ronaldo ou Lionel Messi?"

Levantei os olhos para Ludvig, Olof e Anton, que estavam em frente de uma projeção das telas dos seus laptops. Ludvig mexeu nervosamente os pés. Era a parte dele do programa que seria testada em primeiro lugar. O bot de futebol que ele havia criado seria capaz de traduzir minha frase para uma linguagem que ele fosse capaz de entender?

O texto começou a rolar na tela projetada mostrando as entranhas do cérebro do bot. Minha pergunta havia se tornado:

{intenção: comparar; objetos: {Cristiano Ronaldo, Lionel Messi}; intervalo: temporada}.

O bot estava certo! Ele sabia o que eu estava perguntando! Foi a vez de Olaf ficar nervoso. Sua missão tinha sido a de modelar as qualidades dos jogadores. Eu não tinha definido em que período de tempo estava interessado, mas o bot tinha sido programado para usar partidas recentes. O algoritmo de Olaf podia classificar os desempenhos como "fraco", "médio", "bom" ou "excelente". Agora o bot teria de avaliar e comparar dois excelentes jogadores.

O bot escolheu {critério: chutes; competição: CL} para nos dizer que usaria como critério os chutes e os gols dos dois jogadores na única competição que ambos haviam disputado, a Champions League. Podíamos ver a resposta nas telas projetadas: o bot já sabia qual dos dois tinha sido o melhor. Só faltava enviar a resposta para o meu celular — não na forma de chaves, sinais de pontuação e texto codificado, mas em uma frase que eu pudesse ler.

Anton, cuja missão tinha sido construir as respostas, comentou:

— Há mais de 100.000 formas de responder à sua pergunta. Modos diferentes de escolher as palavras e montar a frase. Vamos ver o que o bot escolheu.

Olhei para a tela do meu celular. Estava demorando. Precisávamos aperfeiçoar a interface com o usuário ...

Finalmente, o bot respondeu: "Dos dois jogadores, acho que Lionel Messi foi o melhor. Lionel Messi fez seis gols e conseguiu mais pontos de chute nesta temporada." O bot me enviou uma planilha com todos os chutes e gols da Champions League. Ele certamente soava como um computador, com aquela história de "pontos de chute", mas havia também algo de curiosamente humano no seu fraseado. Além disso, em minha opinião, a resposta estava certa.

*

O bot de futebol dos alunos foi construído, em parte, usando a matemática que discutimos nesta obra. Ludvig usou a equação do aprendizado para treinar o bot para compreender perguntas relacionadas ao futebol. Olof usou a equação do desempenho para calcular o mérito dos jogadores e a equação do avaliador para compará-los. Finalmente, Anton juntou as coisas em uma equação final do tipo "Se ... então ... caso contrário."

Antes de nos concentrarmos nesta equação final, eu gostaria de dar uma olhada no ponto em que estamos em nossa jornada pela matemática. Vamos pensar um pouco a respeito do que aprendemos.

A compreensão de equações pode acontecer em diferentes níveis. Você pode viajar para suas profundezas matemáticas para entender exatamente como funcionam e como podem ser usadas. Se o seu objetivo é se tornar um cientista de dados ou um estatístico trabalhando para o Snapchat, uma franquia do basquete ou um banco de investimento, esta jornada aos detalhes técnicos é uma obrigação. Este livro representa apenas o começo.

As Dez Equações também podem ser usadas de outra forma — de um modo mais leve, menos técnico. Você pode usá-las para guiar sua tomada de decisões e o modo como vê o mundo. Acredito que você pode usar as Dez Equações para se tornar uma pessoa melhor.

No pensamento ocidental, as declarações do tipo "Se ... então ..." existem desde a época dos Dez Mandamentos. *Se* hoje é domingo, *então* você deve ir à missa. *Se* a mulher do próximo é atraente, *então* você não deve cobiçá-la. E assim por diante. O problema dos Dez Mandamentos é que eles são inflexíveis e 2.000 anos depois parecem um pouco antiquados.

As nove equações que discutimos até agora são diferentes. Elas não estabelecem regras a respeito do que devemos e não devemos fazer em certas situações, ou seja, sugerem uma forma de viver a vida. Lembra-se de quando Amy ouviu Rachel falar mal dela no banheiro? De como o paradoxo da amizade nos ajudou a perceber que era errado ter inveja do sucesso social de outras pessoas? Ou estereotipar os amigos usando a equação do anunciante? Em cada um desses casos, eu não disse às pessoas envolvidas o que deviam fazer com base em conceitos morais predefinidos. Preferi consultar os dados, identificar o modelo correto e cheguei a uma conclusão razoável.

As Dez Equações são mais flexíveis que os Dez Mandamentos, pois permitem lidar com uma variedade muito maior de problemas e oferecem um leque muito maior de soluções. Estou colocando as Dez Equações acima dos mandamentos de Deus? Sim, estou. Claro que estou. Tivemos 2.020 anos para aperfeiçoar nossa filosofia; encontramos melhores formas de resolver nossos problemas práticos e morais. Estou oferecendo as Dez Equações não só aos cristãos, mas a pessoas de todos os credos e ideologias. O modo como dados e modelos são combinados e o nonsense é excluído proporciona à matemática uma honestidade essencial que a coloca acima de muitas outras formas de pensar.

O conhecimento matemático é como um nível extra de inteligência. Também acredito — e isto é mais discutível — que temos obrigação moral de aprender as Dez Equações. Chego a acreditar que, no conjunto, o trabalho que os membros da DEZ fizeram até agora fez muito bem à humanidade. Nem sempre, mas com muita frequência. Aprendendo as equações, você não só ajuda a si mesmo, mas também os outros.

Essa afirmação pode parecer surpreendente, já que os membros da DEZ têm uma vantagem em relação aos outros que não possuem as mesmas habilidades. Pode parecer também que esta afirmação não esteja de acordo com a posição filosófica de verificabilidade descrita por A.J.

Ayer, segundo o qual não podemos esperar respostas concretas a questões morais na matemática. Mesmo assim, é o que eu acredito e que estou defendendo aqui. A DEZ é uma força do bem.

*

Para descobrir se podemos encontrar princípios morais na matemática, primeiro precisamos deixar claro o que não podemos encontrar. Por meio de um processo de eliminação, devemos ser capazes de identificar o que existe no pensamento matemático é capaz de nos dizer qual é "a coisa certa a fazer".

Nossa última equação — "se ... então ..." — não é uma única equação, mas uma representação abreviada de um conjunto de algoritmos que podem ser escritos usando uma série de afirmações do tipo "se ... então ..." e estruturas de repetição do tipo "repetir ... até". Essas declarações são a base da programação de computadores. No bot de futebol de Anton, por exemplo, encontramos comandos como:

se *passes decisivos* > 5 então imprima
("Ele deu muitos passes importantes").

Comandos como este são usados pelo bot para decidir, em juntamente com os dados de entrada, o que deve aparecer na saída.

Nas décadas de 1950, 60 e 70, o recém-criado campo da ciência da computação criou uma série de algoritmos para processar e organizar dados. Um dos primeiros exemplos é o algoritmo de ordenação por mistura, proposto por John von Neumann em 1945 para colocar os elementos de uma lista em ordem numérica ou alfabética. Para compreender como o método funciona, suponha que queremos combinar duas listas previamente ordenadas. Assim, por exemplo, temos uma lista $\{A,G,M,X\}$ e outra lista $\{C,E,H,V\}$. Para criar uma lista ordenada a partir das duas listas, tudo que precisamos fazer é consultar as duas listas da esquerda para a direita, colocar a letra que aparece primeiro no alfabeto em uma nova lista e depois removê-la da lista original.

Vamos ver como isso é feito. Primeiro, comparamos os primeiros elementos das duas listas, A e C. Como A vem primeiro, colocamos A na nova lista que está sendo criada e removemos A da primeira lista. Agora temos três listas: a nova lista $\{A\}$ e as listas originais $\{G,M,X\}$ e $\{C,E,H,V\}$. Comparamos novamente os primeiros elementos remanescentes das listas originais, *G* e *C*, colocamos *C* na nova lista, que passa a ser {*A*,*C*}, e removemos *C* da segunda lista, que passa a ser {*E*,*H*,*V*}. Em seguida, comparamos os primeiros membros remanescentes das listas originais, *G* e *E*, colocamos *E* na nova lista, que passa a ser {*A*,*C*,*E*}, e removemos E da segunda lista, que passa a ser {*H*,*V*}. Continuamos o processo até esgotarmos os elementos das duas listas originais, o que nos dá, como resultado, a lista ordenada {*A*,*C*,*E*,*G*,*H*,*M*,*V*,*X*}.

Para passar da combinação de listas previamente ordenadas para a ordenação de uma lista qualquer, von Neumann propôs uma estratégia baseada na ideia de "dividir para conquistar". A lista original é dividida em listas menores, que são ordenadas e depois combinadas. Suponhamos que a lista original seja {*X*,*G*,*A*,*M*}. Primeiro, separamos a lista em quatro listas parciais, {*X*}, {*G*}, {*A*} e {*M*}. Em seguida, combinamos as listas duas a duas para obter as listas parciais {*G*,*X*} e {*A*,*M*}. Finalmente, combinamos as duas listas parciais usando o método descrito anteriormente, o que nos dá a lista {*A*,*G*,*M*,*X*}. A elegância deste método é que ele usa a mesma técnica em todos os níveis. Dividindo a lista original em listas parciais cada vez menores, chegamos finalmente a uma lista que não pode deixar de estar ordenada, pois tem apenas um elemento. Em seguida, usando o fato de que já sabemos como combinar listas ordenadas, garantimos que todas as listas que criarmos estarão ordenadas (Figura 10). A ordenação por mistura não falha nunca.

Outro exemplo é o algoritmo de Dijkstra para descobrir o caminho mais curto entre dois pontos. Edsger Dijkstra, um físico e cientista de computadores holandês, inventou o algoritmo em 1953 para demonstrar aos "analfabetos em computação" (como gostava de chamá-los) que os computadores podiam ser úteis, calculando o caminho mais curto de carro entre duas cidades da Holanda.[1] Ele levou apenas vinte minutos, sentado em um café de Amsterdam, para criar o algoritmo. Mais tarde ele contou à revista *Communications of the ACM* (Association for Computing Machinery) que "uma das razões pelas quais ele é tão simples é que foi concebido sem o uso de lápis e papel. Quando você não dispõe de lápis e papel, é praticamente forçado a evitar as complicações desnecessárias."

Imagine que você está em Rotterdam e quer ir até Groningen de carro. De acordo com o algoritmo de Dijkstra, você deve primeiro rotular todas as cidades próximas de Rotterdam com o tempo de percurso de Rotterdam até a cidade. Este processo está ilustrado na Figura 10. Assim, por exemplo, a viagem leva 23 minutos até Delft, 28 minutos até Gouda e 35 minutos até Schoonhoven. O passo seguinte consiste em procurar as cidades mais próximas dessas três cidades e determinar o menor tempo de percurso para chegar até elas. Assim, por exemplo, se são necessários 35 minutos para ir de Gouda até Utrecht e 32 minutos para ir de Schoonhoven até Utrech, o tempo de viagem de Rotterdam até Utrecht passando por Gouda é 28 + 35 = 63 minutos (que é menor que o tempo de 35 + 32 = 67 minutos de viagem passando por Schoonhoven). O algoritmo continua a se irradiar a partir de Rotterdam para toda a Holanda, rotulando o tempo mínimo para chegar a cada cidade. Como o algoritmo calculou o menor percurso para chegar a cada cidade ao longo do caminho, sempre que uma nova cidade é acrescentada, é determinado simultaneamente o menor percurso para chegar a essa cidade. O algoritmo não tem por objetivo chegar a Groningen; ele simplesmente anota o tempo necessário para chegar a cada cidade, mas, quando finalmente acrescenta Groningen à lista, o tempo anotado é, seguramente, o tempo que corresponde ao menor percurso entre Rotterdam e Groningen.

A lista de algoritmos semelhantes ao algoritmo da mistura de Von Neumann e ao algoritmo de Dijkstra é muito grande.[2] Aqui estão apenas alguns exemplos: o algoritmo de Kruskal para determinar a menor árvore ramificada (o traçado que usa a menor quantidade de trilhos para ligar todas as cidades de uma rede ferroviária); a distância de Hamming para medir a diferença entre dois textos ou conjuntos de dados; o algoritmo da Envoltória Convexa para desenhar uma curva envolvendo um conjunto de pontos; o algoritmo de Detecção de Colisão para gráficos de objetos tridimensionais; a Transformada Rápida de Fourier para detecção de sinais. Esses algoritmos, e suas variantes, são os elementos básicos do hardware e do software dos computadores. Eles selecionam e processam nossos dados, encaminham nossas mensagens de e-mail, verificam a ortografia e sintaxe de nossos textos e permitem que a Siri e a Alexa identifiquem em segundos uma música que está tocando no rádio.

A matemática do "se ... então ..." sempre fornece a resposta correta e sempre sabemos o que ela vai fazer. Considere o bot de futebol dos três alunos de mestrado. Eu podia fazer a ele perguntas simples sobre futebol e ele respondia como se fosse um ser humano, mas para Anton isso não era uma surpresa. Ele programou as regras que faziam o bot traduzir a linguagem de computador para a linguagem corrente e o bot estava simplesmente obedecendo a essas regras.

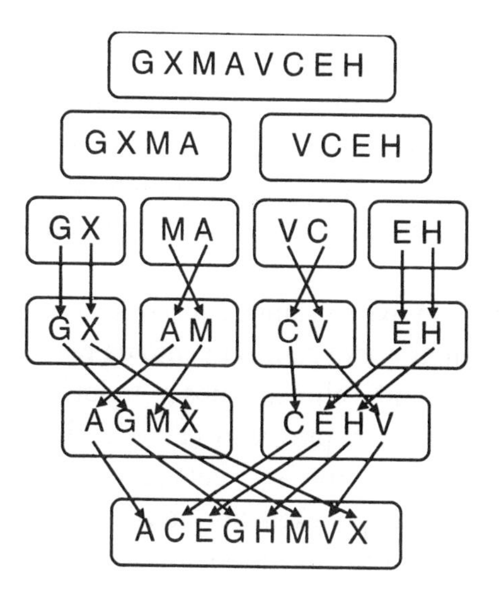

O algoritmo da mistura usa a tática de dividir para conquistar. Primeiro a lista de letras é dividida em pares, que são ordenados. Os pares ordenados são então combinados em listas ordenadas de quatro letras, e assim por diante, até que a lista completa esteja ordenada.

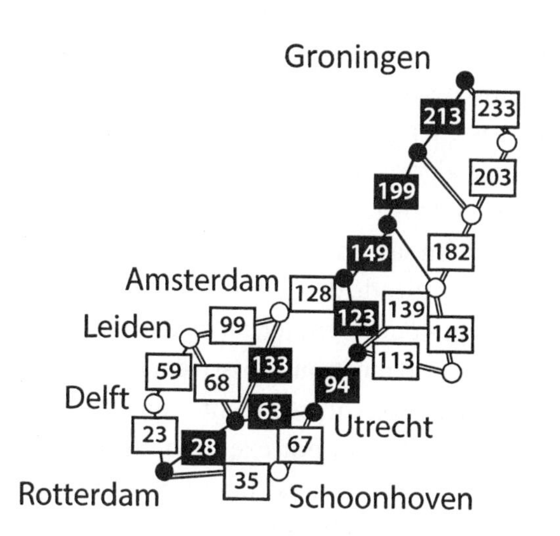

No algoritmo de Dijkstra, determinamos o caminho mais curto para chegar a cada cidade ao longo do caminho.

O percurso em preto é o caminho mais curto entre Rotterdam e Groningen. Os números indicam o tempo de viagem em minutos.

Figura 10: Os algoritmos da mistura e de Dijkstra.

O motivo pelo qual eu agrupei todos esses algoritmos do tipo "se ... então ..." em uma única equação é que eles têm uma coisa muito importante em comum: são verdades universais. O algoritmo de Dijkstra sempre encontra o caminho mais curto; o algoritmo da mistura sempre coloca os elementos em ordem; a Envoltória Conveza sempre tem a mesma propriedade. Os resultados são sempre os mesmos, independentemente da nossa vontade.

Nos primeiros nove capítulos do livro, usamos equações para testar modelos, fazer previsões e aumentar nosso conhecimento da realidade. Essas equações interagem com o mundo: alimentamos os modelos com dados passados, e esses modelos fornecem previsões a respeito de dados futuros. Por outro lado, os algoritmos do tipo "se ... então ..." são receitas inflexíveis. Eles recebem dados — como, por exemplo, uma lista de nomes a serem colocados em ordem alfabética ou uma de pontos para os quais o percurso mais curto deve ser determinado — e fornecem uma resposta. Não mudamos nosso conceito do mundo com base nessas respostas. Da mesma forma, a verdade desses algoritmos não é afetada por nossas observações. É por isso que chamo esses algoritmos de universais, pois são comprovadamente verdadeiros e sempre funcionam.

Os exemplos que eu citei são de algoritmos importantes para a programação de computadores, mas outros teoremas matemáticos — de geometria, cálculo e álgebra — também são universalmente verdadeiros. Vimos um exemplo no paradoxo da amizade do Capítulo 5. A princípio parecia inconcebível que nossos amigos pudessem ser, na média, mais populares que nós, mas um raciocínio lógico mostrou que isso era inevitável.

A matemática está repleta de resultados surpreendentes que podem, a princípio, desafiar o senso comum. Assim, por exemplo, de acordo com a identidade de Euler $e^{\pi i} + 1 = 0$ (que tem esse nome por causa de Leonhard Euler), existe uma relação entre três números bem conhecidos, o número de Euler $e = 2{,}718 ...$, o número $\pi = 3{,}141...$ e a unidade imaginária $i = \sqrt{-1}$. O fato de que esta equação combina de forma tão elegante três constantes fundamentais a levou a ser chamada de equação mais bela da matemática.[3]

Outro exemplo é o Número de Ouro

$$\phi = (1 + \sqrt{5})/2 = 1{,}618...$$

Este número surge quando desenhamos um retângulo que pode ser cortado em duas partes, uma das quais é um quadrado e a outra é um retângulo cujos lados estão na mesma proporção que o retângulo original. Se o quadrado tem lado a e o retângulo tem lado maior a e lado menor b, então o retângulo original é áureo se

$$\frac{a+b}{a}=\frac{a}{b}=\phi$$

O que é extraordinário sobre o número de ouro é que ele também aparece no limite da razão entre números sucessivos da sequência de Fibonacci 1, 1, 2, 3, 5, 8, 13, 21, 34, ... que é obtida somando os dois últimos números da sequência para obter o número seguinte (1 +1 = 2, 1 +2 = 3, 3 + 2 = 5 e assim por diante). Quando calculamos a razão entre dois números sucessivos da sequência, obtemos valores cada vez mais próximos de ϕ (13/8 = 1,625, 21/13 = 1,615..., 34/21 = 1,619... e assim por diante). Esses dois exemplos são apenas um ponto de partida para uma excursão à matemática pura, na qual boa parte da nossa intuição tem de ser posta de lado e substituída por um raciocínio lógico rigoroso.

O número de teoremas matemáticos que já tinham sido demonstrados levou o matemático francês Henri Poincaré a comentar, no seu livro de 1902 *Science and Hypothesis*, que, "se todas as verdades que a matemática propõe podem ser deduzidas umas das outras pela lógica formal, a matemática não pode ser mais que uma imensa tautologia. A inferência lógica nada pode nos ensinar que seja realmente novo ... Mas podemos permitir que esses teoremas que enchem tantos livros não sirvam a nenhum propósito senão o de afirmar de maneira tortuosa que A = A?" A pergunta de Poincaré era retórica, porque ele acreditava que o esforço que ele e outros matemáticos envidavam para compreender as verdades matemáticas significava que elas deviam conter algo mais profundo que apenas inferências lógicas.

Uma visão semelhante está presente no livro *O código Da Vinci*, de Dan Brown, o relato fictício de uma teoria da conspiração matemática. No livro, o Professor Robert Langdon afirma: "Quando os antigos descobriram o número PHI [ϕ], eles se convenceram de que haviam encontrado a pedra que Deus usou para construir o mundo ... A mágica misteriosa inerente à Proporção Divina estava escrita desde o início dos tempos." Langdon dá exemplos (alguns verdadeiros, outros falsos) de como o Número de Ouro, ou a Proporção Divina, como ele o chama, está presente na biologia, na arte e na cultura. Ao longo da história, os membros da DEZ usaram ϕ como uma senha com o nome de um dos principais personagens do livro — Sophie Neveu — contendo uma pista.

Tenho de admitir que sinto um certo fascínio por este aspecto da matemática. Gostei imensamente de *O Código Da Vinci*. Existe algo fantástico nas relações inesperadas que encontramos, não só em números como phi, mas também no algoritmo do caminho mais curto de Dijkstra e no algoritmo da mistura de Von Neumann. Nesses exemplos, como em muitos outros, encontramos uma elegância simples que parece transcender a realidade mundana. Poderia haver um segredo profundo oculto nessas equações?

A resposta correta à indagação de Poincaré é muito mais direta do que ele imaginava. A resposta é "sim". Todos os grandes teoremas da matemática e todos os algoritmos de ordenação e classificação da ciência da computação não dizem muito mais do que A é igual a A. Eles são parte de uma imensa cadeia de tautologias — tautologias muito úteis e inesperadas, mas que nem por isso deixam de ser tautologias. Poincaré estava literalmente correto e retoricamente errado.

A afirmação de que Poincaré estava "correto" está bem presente em *Language, Truth and Logic*. Neste livro, Ayer usa o exemplo do triângulo. Imagine que um amigo afirme que encontrou um triângulo em cujos ângulos se somam menos de 180 graus.[4] Você tem duas reações possíveis: ou diz ao amigo que não mediu corretamente os ângulos do triângulo, ou lhe diz que o objeto que descobriu não é um triângulo. Em nenhuma circunstância você vai mudar de ideia a respeito das propriedades matemáticas de um triângulo com base no relato do seu amigo. Você sabe que ele não vai encontrar um triângulo no mundo real que contrarie os resultados da geometria.

Da mesma forma, não existe uma lista de palavras que não possa ser colocada em ordem alfabética. Se eu mostrar a você uma lista com "A.J. Ayer" depois de "D.J.T. Sumpter" e lhe disser que a lista foi processada usando o algoritmo da mistura, você vai me dizer que meu computador está com defeito ou o programa não foi digitado corretamente. A lista certamente não é uma prova de que o algoritmo da mistura pode errar. Também não existe nenhum caso em que o caminho mais curto calculado usando o algoritmo de Dijkstra seja mais comprido que outro caminho qualquer.

Infelizmente para o Professor Langdon, o motivo pelo qual tantas relações geométricas e matemáticas envolvem $\phi = 1{,}618\ldots$ é que este número é a raiz positiva da equação do segundo grau $x^2 - x - 1 = 0$. Tanto o cálculo do limite da razão entre dois números sucessivos da sequência de Fibonacci, como o cálculo do Número de Ouro levam a esta equação do segundo grau e, portanto, conduzem à mesma resposta. Não existe nenhum segredo misterioso escondido, no número ϕ ou em qualquer outro número.

A alegação de Ayer equivale a dizer que os teoremas matemáticos não precisam de comprovação experimental. A matemática não é testável. Ela consiste em tautologias, declarações que podem ser provadas pela lógica, mas que em si nada dizem em relação à natureza. Em resposta ao tom retórico usado por Poincaré, Ayer escreveu: "O poder da lógica e da matemática de nos surpreender depende, como sua utilidade, das limitações da nossa razão."

Poincaré se deixou iludir pelo fato de que pode ser difícil, mesmo para pessoas como ele, descobrir todas as implicações de um resultado matemático. Os resultados matemáticos são verdadeiros *independentemente* de nossas observações. É por isso que eu digo que são universais. Eles são verdadeiros em todo o universo, *independentemente* do que qualquer um de nós possa dizer ou fazer, *independentemente* das descobertas científicas, *independentemente* de Poincaré ou outro matemático os ter descoberto ou não.

Como vimos nesta obra publicada, o poder das Dez Equações está no modo como interagem com o mundo real, combinando modelos e dados. Na ausência de dados, as equações não têm um significado profundo. Elas certamente não nos oferecem uma orientação moral nem podem ser consideradas como prova da existência de Deus. São apenas um conjunto de resultados extremamente úteis cuja verdade pode ser comprovada logicamente.

Para encontrar mistério e ensinamentos morais na matemática, vamos ter de procurar outras searas que não a da própria matemática.

*

Eu estava adiando minha conversa com Marius. Jan tinha me pedido para conversar com ele antes de colocar no meu livro os detalhes financeiros das operações da dupla no mercado de apostas esportivas e eu temia que Marius dissesse "não". Talvez ele preferisse manter os segredos longe do olhar do público.

Eu não precisava ter me preocupado. Marius não se incomodou de falar abertamente e contar os detalhes. Na média, os lucros estavam aumentando, mas não tinha sido fácil.

— Se você acompanha os dados dia a dia, pode ficar louco — disse ele. A certa altura, eles tiveram uma série de maus resultados e chegaram a perder 40.000 dólares. — É uma sensação horrível. Começamos a ter dúvidas. Mas insistimos para ver se as coisas melhoravam. E melhoraram, por uns tempos. Depois pioraram ... e voltaram a melhorar.

Ele me disse que os jogos de azar tinham ensinado a ele que fosse mais paciente, que se concentrasse no que estava a seu alcance.

— Não podemos controlar as flutuações. Aprendi que era melhor não assistir aos jogos, como fizemos na Copa do Mundo. No começo, eu torcia ao vivo por nossas apostas. Agora, me limito a vir trabalhar no escritório e só vejo as contas de três em três meses.

Você já pensou se o que está fazendo é moralmente correto? — perguntei. — Ganhar dinheiro, enquanto todas essas pessoas perdem?

— Acho que os jogos de azar podem ser nocivos por causa de todos esses anúncios cheios de falsas promessas — disse Marius. — Acontece que, ao mesmo tempo, basta fazer uma busca rápida na Internet e qualquer amador vai ficar sabendo o que precisa fazer para não perder dinheiro no jogo. As pessoas não estão em busca de lucro, estão em busca de emoção.

Ele estava certo. Esta é a lição moral da equação do jogador. Se as pessoas não querem passar algumas horas procurando informações na Internet, qual é a responsabilidade de Marius? Marius e Jan tinham criado um site que continha todas as informações de que essas pessoas precisavam para descobrir uma margem nas apostas. No entanto, poucas pessoas apostam com a mesma frieza que eles.

Perguntei a Marius o que faria se os mercados mudassem inesperadamente e ele perdesse tudo que tinha.

— É impossível prever as coisas, pois elas sempre podem dar errado — disse ele. — Mas eu gosto muito do que faço e é isso que me deixa feliz. Eu nunca ficaria satisfeito tomando sol em uma praia enquanto um bot faz o trabalho para mim. O que eu acho excitante é analisar os dados e chegar a uma conclusão. — Ele havia descoberto o verdadeiro segredo da DEZ e ele não tinha muito a ver com o saldo ou o déficit de sua conta bancária. Sua recompensa estava no que tinha aprendido e no que ainda tinha por aprender.

Será que isto é sinal de que Marius está certo do ponto de vista ético? Creio que sim. Acho que existe uma honestidade intelectual na abordagem de Jan e Marius. Eles não mentem a respeito do que estão fazendo. Eles jogam de acordo com as regras e ganham porque são bons jogadores. O mesmo raciocínio se aplica às operações em maior escala de William Benter e Matthew Benham. Benter mostrou uma honestidade surpreendente. É verdade que ele se mostrou reservado quanto ao volume e origem dos seus lucros, mas publicou seus métodos em uma revista científica. Qualquer pessoa com uma boa noção de matemática pode ler a respeito dos métodos de Benter e aplicá-los.

Aqueles que trabalham duro, que aprendem e perseveram são os vencedores. Já os que optam pela lei do menor esforço são os perdedores. Esta mesma regra pode ser aplicada à DEZ. Quando estamos fazendo avaliações, somos forçados a dizer até que ponto nosso julgamento foi influenciado pelos dados. Se estamos elaborando um modelo de desempenho, obrigamo-nos a explicitar nossas premissas. Ao fazermos um investimento ou uma aposta, temos que admitir nossos lucros e nossos prejuízos para melhorar nosso modelo e também revelar aos outros membros qual é o grau de confiança que depositamos em nossas conclusões. Somos forçados a admitir que não estamos no centro do nosso círculo social e não devemos sentir pena de nós mesmos por não sermos os mais populares. Ao notarmos que existe uma correlação, temos que buscar uma causa. Quando criamos tecnologia, somos levados a reconhecer que às vezes recompensa e às vezes pune aqueles que a utilizam. Esta é a moral crua da matemática. No final, a verdade sempre triunfa.

Os membros da DEZ são os verdadeiros guardiões da honestidade intelectual. Eles fazem suas suposições, coletam seus dados e nos fornecem as respostas. Quando não conhecem a resposta completa, eles nos dizem o que está faltando, fazem uma lista das alternativas plausíveis e da probabilidade de que cada uma esteja certa e começam a pensar nos passos necessários para continuar a investigação.

Ponha a honestidade de volta na sua vida. As Dez Equações podem ajudá-lo. Comece por pensar em termos de probabilidades, tanto para arriscar para conseguir o que você deseja, como para compreender que está correndo o risco de fracassar. Melhore seu poder de julgamento coletando dados antes de tirar conclusões. Aumente sua confiança, não se convencendo de que tem razão, mas girando a roleta várias vezes. Cada lição que as equações nos ensinam, de revelar o filtro criado pelas redes sociais e compreender como as sociedades nos coloca à beira do ponto crítico, ressalta a importância de ser honesto a respeito do nosso modelo e assegurar que os dados sejam usados como forma de aperfeiçoamento.

Se você seguir essas equações, vai notar que aqueles que o cercam irão respeitar seu discernimento e sua paciência. Este é o primeiro sentido no qual a matemática pode ser uma fonte de princípios morais. Ela é portadora de verdades cruas a seu respeito e sobre aqueles que o cercam.

*

A biografia de A.J. Ayer escrita por Ben Rogers menciona um encontro entre o filósofo e o boxeador Mike Tyson em 1987.[5] Ayer, que na época tinha setenta e sete anos, estava em uma festa da Rua 57 Oeste de Manhattan quando uma mulher entrou correndo na sala dizendo que sua amiga estava sendo alvo de uma tentativa de estupro no quarto ao lado. Quando Ayer foi investigar, encontrou Tyson assediando uma jovem chamada Naomi Campbell, que logo seria uma modelo famosa. Ayer disse a Tyson que deixasse a moça em paz. Tyson retrucou:

— Você sabe quem diabos eu sou? Sou o campeão mundial dos pesos-pesados!

Ayer não se deixou intimidar.

— E eu sou o ex-Professor Wykeham de Lógica. Nós dois somos famosos em nossos campos. Vamos conversar como homens racionais.

Tyson, que, ao que parece, era fã da filosofia, ficou impressionado e recuou.

Se Tyson quisesse reagir à intervenção de Ayer com um uppercut intelectual, poderia perguntar que argumentos tinha o filósofo para interferir em suas investidas sobre Naomi Campbell. Afinal de contas, como Ayer havia argumentado em *Language, Truth and Logic*, a moral não tem lugar em uma discussão empírica. Embora muito provavelmente Campbell estivesse com medo de Tyson, Iron Myke poderia ter perguntado: "existe alguma razão lógica pela qual um homem deve refrear seu desejo sexual quando está prestes a satisfazê-lo?"

Ayer seria forçado a admitir que estava simplesmente pondo em prática as normas implícitas no tipo de reunião social em que se encontravam no momento. Ao que Tyson poderia retrucar que suas normas, adquiridas em uma adolescência de pequenos crimes nas ruas do Brooklyn, eram diferentes das de um homem educado em Eaton como Ayer e que, portanto, não tinham uma base comum para continuar a discussão. "Se você não se importa" — poderia ter continuado Iron Mike" —, "eu gostaria de continuar a cortejar esta linda jovem da forma que considerar mais apropriada."

Não sabemos se foi este o teor da conversa que se seguiu à intervenção de Ayer. O que sabemos é que os dois começaram a discutir e Naomi Campbell aproveitou a oportunidade para ir embora da festa. Quatro anos depois, Mike Tyson foi condenado pelo estupro de outra mulher e passou três anos na prisão.

A história de Tyson *versus* Ayer ilustra (entre outras coisas) o problema fundamental de qualquer um que adote uma abordagem positivista puramente lógica. Esse tipo de abordagem torna impossível resolver até mesmo os mais óbvios dilemas morais. Por mais honesto que seja o pensamento lógico e matemático, cabe a cada indivíduo decidir a respeito dos seus preceitos morais.

É evidente que falta alguma coisa ao positivismo lógico. O que está faltando? Para ilustrar o que está envolvido em nossas ideias sobre o o papel da matemática na moral, Philippa Foot, uma filósofa inglesa da Universidade de Oxford, criou um experimento imaginário que ficou conhecido como problema do bonde.[6] Ele pode ser descrito da seguinte forma:

> Edward é o motorista de um bonde cujos freios pararam de funcionar. Nos trilhos à frente, estão cinco pessoas que não vão ter tempo de sair da frente. A linha tem um desvio para a direita, e Edward pode fazer o bonde entrar no desvio. Infelizmente há uma pessoa na linha da direita. Edward pode desviar o bonde, matando uma pessoa, ou deixar o bonde seguir em frente, matando cinco pessoas.

A questão é o que Edward deve fazer: desviar o bonde e matar uma pessoa ou não fazer nada e deixar cinco pessoas morrerem. Depois de pensar um pouco, a maioria das pessoas acha que ele deve escolher a primeira opção. É melhor matar uma pessoa do que cinco. Até aqui, tudo bem.

Considere agora outro problema, proposto por Judith Thomson, Professora de Filosofia do MIT, em 1976:

> George está em uma passarela sobre os trilhos de uma via férrea. Ele percebe que o trem que se aproxima está sem freios. Logo depois da passarela estão cinco pessoas, que não vão ter tempo de sair da frente. George sabe que a única forma de fazer o trem parar é jogar nos trilhos um objeto pesado. Infelizmente, o único objeto pesado nas vizinhanças é um homem muito gordo que está a seu lado na passarela. George pode jogar o homem gordo na frente do trem, matando-o, ou não fazer nada, permitindo que cinco pessoas morram.

O que George deve fazer? Por um lado, é obviamente errado jogar um homem em uma via férrea. Por outro lado, se ele não fizer isso, cinco pessoas vão morrer, como cinco pessoas teriam morrido no problema anterior se Edward não desviasse o bonde.

Em uma pesquisa que envolveu 1.000 americanos, 81% dos entrevistados disseram que se fossem Edward desviariam o bonde para matar apenas uma pessoa, enquanto apenas 39% acharam que George devia empurrar o homem para salvar cinco pessoas.[7] Chineses e russos submetidos às mesmas questões também se mostraram mais inclinados a pensar que Edward devia agir e George não devia, o que reforça a ideia de que existe um conceito moral universal a respeito deste tipo de dilema.[8] Entretanto, isso não impede que existam diferenças culturais; a porcentagem de chineses que acharam que Edward não devia desviar o bonde foi maior que a dos americanos e russos.

Judith Thomson criou o segundo problema para tornar mais claro o dilema envolvido.[9] Os dois problemas descrevem exatamente o mesmo problema matemático, o de salvar cinco vidas ou salvar uma vida, mas nossa intuição diz que são muito diferentes. A solução matemática é simples, mas a solução moral é mais complexa. Os problemas têm a ver com os atos que estamos dispostos — ou não estamos dispostos — a fazer para salvar vidas.

Problemas como estes estão no centro de muitos filmes recentes de ficção científica. O dilema é geralmente revelado entre trinta minutos e uma hora após o início do filme. (Spoilers à frente!) No filme *Vingadores:*

guerra infinita, baseado em histórias em quadrinhos da Marvel, Thanos, um megabandido com veleidades filosóficas, depois de ter de ver que a superpopulação destruiu totalmente seu planeta natal, acha que seria uma boa ideia matar metade da população do universo. Ela acha que matar metade agora vai salvar mais seres no futuro e, em consonância com o problema da passarela, resolve jogar bilhões de homens gordos na frente do trem com um simples apertar de botão. Na continuação, *Vingadores: ultimato*, Tony Stark tem de enfrentar um dilema mais pessoal do mesmo tipo: ele precisa escolher entre a existência de sua filha e a possibilidade de trazer os amigos de volta. Ele é forçado a fazer uma escolha muito difícil.

Em geral, na ficção científica, são os bandidos que escolhem empurrar o gordo. Em muitos casos, a decisão é retratada na forma de uma lógica brutal, impiedosa. Robôs ou inteligências artificiais fora de controle tomam a decisão utilitária de salvar cinco pessoas em vez de uma, não importa quão horrenda seja a ação necessária para conseguir esse intento. Para um robô utilitário que os humanos programaram para salvar o maior número possível de vidas, o que vale são os números e não os sentimentos. Em igualdade de condições, a utilidade de cinco pessoas é maior que a utilidade de uma.

Esta é exatamente a questão que Philippa Foot e Judith Thomson ilustraram com seus problemas: é errado supor que podemos resolver tais dilemas usando uma abordagem utilitária. Os robôs estão errados nos filmes e, se existissem, estariam errados na vida real. A ficção científica nos lembra que se não podemos criar uma regra universal como

se 5 >1, então escreva ("salve os 5")

para resolver todos os problemas da vida. Se fizermos isso, acabaremos cometendo os mais terríveis crimes morais que jamais poderemos justificar para as futuras gerações.

Quando eu era mais jovem, às vezes considerava a decisão de não intervir — mesmo que intervir significasse empurrar um homem gordo na frente de um trem — como uma prova de fraqueza por parte da humanidade. Hoje reconheço que estava errado, não só porque eu estava sendo excessivamente crítico dos meus companheiros de jornada. Na verdade, era uma fraqueza da minha parte chegar a essa conclusão. Os problemas do bonde e da passarela chamam atenção para duas coisas. Primeiro, reforçam a ideia de que não existem respostas puramente matemáticas para questões a respeito da vida real. Este foi o mesmo ponto que Ayer ressaltou em resposta à questão retórica de Poincaré sobre a natureza "universal" da matemática. É a razão pela qual o código Da Vinci não existe. Nosso sentimento de universalidade em relação à matemática é consequência de sua natureza tautológica e não de uma verdade profunda. Não podemos usar as equações da matemática como se fossem mandamentos divinos. Podemos apenas usá-las, como fizemos neste livro, como uma ferramenta para organizar nosso trabalho a partir de modelos e dados.

A segunda coisa que os problemas mostram é que o utilitarismo puro — a ideia de que nossa moral deve ter o propósito de maximizar a vida humana, a felicidade humana ou outra variável qualquer — é um dos maiores erros de todos os códigos morais (igualmente incorretos) que existem em nosso planeta.[10] Uma regra como "salvar o maior número possível de pessoas" não leva muito tempo para contradizer nossa intuição moral e nos levar a fazer coisas horríveis. Quando tentamos otimizar um código moral para a sociedade, o que conseguimos é criar um labirinto moral.

Hoje em dia, penso que existe uma solução muito simples para esses dilemas: devemos aprender a confiar em nossa intuição moral e agir de acordo com ela. Foi isso que A.J. Ayer fez quando enfrentou Mike Tyson. Foi isso que Moa Bursell fez quando decidiu investigar o racismo depois de ver os amigos serem perseguidos por nazistas. Foi o que me guiou quando me dediquei a apurar os desmandos da Cambridge Analytica, as fake news e os algoritmos preconceituosos ou quando fui o supervisor da tese de Björn a respeito da imigração e do crescimento da direita na Suécia. Foi o que motivou Nicole Nisbett a estudar as relações entre os políticos e a população. É também o que faz o Homem-Aranha: ele segue sua intuição e usa seus poderes para matar o bandido.

O problema do bonde mostra que precisamos de um jeito mais humano de abordar nossos dilemas morais e filosóficos, ou seja, que complemente a honestidade fria e brutal dos modelos e dados.

Os membros da DEZ que contribuem mais para a sociedade são ao mesmo tempo humanos — usando sua intuição moral para decidir quais são os problemas que devem abordar — e frios — combinando modelos e dados para oferecer respostas honestas. Eles escutam os valores dos que os cercam e compreendem os seus valores. Eles têm consciência de que não estão mais qualificados do que qualquer um para decidir quais os problemas que precisam ser resolvidos, mas que são os mais qualificados para resolvê-los. Eles são servidores públicos que conservam o espírito que Richard Price introduziu na DEZ há quase 260 anos. Price estava errado a respeito dos milagres,[11] mas estava certo relativamente à necessidade de levar em conta os aspectos morais quando aplicamos os recursos matemáticos.

Não disponho de nenhuma prova conclusiva, mas acredito que depois que o positivismo lógico abdicar da ideia de um utilitarismo universal, poderemos nos guiar pela intuição moral. É a maneira humana de pensar que nos diz quais são os problemas que devem ser resolvidos.

*

Os membros da DEZ precisam ter voz. Aprendemos a lidar com o poder que nos foi confiado — da mesma forma como o Homem-Aranha reconhece suas fraquezas a cada nova encarnação.

Ser "humano" significa que não está certo multiplicar indiscriminadamente a fortuna de banqueiros ignorantes. Significa que não está certo patentear equações importantes para auferir lucros. Significa que devemos continuar nossa política de divulgar os algoritmos que usamos, que devemos compartilhar todos os nossos segredos com aqueles que se dispuserem a trabalhar duro para aprendê-los.

Devemos usar nossa intuição para nos dedicarmos às questões que consideramos importantes. Devemos dar ouvidos aos sentimentos dos outros e descobrir o que é importante para eles. Muitos de nós já fazem isso, mas precisamos deixar claro o que somos e por que fazemos o que fazemos.

Precisamos ser humanos ao definir nossos problemas e brutalmente duros quando se trata de resolvê-los.

*

Estou sentado em um auditório no porão do edifício do departamento de matemática de uma universidade do norte da Inglaterra. Viktoria Spaiser, Professora de Política da Universidade de Leeds, está de pé diante de nós, apresentando os oradores do dia. Ela com Richard Mann, seu parceiro na pesquisa e na vida, organizaram uma oficina de dois dias sobre as aplicações da matemática ao ativismo social. A ideia é reunir matemáticos, cientistas de dados, formuladores de políticas públicas e homens de negócios para buscar formas de usar modelos matemáticos para tornar o mundo um lugar melhor.

Conheço Viktoria há quase oito anos; Richard, há um pouco mais de tempo. Juntamente com um dos meus alunos de doutorado, Shyam Ranganathan, investigamos a segregação racial em escolas da Suécia,[12] as mudanças nas democracias do mundo e como as Nações Unidas podem atingir suas metas de desenvolvimento sustentável frequentemente contraditórias. Nem sempre dizemos isso em voz alta, mas sempre acreditamos secretamente que a matemática não deve apenas estudar o mundo, deve mudá-lo para melhor. A inclusão da palavra "ativismo" no nome do nosso encontro é nossa primeira tentativa de ser extremamente francos em relação aos nossos objetivos.

Não estamos sós. Depois que Viktoria abre os trabalhos, os participantes se levantam, um após outro, e dizem o que estão fazendo. Adam Hill, da DataKind, na Inglaterra, criou uma rede para denunciar ligações entre pessoas que pertencem à diretoria de empresas anônimas criadas para esconder propriedades. Ele e seu grupo podem detectar corrupção e lavagem de dinheiro cruzando informações. Betty Nannyonga conta que ela e seus colaboradores estão usando modelos matemáticos para investigar as causas de greves estudantis na Universidade de Makerere, Kampala, Uganda, onde ela trabalha. Anne Owen, professora da Universidade de Leeds, mostrou que Greta Thunberg estava certa quando afirmou que a Inglaterra tinha mentido a respeito da redução de emissões de CO_2.[13] Anne nos mostra os cálculos corretos que levam em conta a produção e transporte de todos os plásticos importados da China. Os ingleses entre 60 e 69 anos são responsáveis — viajando de avião ou dirigindo um carro grande nos fins de semana — pela liberação de 64% mais CO_2 por ano que os ingleses de menos de 30 anos. São os indivíduos desta geração mais velha, muitos dos quais estão criticando Thunberg, que precisam ser mais conscientes com relação com relação aos seus rastros de carbono.

Você talvez nunca tivesse ouvido falar de nós, mas agora já sabe. O segredo foi revelado.

Nós somos membros da DEZ.

Agradecimentos

Este livro começou com um desafio de Helen Conford. Ela me disse para parar de escrever para outras pessoas e escrever o que eu realmente queria dizer. Respondi que não sou uma pessoa muito interessante e ela me disse que deixasse esse julgamento por sua conta. Por isso, fiz o que ela havia pedido.

Ainda não estou convencido de que seja particularmente interessante, mas sei que ela e, mais tarde, Casiana Ionita me ajudaram a tornar interessante o que eu realmente queria dizer. Quanto a este aspecto, o crédito vai principalmente para Casiana, cujo copy simultaneamente sensível e brutal tornou o livro o que ele é. Obrigado.

Aprendi muito com meu superagente Chris Wellbelove a respeito de redação e estruturação de ideias. Ele encontrou até mesmo erros matemáticos. É difícil explicar, mas, muitas vezes quando eu estou escrevendo ouço Casiana, Chris e Helen me dando conselhos. Obrigado por essas discussões que nunca tivemos.

Agradeço a Jane Robertson por sua cuidadosa revisão.

Um profundo agradecimento a Rolf Larsson pela leitura atenta do original e por encontrar um "erro grave" e vários erros menores. Obrigado também a Oliver Johnson por seus comentários e por sugerir a Figura 2.

Escrevo melhor quando estou cercado de atividade e vida. Desse modo, agradeço ao Hammarby Fotboll, ao Departamento de Matemática da Universidade de Uppsala, à minha filha Elisa, a meu filho Henry e aos amigos, especialmente os Pellings, que me proporcionaram essa vida durante o último ano. Agradeço ao papai por me apresentar a A.J. Ayer. Peço desculpas a minha mãe por ter sido "cortada", mas tudo que escrevi a seu respeito continua válido: a senhora é uma inspiração para todas as pessoas que a cercam. Agradeço também aos dois pelos comentários pertinentes e criteriosos. Acima de tudo, quero agradecer a Lovisa. Muitas vezes, o que eu realmente quero dizer foi inspirado em nossa vida, nossas discussões, nossas concordâncias e discordâncias. Espero que isso tenha transparecido neste livro.

Notas

1 A Equação do Jogador

[1] O artigo foi publicado na plataforma *Medium*: veja <https://medium.com/@Soccermatics/if-you-had-followed-the-betting-advice-in-soccermatics-you-would-now-be-very-rich-1f643a4f5a23>. Uma descrição complete do modelo pode ser encontrada em meu livro *Soccermatics: Mathematical Adventures in the Beautiful Game* (London: Bloomsbury Publishing, 2016).

[2] Cada aposta multiplica o capital por 1,0003 (um aumento de 0,03% por aposta). Se você faz 100 apostas por dia durante um ano e aposta o montante da conta a partir da segunda aposta, o montante da conta no final do ano é $1000 \times 1{,}0003^{100 \times 365} = 56.860.593{,}80$.

[3] A cotação do bookmaker é justa se cotação *a favor* de um evento multiplicada pela cotação *contra* o evento for igual a 1. Assim, por exemplo, se a cotação para a vitória do time favorito for 3/2, a cotação para que o azar vença ou o jogo termine empatado deve ser 2/3, porque $3/2 \times 2/3 = 1$. Na prática, as cotações dos bookmakers nunca são justas. No exemplo acima, cotações típicas seriam 7/5 para a vitória do favorito e 4/7 para empate ou derrota do favorito, caso em que o produto é $7/5 \times 4/7 < 1$, o que garante para o bookmaker uma margem de $1/(1 + 7/5) + 1/(1 + 4/7) = 0{,}05$ ou 5%.

[4] O lucro esperado por aposta é

$$\frac{2}{5} \times \frac{7}{5} + \frac{3}{5} \times -1 = \frac{14}{25} - \frac{15}{25} = -\frac{1}{25}.$$

que significa que você vai perder 4 centavos por aposta.

[5] Mesmo depois de 5 tentativas frustradas, você não deve desanimar. Se a probabilidade de sucesso em cada entrevista é de 1 em 5, a probabilidade de que você não tenha sucesso nas cinco primeiras entrevistas é $\left(1-\frac{1}{5}\right)^5 = 33\%$.

[6] William Benter, 'Computer based horse race handicapping and wagering systems: A report', em Donald B. Hausch, Victor S. Y. Lo e William T. Ziemba (editores), *Efficiency of Racetrack Betting Markets* edição revisada (Singapura: World Scientific Publishing Co. Pte Ltd, 2008), pp. 183–98.

[7] Kit Chellel, 'The gambler who cracked the horse-racing code', *Bloomberg Businessweek*, 3 de maio de 2018; disponível em <https://www.bloomberg.com/news/features/2018-05-03/the-gambler-who-cracked-the-horse-racing-code>

[8] Ruth N. Bolton and Randall G. Chapman, 'Searching for positive returns at the track: A multinomial logit model for handicapping horse races', *Management Science* 32 (8) (agosto de 1986): 1040-60.

[9] David R. Cox, 'The regression analysis of binary sequences', *Journal of the Royal Statistical Society: Series B (Methodological)* 20 (2) (1958): 215-32.

2 A Equação do Avaliador

[1] Um em dez milhões não deve ser encarado como um valor preciso. Um relatório da Civil Aviation Authority, *Global Fatal Accident Review 2002 to 2011*, CAP1036 (junho de 2013), estima que houve 0,6 milhão de voos por acidente fatal, excluindo ataques terroristas, no período de 2002 a 2011, mas existem acidentes fatais em que nem todos os passageiros

morrem e as estatísticas variam de país para país. Seja como for, a probabilidade de morrer em um acidente de avião é extremamente pequena.

[2] Para calcular esta probabilidade a partir da equação de Bayes (Equação 2) é preciso usar integrais. No caso de variáveis como θ, que podem ter qualquer valor entre 0 e 1, a equação de Bayes assume a forma:

$$P(\theta|D) = \frac{\int p(D|\theta)\cdot p(\theta)d\theta}{\int_0^1 p(D|\theta)\cdot p(\theta)d\theta}$$

em que *p* é uma função conhecida como densidade de probabilidade. A integral do denominador se estende a todos os valores possíveis de θ e desempenha o mesmo papel que a soma que aparece no denominador da Equação 2.

Aplicando esta forma da equação de Bayes ao caso que estamos examinando, temos:

$$P(\theta > 0{,}99 \,|\, 100 \text{ alvoradas}) = \frac{\int_{0,99}^{1} p(100 \text{ alvoradas} \,|\, \theta)\cdot p(\theta)\, d\theta}{\int_0^1 (100 \text{ alvoradas} \,|\, \theta)\cdot p(\theta)\, d\theta}$$

Note que, como *p* (100 alvoradas | θ) é a probabilidade de que aconteçam 100 alvoradas seguidas se a probabilidade de que aconteça uma alvorada é θ, *p* (100 alvoradas | θ) = θ^{100}. Vamos fazer *p*(θ) = 1, já que, como informa Bayes, o homem não tem nenhuma ideia prévia a respeito do sol e, portanto, para ele todos os valores de θ são igualmente prováveis. Substituindo esses valores na equação acima, obtemos:

$$P(\theta > 0{,}99 \,|\, 100 \text{ alvoradas}) = \frac{\int_{0,99}^{1} \theta^{100}\, d\theta}{\int_0^1 \theta^{100}\, d\theta} = \frac{(1-0{,}99^{101})/101}{1/101} = 1 - 0{,}99^{101} \approx 0{,}638 \text{ como no texto.}$$

[3] Este resultado pode parecer estranho, mas está matematicamente correto. Para se convencer de que o resultado é razoável, suponha que θ = 0,98, ou seja, que a probabilidade de o sol nascer fosse 98%. Nesse

caso, não seria surpreendente que o sol nascesse 100 dias seguidos. A probabilidade de 100 alvoradas consecutivas seria $0,98^{100} = 13,3\%$, uma probabilidade pequena, mas não desprezível. O mesmo raciocínio se aplica a $\theta = 0,985$ ($0,985^{100}=22,1\%$) e a outros valores de $\theta < 0,99$. Embora seja mais provável que o valor de θ seja maior que 99%, existe uma probabilidade razoável (36,2%, como vimos) de que seja menor que 99%.

[4] David Hume, *An Enquiry Concerning Human Understanding* (Londres: 1748).

[5] Esta alegação e o argumento apresentado neste parágrafo foram adaptados de David Owen, 'Hume versus Price on miracles and prior probabilities: testimony and the Bayesian calculation', *The Philosophical Quarterly* 37 (147) (abril de 1987): 187-202.

[6] Martha K. Zebrowski, 'Richard Price: British Platonist of the eighteenth century', *Journal of the History of Ideas* 55 (1) (janeiro de 1994): 17-35.

[7] Richard Price, *Observations on Reversionary Payments; ... To Which Are Added, Four Essays on Different Subjects in the Doctrine of Life-Annuities ... A New Edition, With a Supplement, etc.*, Vol. 2 (Londres: T. Cadell, 1792).

[8] Geoffrey Poitras, 'Richard Price, miracles and the origins of Bayesian decision theory', *The European Journal of the History of Economic Thought* 20(1) (fevereiro de 2013): 29-57.

[9] Richard Price e Anne-Robert-Jacques Turgot, *Observations on the Importance of the American Revolution, and the Means of Making it a Benefit to the World* (Londres: T. Cadell, 1785).

[10] Ian Vernon, Michael Goldstein e Richard G. Bower, 'Galaxy formation: a Bayesian uncertainty analysis', *Bayesian Analysis* 5 (4) (2010): 619-69.

[11] Christine Carter, 'Is screen time toxic for teenagers?', *Greater Good Magazine*, 27 de agosto de 2018; disponível em <https://greatergood.berkeley.edu/article/item/is_screen_time_toxic_for_teenagers>

[12] Candice L. Odgers, 'Smartphones are bad for some adolescents, not all', *Nature* 554 (7693) (fevereiro de 2018): 432-4.

[13] Este resultado foi obtido originalmente em um estudo de adolescentes ingleses; veja Andrew K. Przybylski e Netta Weinstein, 'A large-scale test of the Goldilocks hypothesis: quantifying the relations between digital-screen use and the mental well-being of adolescents', *Psychological Science* 28 (2) (janeiro de 2017): 204-15.

3 A Equação da Confiança

[1] A equação da curva normal,que De Moivre escreveu (em forma logarítmica) na segunda edição de seu livro sobre probabilidades, em 1738, é a seguinte:

$$\frac{1}{\sqrt{2\pi\sigma^2}}\exp\left(-\frac{(x-\mu)^2}{2\sigma^2}\right)$$

[2] A terceira e última versão está disponível no Google Books. Abraham de Moivre, *The Doctrine of Chances: Or, A Method of Calculating the Probabilities of Events in Play, A Third Edition* (Londres: A. Millar, 1756).

[3] A para calcular a probabilidade de receber dois ases em uma mão de cinco cartas, primeiro multiplicamos a probabilidade de que a primeira carta seja um ás (4/52) pela propriedade de que a segunda carta também seja um às (3/51) e pelas probabilidades e que as três cartas seguintes não sejam ases, que são, respectivamente, 48/50, 47/49 e 46/48. Isso nos dá a probabilidade de receber primeiro os dois asas e depois três cartas que não sejam ases, mas não devemos nos esquecer de que existem 10 ordens diferentes nas quais podemos receber os dois ases em uma mão de cinco cartas. Assim, a probabilidade final é

$$10\cdot\frac{4\cdot3\cdot48\cdot47\cdot46}{52\cdot51\cdot50\cdot49\cdot48}=\frac{259440}{6497400}=\frac{2162}{54145}=4\%$$

[4] Helen M. Walker, 'De Moivre on the law of normal probability', em David Eugene Smith (ed.), *A Source Book in Mathematics*, reimpressão da 1ª edição, publicada em 1929 (Nova York: Dover Publications, 1959); disponível no Google Books.

[5] A história do TLC é contada em Lucien Le Cam, 'The central limit theorem around 1935', *Statistical Science* 1 (1) (1986): 78–91.

[6] Para que este teorema se aplique, é preciso que a média e o desvio padrão das distribuições sejam finitos.

[7] Os dados foram colhidos em https://stats.nba.com/search/team-game.

[8] Richard E. Just and Quinn Weninger, 'Are crop yields normally distributed?' *American Journal of Agricultural Economics* 81(2) (maio de 1999): 287-304.

[9] Nate Silver, *The Signal and the Noise: The Art and Science of Prediction* (Londres: Allen Lane, 2012).

[10] $\sigma^2 = \frac{1}{3} \cdot (0-(-1))^2 + \frac{2}{3} \cdot (0-\frac{1}{2})^2 = \frac{1}{3} + \frac{1}{6} = \frac{1}{2}$. O desvio padrão é, portanto, $\sigma = 0{,}71$

[11] Essa equação se refere ao número de observações necessário para que tenhamos 97,5% de certeza (e não 95%) de que não estamos enganados (h pode ser negativo). Isso acontece porque o intervalo de confiança envolve tanto o limite inferior de h como o limite superior. Existe também uma probabilidade de 2,5% de que a margem tenha sido subestimada e seja maior do que o intervalo de confiança sugere. Entretanto, subestimar a margem não é problema, já que estamos interessados apenas em determinar se a estratégia é rentável a longo prazo. O mesmo raciocínio pode ser usado para determinar o intervalo de confiança para que a estratégia dê prejuízo, bastando para isso substituir h por $-h$.

[12] Calculei o desvio padrão para vários hotéis e descobri que, em geral, ele é ligeiramente menor que 1, cerca de 0,8, por exemplo. Mas é razoável supor que é 1.

[13] Mahmood Arai, Moa Bursell e Lena Nekby, 'The reverse gender gap in ethnic discrimination: employer stereotypes of men and women with Arabic names', *International Migration Review* 50(2) (2016): 385-412.

[14] A variância no caso dos nomes não suecos é

$$\sigma_F{}^2 = \frac{43}{187}\left(1-\frac{43}{187}\right)^2 + \frac{(187-43)}{187}\left(0-\frac{43}{187}\right)^2 = 0.177$$

Enquanto a variância no caso de nomes suecos é

$$\sigma_F{}^2 = \frac{49}{187}\left(1-\frac{49}{187}\right)^2 + \frac{(187-49)}{187}\left(0-\frac{49}{187}\right)^2 = 0.244$$

A variância total é, portanto, $\sigma^2 = \sigma_1{}^2 + \sigma_2{}^2 = 177 + 0{,}244 = 0{,}421$ e, portanto, $\sigma = 0{,}6488$. Agradeço a Rolf Larsson por descobrir um erro em meu cálculo original.

[15] Marianne Bertrand e Sendhil Mullainathan, 'Are Emily and Greg more employable than Lakisha and Jamal? A field experiment on labor market discrimination', *The American Economic Review* 94(4) (setembro de 2004): 991-1013.

[16] Zinzi D. Bailey, Nancy Krieger, Madina Agénor, Jasmine Graves, Natalia Linos e Mary T. Bassett, 'Structural racism and health inequities in the USA: evidence and interventions', *The Lancet* 389 (10077) (abril de 2017): 1453-63.

[17] Este fato é discutido, por exemplo, em Karl Pearson, 'Historical note on the origin of the normal curve of errors', *Biometrika* 16(3—4) (dezembro de 1924): 402-404.

[18] Tukufu Zuberi e Eduardo Bonilla-Silva (editores), *White Logic, White Methods: Racism and Methodology* (Lanham, MD: Rowman & Littlefield Publishers, 2008).

[19] John Staddon, 'The devolution of social science', *Quillette*, 7 de outubro de 2018; disponível em <https://quillette.com/2018/10/07/the-devolution-of-social-science/>

[20] Jordan B. Peterson, *12 Rules For Life: An Antidote To Chaos* (Toronto, ON: Penguin Random House Canada, 2018).

[21] Por exemplo, no programa de entrevistas *Skavlan*, da televisão escandinava, em novembro de 2018.

[22] Katrin Auspurg, Thomas Hinz e Carsten Sauer, 'Why should women get less? Evidence on the gender pay gap from multifactorial survey experiments', *American Sociological Review* 82(1) (2017): 179-210.

[23] Corinne A. Moss-Racusin, John F. Dovidio, Victoria L. Brescoll, Mark J. Graham e Jo Handelsman, 'Science faculty's subtle gender biases favor male students', *Proceedings of the National Academy of Sciences* 109(41) (outubro de 2012): 16474-9.

[24] Eric P. Bettinger e Bridget Terry Long, 'Do faculty serve as role models? The impact of instructor gender on female students', *The American Economic Review* 95(2) (maio de 2005): 152-7.

[25] Allison Master, Sapna Cheryan e Andrew N. Meltzoff, 'Computing whether she belongs: stereotypes undermine girls' interest and sense of belonging in computer science', *Journal of Educational Psychology* 108(3) (abril de 2016): 424-37.

[26] John A. Ross, Garth Scott e Catherine D. Bruce, 'The gender confidence gap in fractions knowledge: gender differences in student belief—achievement relationships', *School Science and Mathematics* 112(5) (maio de 2012): 278-88

[27] Emily T. Amanatullah e Michael W. Morris, 'Negotiating gender roles: gender differences in assertive negotiating are mediated by women's fear of backlash and attenuated when negotiating on behalf of others', *Journal of Personality and Social Psychology* 98(2) (fevereiro de 2010): 256-67.

[28] Para um estudo mais completo dessas questões nos campos da matemática e engenharia, veja Sapna Cheryan, Sianna A. Ziegler, Amanda K. Montoya e Lily Jiang, 'Why are some STEM fields more gender balanced than others?', *Psychological Bulletin* 143(1) (janeiro de 2017): 1-35; e Stephen J. Ceci, Donna K. Ginther, Shulamit Kahn e Wendy M. Williams, 'Women in academic science: a changing landscape', *Psychological Science in the Public Interest* 15(3) (novembro de 2014): 75-141.

[29] Transcrição a partir de Conor Friedersdorf, 'Why can't people hear what Jordan Peterson is saying?', *The Atlantic*, 22 January 2018; disponível em <https://www.theatlantic.com/politics/archive/2018/01/putting-monsterpaint-onjordan-peterson/550859/>.

[30] Uma boa introdução acadêmica a esta metodologia é Peter Hedström e Peter S. Bearman (editores), *The Oxford Handbook of Analytical Sociology* (Oxford: Oxford University Press, 2011).

[31] Joseph C. Rode, Marne L. Arthaud-Day, Christine H. Mooney, Janet P. Near e Timothy T. Baldwin, 'Ability and personality predictors of salary, perceived job success, and perceived career success in the initial career stage', *International Journal of Selection and Assessment* 16(3) (setembro de 2008): 292-9.

[32] Se você insiste dogmaticamente em usar as probabilidades de 63% e 37%%, não há problema, contanto que seja coerente. Deve voltar ao capítulo anterior do livro e usar a equação do avaliador ao se dirigir a Jane e Jack. Você define um modelo inicial M "Jane é mais cordial que Jack" com $P(M) = 63\%$. Em seguida, entra na sala, sorri e se dirige aos dois da mesma forma. Algumas trocas de olhares e uns poucos minutos de conversa serão suficientes para que você tenha uma razoável quantidade

de informações D a respeito da cordialidade dos dois. Agora você pode estimar o valor de $P(D|M)$, atualizar o valor de $P(M|D)$ e constatar que a probabilidade inicial $P(M)$ se tornou irrelevante.

[33] Veja a nota 21.

[34] Essas citações são de uma postagem no blog de Peterson, de fevereiro de 2019: 'The Gender Scandal: Part One (Scandinavia) and Part Two (Canada)'; disponível em <https://www.jordanbpeterson.com/political-correctness/the-gender-scandal-part-one-scandinavia-and-part-two-canada/>

[35] Janet Shibley Hyde, 'The gender similarities hypothesis', *American Psychologist* 60(6) (setembro de 2005): 581-92.

[36] Ethan Zell, Zlatan Krizan e Sabrina R. Teeter, 'Evaluating gender similarities and differences using metasynthesis', *American Psychologist* 70(1) (janeiro de 2015): 10-20.

[37] Janet Shibley Hyde, 'Gender similarities and differences', *Annual Review of Psychology* 65 (janeiro de 2014): 373-98.

[38] Gina Rippon, *The Gendered Brain: The New Neuroscience That Shatters The Myth of the Female Brain* (Londres: Bodley Head, 2019)

4 A Equação do Desempenho

[1] Você pode ver Ayer contar pessoalmente essa história no vídeo 'A J. Ayer on Logical Positivism and its Legacy' (1976), em <https://www.youtube.com/watch?v=nG0EWNezFl4>

[2] Kevin Reichard, 'Measuring MLB's winners and losers in costs per win', *Ballpark Digest*, 8 de outubro de 2013; disponível em <https://ballparkdigest.com/201310086690/major-league-baseball/news/measuring-mlbs-winner-and-losers-in-costs-per-win>

[3] George R. Lindsey, 'An investigation of strategies in baseball', *Operations Research* 11(4) (julho/agosto de 1963): 477-501.

[4] Bruce Schoenfeld, 'How data (and some breathtaking soccer) brought Liverpool to the cusp of glory', *New York Times Magazine*, 22 de maio de 2019; disponível em <https://www.nytimes.com/2019/05/22/magazine/soccer-data-liverpool.html>

5 A Equação do Influenciador

[1] Estou usando a população das cidades em 2018, de acordo com as Nações Unidas; veja *The World's Cities in 2018—Data Booklet* (ST/ESA/SER.A/417) United Nations, Department of Economic and Social Affairs, Population Division (2018).

[2] As matrizes são multiplicadas da seguinte forma:

$$\begin{pmatrix} 0 & 1/2 & 0 & 0 & 0 \\ 1/2 & 0 & 1/3 & 1/3 & 1/3 \\ 1/2 & 1/2 & 0 & 1/3 & 1/3 \\ 0 & 0 & 1/3 & 0 & 1/3 \\ 0 & 0 & 1/3 & 1/3 & 0 \end{pmatrix} \cdot \begin{pmatrix} 1 \\ 0 \\ 0 \\ 0 \\ 0 \end{pmatrix} = \begin{pmatrix} 0 \cdot 1 + 1/2 \cdot 0 + 0 \cdot 0 + 0 \cdot 0 + 0 \cdot 0 \\ 1/2 \cdot 1 + 0 \cdot 0 + 1/3 \cdot 0 + 1/3 \cdot 0 + 1/3 \cdot 0 \\ 1/2 \cdot 1 + 1/2 \cdot 0 + 0 \cdot 0 + 1/3 \cdot 0 + 1/3 \cdot 0 \\ 0 \cdot 1 + 0 \cdot 0 + 1/3 \cdot 0 + 0 \cdot 0 + 1/3 \cdot 0 \\ 0 \cdot 1 + 0 \cdot 0 + 1/3 \cdot 0 + 1/3 \cdot 0 + 0 \cdot 0 \end{pmatrix} = \begin{pmatrix} 0 \\ 1/2 \\ 1/2 \\ 0 \\ 0 \end{pmatrix}$$

As outras multiplicações de matrizes são executadas usando a mesma regra. Cada elemento de uma linha da matriz é multiplicado por todos os elementos do vetor coluna, e a soma desses produtos se torna um dos elementos do novo vetor coluna.

[3] Para aprender mais a respeito desta área de pesquisa do ponto de vista acadêmico, eu recomento Mark Newman, *Networks*, 2ª edição (Oxford: Oxford University Press, 2018).

[4] Scott L. Feld, 'Why your friends have more friends than you do', *American Journal of Sociology* 96(6) (1991): 1464-77.

[5] Aqui vai uma demonstração mais rigorosa do paradoxo. Seja $P(X_i = k)$ probabilidade de que um indivíduo i escolhido ao acaso tenha k seguidores. Suponha que um indivíduo j tenha sido escolhido ao acaso e, em seguida, entre as pessoas que j segue, tenha sido escolhido o indivíduo i. Como o indivíduo i só será escolhido se for seguido por j, a probabilidade de que a pessoa i escolhida tenha k seguidores é $P(X_i = k \mid j \text{ segue } i)$ Podemos calcular esta probabilidade usando o teorema de Bayes (Equação 2):

$$P(X_i = k \mid j \text{ segue } i) = \frac{P(j \text{ segue } i \mid X_i = k) \cdot P(X_i = k)}{\sum_{k'} P(j \text{ segue } i \mid X_i = k') \cdot P(X_i = k')}.$$

Sabemos que $P(j \text{ segue } i \mid X_i = k) = k / N$ em que N é o número total de arestas do grafo. Assim:

$$P(X_i = k \mid j \text{ segue } i) = \frac{(k/N) \cdot P(X_i = k)}{\sum_{k'} (k'/N) \cdot P(X_i = k')} = \frac{k \cdot P(X_i = k)}{\sum_{k'} k' \cdot P(X_i = k')} = \frac{k \cdot P(X_i = k)}{\mathrm{E}[X_i]}$$

em que $\mathrm{E}[X_i]$ é o valor esperado do número de seguidores de um membro da rede.

Assim, se $k > \mathrm{E}[X_i]$ como é provável que aconteça se o indivíduo i for escolhido ao acaso entre os indivíduos seguidos por j, $P(X_i = k \mid j \text{ segue } i) > P(X_i = k)$. Isso significa que uma pessoa escolhida ao acaso que é seguida por outra pessoa escolhida ao acaso tem, provavelmente, um número maior de seguidores que uma pessoa escolhida ao acaso.

Para mostrar que uma pessoa escolhida ao acaso tem menos seguidores que, em média, as pessoas que ela segue, vamos calcular o número esperado de seguidores de todas as pessoas seguidas por j. Temos:

$$\mathrm{E}[X_i = k \mid j \text{ segue } i] = \sum_k k\,\mathbb{P}(X_i = k \mid j \text{ segue } i) = \sum_k \frac{k^2\,\mathbb{P}(X_i = k)}{\mathrm{E}[X_i]} = \sum_k \frac{E[X_i]^2 + \mathrm{Var}[X_i]}{\mathrm{E}[X_i]}$$

em que $\mathrm{Var}[X_i]$ é a variância de X_i.

Assim,

$$\mathrm{E}[X_i = k \mid j \text{ segue } i] = \mathrm{E}[X_i] + \frac{\mathrm{Var}[X_i]}{\mathrm{E}[X_i]} > \mathrm{E}[X_i]$$

Como $\mathrm{E}[X_i] = \mathrm{E}\left[X_j\right]$ para todos os indivíduos da rede social, o número esperado de seguidores de *j* é menor que o número esperado de seguidores de *i* (dado que *i* é seguido por *j*).

[6] Nathan O. Hodas, Farshad Kooti e Kristina Lerman, 'Friendship paradox redux: your friends are more interesting than you', em *Proceedings of the Seventh International AAAI Conference on Weblogs and Social Media*, 2013.

[7] O projeto já foi publicado aqui na Suécia. Michaela Norrman e Lina Hahlin, 'Hur tänker Instagram? En statistisk analys av två Instagramflöden' [Como o Instagram "pensa": Uma análise estatística de duas contas do Instagram] (projeto final de graduação), Departamento de Matemática, Universidade de Uppsala, 2019; disponível em <http://urn.kb.se/resolve?urn=urn:nbn:se:uu:diva-388141>

[8] Amanda Törner, 'Anitha Schulman, "Instagram går mot en beklaglig framtid"' [Instagram está se encaminhando para um futuro infeliz], Dagens Media, 5 de março de 2018; disponível em <https://www.dagensmedia.se/medier/anitha-schulman-instagram-gar-mot-en-beklaglig-framtid-6902124>

[9] Kelley Cotter, 'Playing the visibility game: how digital influencers and algorithms negotiate influence on Instagram', *New Media & Society* 21(4) (abril de 2019): 895-913.

[10] Lawrence Page, 'Method for node ranking in a linked database', U.S. Patent 6285999B1, concedida em 4 de setembro de 2001; disponível em <https://patentimages.storage.googleapis.com/37/a9/18/d7c46ea-42c4b05/US6285999.pdf>

6 A Equação do Mercado

[1] Veja, por exemplo, Jean-Philippe Bouchaud, 'Power laws in economics and finance: some ideas from physics', *Quantitative Finance* 1(1) (setembro de 2000): 105-12; Rosario N. Mantegna e H. Eugene Stanley, 'Turbulence and financial markets', *Nature* 383(6601) (outubro de 1996): 587.

[2] Note que $\sqrt{n} = n^{1/2}$ Assim, $n^{2/3}$ maior que $n^{1/2}$, contanto que $n > 1$.

[3] Nassim Nicholas Taleb, *Fooled by Randomness: The Hidden Role of Chance in Life and in the Markets* (London: Random House, 2005); Nassim Nicholas Taleb, *The Black Swan: The Impact of the Highly Improbable* (Londres: Allen Lane, 2007); Robert J. Shiller, *Irrational Exuberance*, Terceira edição revisada e expandida (Princeton, Nova Jersey: Princeton University Press, 2015).

[4] David M. Cutler, James M. Poterba and Lawrence H. Summers, 'What moves stock prices?', NBER Working Paper No. 2538, National Bureau of Economic Research, março de 1988.

[5] Paul C. Tetlock, 'Giving content to investor sentiment: the role of media in the stock market', *The Journal of Finance* 62(3) (2007): 1139-68.

[6] Werner Antweiler and Murray Z. Frank, 'Is all that talk just noise? The information content of internet stock message boards', *The Journal of Finance* 59(3) (2004): 1259-94.

[7] John Detrixhe, 'Don't kid yourself — nobody knows what really triggered the market meltdown', *Quartz*, 13 de feverei-

ro de 2018; disponível disponível em <https://qz.com/1205782/nobody-really-knows-why-stock-markets-went-haywire-last-week/>

[8] Ele publicou suas conclusões em: Gregory Laughlin, 'Insights into high frequency trading from the Virtu initial public offering', artigo publicado em 2015, disponível em <https://online.wsj.com/public/resources/documents/VirtuOverview.pdf>; veja também Bradley Hope, 'Virtu's losing day was 1-in-1, 238: odds say it shouldn't have happened at all', *The Wall Street Journal*, 13 de novembro de 2014; disponível em <https://blogs.wsj.com/moneybeat/2014/11/13/virtus-losing-day-was-1-in-1238-odds--says-it-shouldnt-have-happened-at-all/>

[9] Sam Mamudi, 'Virtu touting near-perfect record of profits backfired, CEO says', *Bloomberg News*, 4 de junho de 2014; disponível em <http://www.bloomberg.com/news/2014-06-04/virtu-touting-near-perfect-record-of-profits-backfired-ceo-says.html>

[10] 440.000/0,0027 = 162.962.963.

[11] O nome foi mudado para proteger a identidade do meu amigo.

[12] Paul Krugman, 'Three Expensive Milliseconds', *New York Times*, 13 de abril de 2014; disponível em <https://www.nytimes.com/2014/04/14/opinion/krugman-three-expensive-milliseconds.html>

7 A Equação do Anunciante

[1] Para mais detalhes, veja <https://medium.com/me/stats/post/2904fa0571bd>

[2] Snapchat marketing, 'The 17 types of Snapchat users' 7 de junho de 2016; disponível em <http://www.snapchatmarketing.co/types-of-snapchat-users/>

[3] Noah A. Rosenberg, Jonathan K. Pritchard, James L. Weber, Howard M. Cann, Kenneth K. Kidd, Lev A. Zhivotovsky e Marcus W. Feldman, 'Genetic structure of human populations', *Science* 298(5602) (dezembro de 2002): 2381-5.

[4] Shepherd Laughlin, 'Gen Z goes beyond gender binaries in new Innovation Group data', *J. Walter Thompson Intelligence*, 11 de março de 2016; disponível em <https://www.jwtintelligence.com/2016/03/gen-z-goes-beyond-gender-binaries-in-new-innovation-group-data/>

[5] Veja, por exemplo, Ronald Inglehart and Wayne E. Baker, 'Modernization, cultural change, and the persistence of traditional values', *American Sociological Review* 65(1) (fevereiro de 2000): 19-51.

[6] Ronald Inglehart and Christian Welzel, *Modernization, Cultural Change, and Democracy: The Human Development Sequence* (Cambridge: Cambridge University Press, 2005).

[7] Michele Dillon, 'Asynchrony in attitudes toward abortion and gay rights: the challenge to values alignment', *Journal for the Scientific Study of Religion* 53(1) (março de 2014): 1-16.

[8] Anja Lambrecht and Catherine E. Tucker, 'On storks and babies: correlation, causality and field experiments', *GfK Marketing Intelligence Review* 8(2) (novembro de 2016): 24-9.

[9] David Sumpter, *Dominados pelos números* (Rio de Janeiro: Bertrand Brasil, 2019).

[10] Cathy O'Neil, *Weapons of Math Destruction: How Big Data Increases Inequality and Threatens Democracy* (Nova York: Crown Publishing Group, 2016).

[11] Carole Cadwalladr, 'Google, democracy and the truth about internet search', *The Guardian*, 4 de dezembro de 2016; disponível em <https://www.theguardian.com/technology/2016/dec/04/google-democracy-truth-internet-search-facebook>

[12] Aylin Caliskan, Joanna J. Bryson e Arvind Narayanan, 'Semantics derived automatically from language corpora contain human-like biases', *Science* 356(6334) (2017): 183-6.

[13] Julia Angwin, Ariana Tobin e Madeleine Varner, 'Facebook (still) letting housing advertisers exclude users by race', ProPublica, 21 de novembro de 2017; disponível em <https://www.propublica.org/article/ facebook-advertising-discrimination-housing-race-sex-national-origin

[14] Anja Lambrecht, Catherine Tucker e Caroline Wiertz, 'Advertising to early trend propagators: evidence from Twitter', *Marketing Science* 37(2) (março de 2018): 177-99.

8 A Equação da Recompensa

[1] Herbert Robbins e Sutton Monro, 'A stochastic approximation method', *The Annals of Mathematical Statistics* 22(3) (setembro de 1951): 400-407.

[2] Aqui está o cálculo completo:

$$
\begin{aligned}
Q_{10} &= 0.9 * 1.000 + 0.1 * 0 = 0.900 \\
Q_{11} &= 0.9 * 0.900 + 0.1 * 1 = 0.910 \\
Q_{12} &= 0.9 * 0.910 + 0.1 * 1 = 0.919 \\
Q_{13} &= 0.9 * 0.919 + 0.1 * 0 = 0.827 \\
Q_{14} &= 0.9 * 0.827 + 0.1 * 0 = 0.744 \\
Q_{15} &= 0.9 * 0.744 + 0.1 * 1 = 0.770 \\
Q_{16} &= 0.9 * 0.770 + 0.1 * 0 = 0.693 \\
Q_{17} &= 0.9 * 0.693 + 0.1 * 1 = 0.724
\end{aligned}
$$

[3] Wolfram Schultz, 'Predictive reward signal of dopamine neurons', *Journal of Neurophysiology* 80(1) (julho de 1998): 1-27.

[4] Para uma discussão mais detalhada da relação entre o sistema da dopamina e os modelos matemáticos, veja Yael Niv, 'Reinforcement

learning in the brain', *Journal of Mathematical Psychology* 53(3) (junho de 2009): 139-54.

[5] Andrew K. Przybylski, C. Scott Rigby e Richard M. Ryan, 'A motivational model of video game engagement', *Review of General Psychology* 14(2) (junho de 2010): 154-66.

[6] Rudolph Emil Kálmán, 'A new approach to linear filtering and prediction problems', *Journal of Basic Engineering* 82(1) (1960): 35-45.

[7] François Auger, Mickael Hilairet, Josep M. Guerrero, Eric Monmasson, Teresa Orlowska-Kowalska e Seiichiro Katsura, 'Industrial applications of the Kalman filter: a review', *IEEE Transactions on Industrial Electronics* 60(12) (dezembro de 2013): 5458-71.

[8] Irmgard Flügge-Lotz, C. F. Taylor e H. E. Lindberg, *Investigation of a Nonlinear Control System*, Report 1391 for the National Advisory Committee for Aeronautics (Washington DC: US Government Printing Office, 1958).

[9] Um dos mais influentes pesquisadores da área e a pessoa que formalizou o modelo é Jean-Louis Deneubourg. Um ponto de partida histórico é o artigo de Simon Goss, Serge Aron, Jean-Louis Deneubourg e Jacques Marie Pasteels 'Self-organized shortcuts in the Argentine ant', *Naturwissenschaften* 76(12) (1989): 579-81.

[10] Podemos também escrever uma equação para a outra variável de rastreamento. Ela teria a seguinte forma:

$$Q'_{t+1} = (1-\alpha)Q'_t + \alpha\left[\frac{(Q'_t+\beta)^2}{(Q_t+\beta)^2+(Q'_t+\beta)^2}\right]R'_t$$

e rastrearia a outra opção.

[11] Veja, por exemplo, Malcolm Gladwell, *The Tipping Point: How Little Things Can Make a Big Difference* (Boston, MA: Little, Brown, 2000); e Philip Ball, *Critical Mass: How One Thing Leads to Another* (Londres: Heinemann, 2004).

[12] Audrey Dussutour, Stamatios C. Nicolis, Grace Shephard, Madeleine Beekman e David J. T. Sumpter, 'The role of multiple pheromones in food recruitment by ants', *Journal of Experimental Biology* 212(15) (agosto de 2009): 2337-48.

[13] Tristan Harris, 'How technology is hijacking your mind — from a magician and Google design ethicist', *Medium*, 18 de maio de 2016; disponível em <https://medium.com/thrive-global/how-technology-hijacks-peoples--minds-from-a-magician-and-google-s-design-ethicist-56d62ef5edf3>

[14] John R. Krebs, Alejandro Kacelnik e Peter D. Taylor, 'Test of optimal sampling by foraging great tits', *Nature* 275(5675) (setembro de 1978): 27-31.

[15] Brian D. Loader, Ariadne Vromen e Michael A. Xenos, 'The net-worked young citizen: social media, political participation and civic engagement', *Information, Communication & Society* 17(2) (janeiro de 2014): 143-50.

[16] Anna Dornhaus estudou exaustivamente este fenômeno. Veja, por exemplo, D. Charbonneau, N. Hillis e Anna Dornhaus, '"Lazy" in nature: ant colony time budgets show high "inactivity" in the field as well as in the lab', *Insectes Sociaux* 62(1) (fevereiro de 2014): 31-5.

9 A Equação do Aprendizado

[1] Paul Covington, Jay Adams e Emre Sargin, 'Deep neural networks for YouTube recommendations', *Proceedings of the 10th ACM Conference on Recommender Systems*, setembro de 2016, 191-8.

[2] Celie O'Neil-Hart e Howard Blumenstein, 'The latest video trends: where your audience is watching', Google, *Video, Consumer Insights*; disponível em <https://www.thinkwithgoogle.com/consumer-insights/video-trends-where-audience-watching/>

[3] Chris Stokel-Walker, 'Algorithms won't fix what's wrong with YouTube', *New York Times*, 14 de junho de 2019; disponível em <https://www.nytimes.com/2019/06/14/opinion/youtube-algorithm.html>

[4] K. G. Organides, 'Children's YouTube is still churning out blood, suicide and cannibalism', *Wired*, 23 de março de 2018; disponível em <https://www.wired.co.uk/article/youtube-for-kids-videos-problems-algorithm-recommend>

[5] Max Fisher e Amanda Taub, 'On YouTube's digital playground, an open gate for pedophiles', *New York Times*, 3 de junho de 2019; disponível em <https://www.nytimes.com/2019/06/03/world/americas/youtube-pedophiles.html?module=inline>

[6] David Silver, Aja Huang, Chris J. Maddison, Arthur Guez, Laurent Sifre, George Van Den Driessche, Julian Schrittwieser *et al.*, 'Mastering the game of Go with deep neural networks and tree search', *Nature* 529 (7587) (janeiro de 2016): 484-9.

[7] A outra, chamada Softmax, é muito parecida com a Equação 1, mas pode ser mais fácil de usar em algumas situações. Na maioria dos casos, é indiferente usar a Softmax ou a Equação 1.

[8] Volodymyr Mnih, Koray Kavukcuoglu, David Silver, Andrei A. Rusu, Joel Veness, Marc G. Bellemare, Alex Graves *et al.*, 'Human-level control through deep reinforcement learning', *Nature* 518(7540) (fevereiro de 2015): 529-33.

[9] Tomáš Mikolov, Martin Karafiát, Lukáš Burget, Jan Černocký e Sanjeev Khudanpur, 'Recurrent neural network based language model', *Interspeech 2010*, Eleventh Annual Conference of the International Speech Communication Association, Japão, setembro de 2010.

10 A Equação Universal

[1] Thomas J. Misa e Philip L. Frana, 'An interview with Edsger W. Dijkstra', *Communications of the ACM* 53(8) (2010): 41-7.

[2] Veja o excelente livro de testes de Thomas H. Cormen, Charles E. Leiserson, Ronald L. Rivest e Clifford Stein, *Introduction to Algorithms*, terceira edição (Cambridge, MA: MIT Press, 2009).

[3] Po-Shen Lo, *The Most Beautiful Equation in Math*, vídeo, Carnegie Mellon University, março de 2016; em <https://www.youtube.com/watch?v=IUTGFQpKaPU>

[4] O autor supõe que se trata de um triângulo clássico que obedece às leis da geometria euclidiana.

[5] Ben Rogers, *A. J. Ayer: A Life* (Londres: Chatto and Windus, 1999).

[6] Philippa Foot, 'The problem of abortion and the doctrine of double effect', *Oxford Review* 5 (1967): 5-15.

[7] Henrik Ahlenius and Torbjörn Tännsjö, 'Chinese and Westerners respond differently to the trolley dilemmas', *Journal of Cognition and Culture* 12(3-4) (janeiro de 2012): 195-201.

[8] John Mikhail, 'Universal moral grammar: theory, evidence and the future', *Trends in Cognitive Sciences* 11(4) (abril de 2007): 143-52.

[9] Judith Jarvis Thomson, 'Yale Lsw Journal the trolley problem', The Monist 94(6) (1985): 1395-1415. O texto que descreve o segundo problema foi tirado deste artigo.

[10] Para outras considerações a respeito dos aspectos filosóficos do problema do bonde e da ideia de intuição moral, veja o artigo de Laura D'Olimpio's 'The trolley dilemma: would you kill one person to save five?', *The Conver-*

sation, 3 de junho de 2016; disponível em <https://theconversation.com/the-trolley-dilemma-would-you-kill-one-person-to-save-five-57111>

[11] Nos Capítulos 3 e 5, para permitir que a história da DEZ fosse contada como aconteceu, não expliquei com detalhes por que o argumento de Richard Price a respeito dos milagres está errado. A prova científica contra milagres como a Ressurreição vem dos conhecimentos da biologia e não do fato de que ninguém conseguiu tal feito depois que Jesus supostamente voltou a viver há pouco mais de 2.000 anos. Devemos encarar a contribuição de Price como uma advertência de que devemos ser mais rigorosos em relação às provas apresentadas e não como uma prova de que a Ressurreição poderia ter acontecido. Seu argumento encerra uma lição genuína e muito importante: o fato de que não vimos um evento raro no passado não deve ser usado para negar a possibilidade de que ele aconteça no futuro.

[12] Viktoria Spaiser, Peter Hedström, Shyam Ranganathan, Kim Jansson, Monica K. Nordvik e David J. T. Sumpter, 'Identifying complex dynamics in social systems: a new methodological approach applied to study school segregation', *Sociological Methods & Research* 47(2) (março de 2018): 103-35.

[13] O cálculo de Anne faz parte do seguinte relatório: 'UK's carbon footprint 1997-2016: annual carbon dioxide emissions relating to UK consumption', 13 de dezembro de 2012, Department for Environment, Food & Rural Affairs; disponível em <https://www.gov.uk/government/statistics/uks-carbon-footprint>

Este livro foi composto na tipologia Minion Pro Regular, em corpo 11,5/14,5, e impresso em papel off-white no Sistema Cameron da Divisão Gráfica da Distribuidora Record.